SQL 緊急救命室

非効率なコードを改善せよ！

ミック［著］

技術評論社

本書は、小社刊の以下の刊行物をもとに、大幅に加筆と修正を行い書籍化したものです。

- 『Web+DB PRESS』Vol.62〜67連載「SQL緊急救命室」

はじめに

本書は、ずばり「楽しく学ぶSQL中級入門」です。著者はこれまで何冊かSQL中級者(およびそれを目指す初級者)向けの本を書いてきました。幸いなことにいずれも好評をいただき、ちょっとしたロングセラーとなりましたが、やはり中には「内容が難しい」「理論的な話がとっつきづらかった」という感想をいただくことも少なくありませんでした。そこで、何とか技術的なレベルを維持したまま読者が読みやすくなるように敷居を下げる方法はないものかと長い間思案していました。

その問題を解決する試みとして考え出したのが、初級者と上級者の対話形式というスタイルです。初級者の素朴な疑問にメンター(と呼ぶには少し人格的に難があるのですが)となる上級者が的確な回答を返してより高みへと導いていくことで、読者と一緒に成長していくような物語を書けたらと思って作り上げたのが本書です。コミカルで軽妙なやりとりの中で、でも時にはSQLの本質に迫る真剣な技術論を交わす3人の物語を楽しんで最後まで読んでいただければ幸いです。

各章は独立しているので興味を持った箇所から読んでいただいてかまいませんが、もしSQLの構文やCASE式とウィンドウ関数の知識があいまいだと思う方は、序章だけは最初に読むと本書を十分に楽しめるでしょう。この2つの道具はSQLプログラミングを中級レベルに引き上げるためには必須の技術で、本書でも多用するからです。

また、本書では必ずと言ってよいほど、SQL文の実行計画を読むことでそのSQL文の良し悪しを評価します。これは、実行計画がSQL文のパフォーマンスを決定すると言ってよいからです。近年、データベースで扱うデータ量は指数関数的な増加を見せており、SQLに対してもハイパフォーマンスが求められるようになりました。そのため、SQL中級者にはパフォーマンスを意識したコーディングが求められます。と言ってもそれはコードのエレガントさや単純さと矛盾する話ではなく、エレガントでシンプルなコードほど高速でリソース消費も少ないのだということを、本書を通じて見ていきます。実行計画は、全部理解しようとするとそれだけで一冊の本になるくらい大きなテーマですが(実際、著者は『SQL実践入門』[注1]という実行計画の読み方を解説した本を書いています)、本書ではそれほど複雑な実行計画は出てこないので心配しないでください。

なお、本書の執筆にあたっては『Web+DB PRESS』連載当時から書籍化に至るまで技術評論社の池田大樹氏に一貫してお世話になりました。また、関口裕士氏(「Mac De Oracle」[注2]の中の人)と有限会社アートライの坂井恵氏に本書の査読を行っていただきました。ここに謝辞を記します。

さて、それでは楽しくも奥深いSQLの世界を愉快な3人組と一緒に探検しに行きましょう。

2024年6月20日

ミック

注1 ミック著『SQL実践入門――高速でわかりやすいクエリの書き方』技術評論社、2015年

注2 https://discus-hamburg.cocolog-nifty.com/mac_de_oracle/

本書を読む際の注意事項

動作確認環境

本書のSQL文は、原則として標準SQLに準拠しています。そのため、主要なDBMSの最新版であればほとんどのサンプルコードは動作します。一部、実装依存の箇所については本文中で注意書きをしています。

本書のSQL文およびJavaのコードは主に以下の環境にて動作確認を行いました。

- SQL
  - Oracle Database 21c Express Edition
  - Microsoft SQL Server 2022
  - Db2 11.5
  - PostgreSQL 16.3
  - MySQL Community Server 9.0
- Java
  - JDK：Java SE Development Kit 21.0.1 (64bit)
  - JDBCドライバ[注1]：postgresql-42.7.3.jar
- Python
  - Python 3.12.4
  - psycopg2[注2] 2.9.9

相関名を定義するAS

文中のSQL文において、テーブルの相関名を定義する際に使用するキーワードASを省略しています。これはOracle Database（以下Oracleと呼称）に

注1　PostgreSQL向けのJDBCドライバは下記よりダウンロードできます。
https://jdbc.postgresql.org/

注2　psycopg2は下記よりダウンロードできます。
https://pypi.org/project/psycopg2/

おいてエラーが発生するのを回避するためです。ほかのDBMSにおいても、ASを省略してもエラーにはなりませんので安心してください。

本書に出てくる主要な人名

本書には、何人か頻繁に言及する実在の人物がいます。知らなくても内容の理解には支障はありませんが、予備知識として簡単に解説します。

- E.F.コッド(E.F.Codd:1923-2003)
  IBM社に勤務していた1969年、RDBとSQLの原型となる言語のアイデアを考案した。現代のリレーショナルデータベースの生みの親
- J.セルコ(Joe Celko:1947-)
  RDB/SQLを専門とするコンサルタント。SQLに関する優れた解説書『プログラマのためのSQL』注3(邦訳版タイトル)を書いている。著者はJ.セルコの本でSQLを勉強して、翻訳も務めた

サンプルコードのダウンロード

本書で利用しているサンプルコードはWebで公開しています。詳細は本書サポートページを参照してください。補足情報や正誤情報なども掲載しています。

- https://gihyo.jp/book/2024/978-4-297-14405-0/support

実行計画の取得方法

本書では、登場するほとんどすべてのSQL文の実行計画を読んでその良し悪しを評価します。実行計画を取得する方法はDBMSによって違いがあり、それぞれ以下のようになっています。それぞれコマンドラインインタフェース(OracleのSQL*PlusやPostgreSQLのpsqlなど)から実行します。

```
Oracle
SET AUTOTRACE TRACEONLY
```

注3　J.セルコ著、ミック監訳『プログラマのためのSQL 第4版――すべてを知り尽くしたいあなたに』翔泳社、2013年

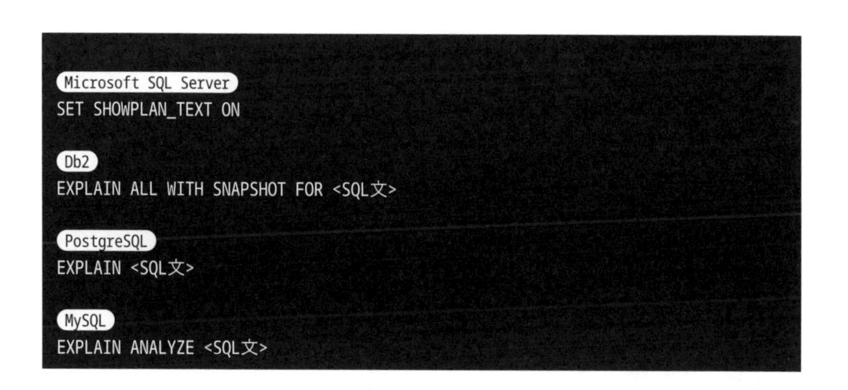

```
Microsoft SQL Server
SET SHOWPLAN_TEXT ON

Db2
EXPLAIN ALL WITH SNAPSHOT FOR <SQL文>

PostgreSQL
EXPLAIN <SQL文>

MySQL
EXPLAIN ANALYZE <SQL文>
```

OracleとSQL Serverでは、いずれもコマンド実行後に対象のSQL文を実行します。なおOracleの場合、実行計画の取得においても実際にSQL文が実行されるため、UPDATE文などの更新文を実行した場合はROLLBACKコマンドでデータを元に戻すようにしてください。

また、実行計画を取得する際は**統計情報を最新化**することを忘れないでください。統計情報更新のコマンドは、各製品のマニュアルを参照してください。「統計情報とは何か？」ということがわからない方は、拙著『おうちで学べるデータベースのきほん 第2版』[注4]などの入門向けの書籍を先に読むことをお勧めします。

注4　ミック、木村明治著『おうちで学べるデータベースのきほん 第2版』翔泳社、2024年

本書の登場人物

本書に登場する3人の医師(とそのタマゴ)を紹介します。

ロバート

救命室部長。腕の立つエンジニアだが、口が悪く性格はもっと悪い四十オヤジ

ヘレン

救命室副部長。若いながらもロバートに次ぐ実力を持つ才媛。救命室の良心

ワイリー

インターンで救命室に配属された不運な学生。治療から雑務全般にこき使われる。エンジニアとしては新人に毛が生えたレベル

初出一覧

本書は、技術評論社より定期刊行されていた『Web+DB PRESS』(現在は休刊中) Vol.62〜67に掲載された同名の連載に加筆修正を加えたものです。本連載はgihyo.jpでも公開しています。

- `https://gihyo.jp/list/group/SQL緊急救命室`

上記以外に初出や出典がある場合は本文中に記します。

章	タイトル	WEB+DB PRESS初出
序章	本書を読むにあたってのSQLの基礎——モダンなSQLの必須技術、CASE式とウィンドウ関数	新規
第1章	サブクエリ・パラノイア——サブクエリの功罪	Vol.62
第2章	冗長性症候群——条件分岐をUNIONで表現するなかれ	Vol.63
第3章	ループ依存症——手続き型の呪縛を打ち破れ!	Vol.64
第4章	スーパーソルジャー病——すべての問題をやみくもにコーディングで解くべからず	Vol.65
第5章	時代錯誤症候群——進化し続けるSQLに取り残されるな!	Vol.66
第6章	ロックイン病——実装依存の罠にはまるな!	新規
第7章	SQLグレーノウハウ——毒と薬は紙一重	新規
第8章	集合指向アレルギー——なぜSQLはエンジニアにとってわかりにくいのか	新規
第9章	リレーショナル原理主義病——ウィンドウ関数は邪道なのか	新規
第10章	更新時合併症——冗長なサブクエリ、性能劣化、実装依存	Vol.67
第11章	ライトスタッフ——正しい資質	新規

SQL緊急救命室――非効率なコードを改善せよ！

目次

第6章

ロックイン病

実装依存の罠にはまるな！ 199

第7章

SQLグレーノウハウ

毒と薬は紙一重 229

第8章
集合指向アレルギー

第9章
リレーショナル原理主義病

第10章
更新時合併症

序章

本書を読むにあたってのSQLの基礎

モダンなSQLの必須技術、CASE式とウィンドウ関数

本章で学ぶ内容

本章では、SQLプログラミングに必須の技術であるCASE式とウィンドウ関数の基本的な構文と使い方を学びます。この2つを覚えることによって、SQL初級者から中級者への階段を上ることができます。

CASE式はSQL文のあらゆる句で書ける柔軟なユーザー定義関数であり、ウィンドウ関数は特に分析業務で利用するこちらも強力な表現力を持った関数です。CASE式はUNIONを、ウィンドウ関数は相関サブクエリを消去できるため、クエリが簡潔になり可読性が上がるだけでなく、パフォーマンス向上に大きな力を発揮します。

出会い

ここは、とある街の総合病院。多くの患者が来院し、医師たちがあわただしく診療を行っている。この病院には通常の診療科のほかに、一風変わった診療科が存在する。何軒もの病院をたらいまわしにされた、手の施しようのないSQLや、今すぐに改善が必要なSQLが担ぎ込まれる救命室である。それが**SQL緊急救命室**、略してSER(*SQL Emergency Room*)である。そう、ここは国内でも唯一のプログラミング専門外来である。

今日もさまざまなSQLが持ち込まれているなか、一人のインターンの医学生がやってきた。彼の名前はワイリー、SERに派遣された不運な大学生である。

(9:00、休憩室。ワイリーが持参した白衣に着替えている。)

今日からここで働くのかあ。どんな先生たちがいるんだろうな。いい人たちだといいな。というか、僕に患者の治療なんてできるのかなあ。学校の成績もあんまり良くないのに。うう、考えたら緊張してきた。

（男女のペアが話しながら休憩室に入ってくる。）

そのおろしたての白衣は……お前か。今日から配属になったインターンというのは。

はい。ワイリーと言います。よろしくお願いします。

ワシはロバート。救命室の部長だ。こっちはヘレン。副部長だ。

よろしくね、ワイリー。

はい。よろしくお願いします。

わざわざこのキツイ救命室を志願してくるとはなかなか度胸のある奴だ。脅しじゃないがここは厳しいぞ。途中でつぶれた学生は数知れん。

つぶれた学生が多いのはあなたがきつく当たるからでしょうが。

さっそくだが、もう今日１件目の患者が来ている。ちょうどいい。お前の今の実力を計ってやるから一緒に手術室に来い。

え、もうですか。その、なんというかチュートリアル的なものは。

ここでは実戦がチュートリアルだ！ つべこべ言わず来い！

ふえぇ。

CASE式
——SQLが誇る強力なユーザー定義関数

（手術室。ワイリーが慣れない手つきでカルテを用意する。）

ええと、カルテによると患者の容態はこうです。

CASE式の基本的な使い方——ラベルの読み替え

カルテ1 倉庫テーブル（**リスト0-1**）に格納されている倉庫IDから倉庫の存在する都市の名前へ変換するクエリがある（**リスト0-2**、**図0-1**）。今までDBMSとしてOracleを利用していたが今度MySQLにマイグレーションすることになったため、MySQLでも動作するようにクエリを修正したい。

リスト0-1 **倉庫テーブル**

```
CREATE TABLE Warehouse
(warehouse_id  INTEGER NOT NULL PRIMARY KEY,
 region        CHAR(32) NOT NULL);
```

Warehouse:倉庫テーブル　warehouse_id:倉庫ID　region:地域

Warehouse

warehouse_id (倉庫 ID)	region (地域)
1	East Coast
2	East Coast
3	West Coast
4	West Coast
5	West Coast

リスト0-2　**倉庫IDから拠点の都市を割り出すクエリ**

```
SELECT DECODE(warehouse_id, 1, 'New York',
                            2, 'New Jersey',
                            3, 'Los Angels',
                            4, 'Seattle',
                            5, 'San Francisco',
                               'Non domestic') AS city,
       region
  FROM  Warehouse;
```

図0-1　**実行結果**

```
CITY                        REGION
-------------------------- -----------
New York                    East Coast
New Jersey                  East Coast
Los Angels                  West Coast
Seattle                     West Coast
San Francisco               West Coast
```

テーブル設計からしていろいろ文句をつけたいところはあるが、まあ根本的なところはいったん置いておこう。ワイリー、お前ならどうクエリを治す？

DECODEはOracle固有のコード読み替えの関数ですよね。だからほかのDBMSでは使えない、と。汎用的なコード読み替えの関数ってあったかなあ。

お前、大学で何を習ってきたんだ。いいか、よく見ておけ（**リスト0-3**）。

リスト0-3　**CASE式による汎用的なクエリ（検索CASE式）**

```
SELECT CASE WHEN warehouse_id = 1 THEN 'New York'
            WHEN warehouse_id = 2 THEN 'New Jersey'
            WHEN warehouse_id = 3 THEN 'Los Angels'
            WHEN warehouse_id = 4 THEN 'Seattle'
            WHEN warehouse_id = 5 THEN 'San Francisco'
            ELSE NULL END AS city,
       region
  FROM Warehouse;
```

ああ、CASE式。そうそう大学で習いました。なんか地味な存在なんで忘れてました。

間抜けなことを言いおって！ CASE式はこれがなければSQLプログラミングができないほどの最重要機能だぞ。

2つのCASE式の構文——単純CASE式と検索CASE式

CASE式には2つの書き方があるわ。1つが**検索CASE式**。さっき見たCASE式の書き方で、WHENのあとに条件分岐の式を記述するわ。もう1つが**単純CASE式**。WHEN句に複雑な条件は記述できないけれど、冗長な表現を省略して書くことができるわ。さっきのCASE式を単純CASE式で書き換えると**リスト0-4**のようになる。

リスト0-4　**単純CASE式の書き方**

```
SELECT CASE warehouse_id
              WHEN 1 THEN 'New York'
              WHEN 2 THEN 'New Jersey'
              WHEN 3 THEN 'Los Angels'
              WHEN 4 THEN 'Seattle'
              WHEN 5 THEN 'San Francisco'
       ELSE NULL END AS city,
      region
  FROM Warehouse;
```

単純CASE式はwarehouse_idの値がWHEN句の値と一致するかどうかだけを調べているのですね。書ける場合は単純CASE式を使うのがよいのでしょうか？

むしろ逆ね。**基本的に単純CASE式は使わないほうがいいわ**。理由は、大した記述量の省略にならないのと、単純CASE式で書ける条件はすべて検索CASE式で書けるから。基本的には常に検索CASE式を使う癖をつけておいたほうがいいわ。

なるほど。まあたしかに単純CASE式にしたからといってものすごく読みやすくなった、というほどでもないですね。

別に単純CASE式にしたことで高速になるといったボーナスもないしな。機能として用意はされているが出番はないと思っていい。

CASE式の注意点

あと、CASE式にはいくつか使ううえでの注意点があるわ。まず1つ目の注意点として、最初に条件が合致したWHEN句が見つかった時点で検索が打ち切られて、後続のWHEN句は参照されない。これを**短絡評価**(*short-circuit evaluation*)と言うわ。JavaやPythonなど一般的な手続き型言語でもIF文などの条件分岐は同じ方式で実装されているから、これは違和感のない評価方式だと思うわ。だから、CASE式を使うときは各WHEN句が必ず排他的な条件になるように記述しないと、「あれ?」と思う動作をしてしまう。たとえば、**リスト0-5**のCASE式ではNew Jerseyに評価されることは絶対にないわ。warehouse_idが2のケースもNew Yorkに吸収されてしまうから(**図0-2**)。

リスト0-5　**CASE式は短絡評価**

```
SELECT CASE WHEN warehouse_id IN (1, 2) THEN 'New York'
            WHEN warehouse_id = 2 THEN 'New Jersey'
            WHEN warehouse_id = 3 THEN 'Los Angels'
            WHEN warehouse_id = 4 THEN 'Seattle'
            WHEN warehouse_id = 5 THEN 'San Francisco'
            ELSE NULL END AS city,
       region
  FROM Warehouse;
```

図0-2　**短絡評価の結果**

```
     city      |              region
---------------+---------------------------------
 New York      | East Coast
 New York      | East Coast
 Los Angels    | West Coast
 Seattle       | West Coast
 San Francisco | West Coast
```

2つ目の注意点は、CASE式の戻り値のデータ型よ。各WHEN句に対応するTHEN句は、すべて同じデータ型である必要があるわ。こんな風に文字列型と数値型を混在させることはできない（**リスト0-6**）。構文エラーになるわ（**図0-3**）[注1]。

リスト0-6　**戻り値は同じデータ型でなければエラーになる**

```
SELECT CASE WHEN warehouse_id = 1 THEN 'New York'
            WHEN warehouse_id = 2 THEN 100
            WHEN warehouse_id = 3 THEN 'Los Angels'
            WHEN warehouse_id = 4 THEN 500
            WHEN warehouse_id = 5 THEN 'San Francisco'
            ELSE NULL END AS city,
       region
  FROM Warehouse;
```

図0-3　**実行結果：エラーメッセージ（PostgreSQL）**

```
ERROR:  "integer"型の入力構文が不正です: "New York"
行 1: SELECT CASE WHEN warehouse_id = 1 THEN 'New York'
```

まあたしかにこれはそのとおりでしょうね。同じ式の戻り値が条件によってデータ型が違ったら混乱してプログラミングやりづらくてしかたないですしね。

あと最後にもう1つ。どんな場合でも**必ずELSE句は書くこと**。文法的にはELSE句はなくてもエラーにはならない。ただその場合、暗黙にELSE NULLが指定されたものとみなされるので、意図しないNULLの発生を引き起こすことになるの。**NULLはSQLの鬼門**だから、可能な限りその発生は抑制するべきよ。仮にNULLが戻り値で良い場合でも明示的にELSE NULLを書くべきね。

NULLってそんなにやっかいなんですか？ 値がわからない場合にNULLを入力するのはすごく直観的でわかりやすいと思うのですけど。

その一見したわかりやすさがNULLの困ったところよ。するっと私たちの認識に入り込んできて面倒な問題をもたらす。まあNULLの

注1　MySQLでは暗黙の型変換が行われるためエラーになりませんが、汎用性のない記述方法のため使用するべきではありません。

怖さは治療にあたっていればおいおい見ることになるわ(NULLのやっかい者ぶりについては第6章を参照)。

CASE式の構文と注意点については理解しました。でも、CASE式のやってることって、単に**ラベルの読み替え**ですよね。1ならNew York、2ならNew Jerseyって具合に一対一対応させてコードから名前に読み替えてるわけですよね。言ってみれば値のラベルを張り替えているだけじゃないですか。これがそんなに重要な機能なんでしょうか。

お前の言うとおりだ。CASE式はラベルの読み替えを行っているにすぎない。だがそのラベルの読み替えがお前の思っている以上に強力なのだ。ちょうどいい。次の患者が来たぞ。いい勉強になるケースだ。

SELECT句でCASE式を使う
――CASE式による行列変換(ピボット)

(救急隊員が手術台の上に次の患者を担ぎ上げる)

ええとこの患者のカルテは……

カルテ2 都市テーブル(**リスト0-7**)に保存されている人口データを次のようなフォーマットで表示するクエリを考えたい(**図0-4**、**リスト0-8**)。

リスト0-7 **都市テーブル**

```
CREATE TABLE City
(city   CHAR(32) NOT NULL ,
 population INTEGER NOT NULL,
   CONSTRAINT pk_City PRIMARY KEY (city));
```

City:都市テーブル city:都市名 population:人口

City

city (都市名)	population (人口)
New York	8,460,000
Los Angels	3,840,000
San Francisco	815,000
New Orleans	377,000

図0-4　**求めたい結果**

```
New York | Los Angels | San Francisco | New Orleans
---------+------------+-------------- +------------
8460000  | 3840000    | 8115000       | 377000
```

リスト0-8　**患者のコード(SQL Server)**

```
SELECT [New York], [Los Angels], [San Francisco], [New Orleans]
FROM
(
  SELECT city, population
  FROM City
) AS SourceTable
PIVOT
(
  SUM(population)
  FOR city IN ([New York], [Los Angels], [San Francisco], [New Orleans])
) AS PivotTable;
```

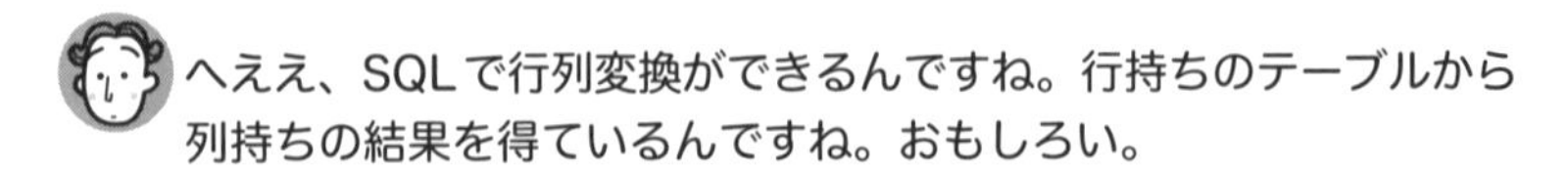

へぇえ、SQLで行列変換ができるんですね。行持ちのテーブルから列持ちの結果を得ているんですね。おもしろい。

SQLは本来データのフォーマッティングをするための言語ではないので、こういう使い方は少し**正道から外れているわ**。そもそもSQLでピボットなんかするべきではないの。でも実際の開発現場では求められることの多い要件であることも事実ね。だからベンダーも関数を用意していることがあるわ。

それで、このクエリの何が問題なんでしょう。いまいちピンとこないんですけど。

問題はPIVOT関数が実装依存でSQL ServerやRedshift、Snowflakeなど一部のDBMSでしか使えないことだ[注2]。標準SQLにもPIVOT関数は入っていないし、実装ごとに構文も微妙に違う。まあやっかい者だ。

ああ、そういうことか。汎用性がないんですね。

うむ。こういう実装依存の関数は**ロックイン病**の原因となり、マイグレーションのときに泣くことになる。SQLにおけるピボットはCASE式を使ってやるのがセオリーだ(**リスト0-9**、**図0-5**)。

リスト0-9 **ロバートの解：CASE式を使うピボット**

```
SELECT SUM(CASE WHEN city = 'New York'
                THEN population ELSE 0 END)  AS "New York",
       SUM(CASE WHEN city = 'Los Angels'
                THEN population ELSE 0 END)  AS "Los Angels",
       SUM(CASE WHEN city = 'San Francisco'
                THEN population ELSE 0 END)  AS "San Francisco",
       SUM(CASE WHEN city = 'New Orleans'
                THEN population ELSE 0 END)  AS "New Orleans"
  FROM City;
```

図0-5 **実行結果**

```
New York | Los Angels | San Francisco | New Orleans
---------+------------+-------------- +------------
8460000  | 3840000    | 8115000       | 377000
```

これは驚きました。CASE式をSUM関数の中に入れる使い方ができるんですね。求めたい都市のラベルのときだけpopulation列の値

注2　PIVOT関数は比較的新しいデータベースで採用されており、もしかすると近いうちに標準SQLに入る可能性もあります。
SQL Serverでのピボット関数は以下を参照。
「FROM - PIVOT および UNPIVOT の使用」
https://learn.microsoft.com/ja-jp/sql/t-sql/queries/from-using-pivot-and-unpivot?view=sql-server-ver16
Snowflakeでの PIVOT関数は以下を参照。
「PIVOT - Snowflake Documentation」
https://docs.snowflake.com/ja/sql-reference/constructs/pivot
Redshiftでの PIVOT関数は以下を参照。
「PIVOT と UNPIVOT の例 - Amazon Redshift」
https://docs.aws.amazon.com/ja_jp/redshift/latest/dg/r_FROM_clause-pivot-unpivot-examples.html

を持ってきて、それ以外の都市だったら0を指定して集計対象外にする、というわけですね。ところでこのSUM関数って必要なんでしょうか。別にこのクエリ、人口を合計しているわけではないですよね。各都市に人口は一つしかないわけだし。

SUM関数は必要よ。正確に言うと、ここはAVGでもMAXでもMINでもいいのだけどね。なぜ必要かはSUM関数なしの結果を見てみればわかるわ(**リスト0-10、図0-6**)。

リスト0-10　**SUM関数なしでCASE式を使うと**

```
SELECT CASE WHEN city = 'New York'
            THEN population ELSE 0 END  AS "New York",
       CASE WHEN city = 'Los Angels'
            THEN population ELSE 0 END  AS "Los Angels",
       CASE WHEN city = 'San Francisco'
            THEN population ELSE 0 END  AS "San Francisco",
       CASE WHEN city = 'New Orleans'
            THEN population ELSE 0 END  AS "New Orleans"
  FROM City;
```

図0-6　**実行結果**

```
New York | Los Angels | San Francisco  | New Orleans
---------+ -----------+---------------+-----------
0        | 0          | 3840000        | 0
0        | 0          | 0              | 377000
8460000  | 0          | 0              | 0
0        | 815000     | 0              | 0
```

あー……なるほど、SUM関数がないと集約されないから全部の行が出力されてしまうのか。これは余計ですね。

そういうこと。SELECT句でCASE式を使うときは集約関数と組み合わせることが多いから、覚えておくことね。

UNIONで条件分岐するのは正しいのか

次の患者もなかなかおもしろい。ワイリー、お前ならどうやって解くか考えてみろ。

はい、ええとカルテはこれか。

カルテ3 商品を管理するテーブルItemPriceが存在する。各商品について、税抜き価格(外税)/税込み価格(内税)の両方を保持している。2004年から、法改正によって価格表示に税込み価格(内税)を表示することが義務付けられた(いわゆる「総額表示の義務付け」)。そこで、2003年までは税抜き価格を、2004年からは税込み価格を「価格」列として表示する結果(**図0-7**の色の付いていない部分)を求めたい(**図0-8**)。

図0-7 **ItemPrice(商品価格テーブル)**

ItemPrice(商品価格テーブル)

item_id (商品ID)	year (年)	item_name (商品名)	price_tax_ex (価格_外税)	price_tax_in (価格_内税)
100	2002	カップ	500	525
100	2003	カップ	520	546
100	2004	カップ	600	630
100	2005	カップ	600	630
101	2002	スプーン	500	525
101	2003	スプーン	500	525
101	2004	スプーン	500	525
101	2005	スプーン	500	525
102	2002	ナイフ	600	630
102	2003	ナイフ	550	577
102	2004	ナイフ	550	577
102	2005	ナイフ	400	420

図0-8 **求める結果**

```
 item_name | year | price
-----------+------+-------
 カップ    | 2002 |   500
 カップ    | 2003 |   520
 カップ    | 2004 |   630
```

```
カップ     | 2005 |   630
スプーン   | 2002 |   500
スプーン   | 2003 |   500
スプーン   | 2004 |   525
スプーン   | 2005 |   525
ナイフ     | 2002 |   600
ナイフ     | 2003 |   550
ナイフ     | 2004 |   577
ナイフ     | 2005 |   420
```

条件分岐問題の基礎ね。year列の値を分岐の条件に使う、と。ワイリー、あなたならどう解く？

任せてください！ これならわかります。レコードに条件を指定するわけだから、WHERE句を使えばいいんですよ。あとはそれをUNIONでつなげれば……はい、できました！（**リスト0-11**）この解のポイントはですね、UNIONの代わりにUNION ALLを使うことでソートを回避して性能改善も図っていることです。条件が排他的だから問題ないわけです[注3]。

リスト0-11　**ワイリーの解答（UNIONを使う）**

```
SELECT item_name, year, price_tax_ex AS price
  FROM ItemPrice
 WHERE year <= 2003
UNION ALL
SELECT item_name, year, price_tax_in AS price
  FROM ItemPrice
 WHERE year >= 2004;
```

イタタタ……。

足の小指でもぶつけました？

いや、そうじゃなくて、あなたの解を見てアタマ痛くなったの！ もう、先が思いやられるわ……。

注3　ワイリーの言っていることは間違いではありません。たしかにUNION ALLはソートをスキップしますが、今の問題はそこではありません。

ヘレンがなぜ頭痛を覚えてしまったのか、詳しく見ていきましょう。ワイリーの解は、機能的には問題ありません。正しい結果を得られるクエリになっています。問題は、一言で言うと冗長であることです。ほとんど同じ中身のクエリを両方実行しているからです。これは、SQLを無駄に長くして読みにくくするだけでなく、パフォーマンス上も無駄です。

お前、大学で実行計画(アクセスプラン)の読み方は習ったか？

はあ、基本的なところは。

よし、ではこのクエリの実行計画を表示してみろ。PostgreSQLとOracleで取れ[注4]。

少々お待ちを、ええと、実行計画を表示するコマンドは……Oracleだと SQL*Plusで`set autotrace traceonly`コマンドのあとにクエリ、PostgreSQLはpsqlで`explain`のあとにクエリか……はい、実行計画取れました(図0-9、図0-10)。

図0-9　ワイリーのクエリの実行計画(PostgreSQL)

```
                     QUERY PLAN
-------------------------------------------------------------
 Append  (cost=0.00..36.72 rows=394 width=90)
   ->  Seq Scan on itemprice  (cost=0.00..17.38 rows=197 width=90)
         Filter: (year <= 2003)
   ->  Seq Scan on itemprice itemprice_1
          (cost=0.00..17.38 rows=197 width=90)
         Filter: (year >= 2004)
```

図0-10　ワイリーのクエリの実行計画(Oracle)

```
-------------------------------------------------------------------------------
| Id  | Operation          | Name      | Rows  | Bytes | Cost (%CPU)| Time     |
-------------------------------------------------------------------------------
|   0 | SELECT STATEMENT   |           |    13 |   338 |     4   (0)| 00:00:01 |
|   1 |  UNION-ALL         |           |       |       |            |          |
|*  2 |   TABLE ACCESS FULL| ITEMPRICE |     7 |   182 |     2   (0)| 00:00:01 |
|*  3 |   TABLE ACCESS FULL| ITEMPRICE |     6 |   156 |     2   (0)| 00:00:01 |
```

注4　本書では今後実行計画を見る際にPostgreSQLとOracleのものを使いますが、ほかのDBMSでもほぼ同様の実行計画になります。

```
---------------------------------------------------------------

Predicate Information (identified by operation id):
---------------------------------------------------

   2 - filter("YEAR"<=2003)
   3 - filter("YEAR">=2004)
```

PostgreSQLでは「Seq Scan」(シーケンシャル・スキャン)、Oracleでは「TABLE ACCESS FULL」というテーブル全体へのスキャンが発生していることが見て取れます。ワイリーの解はItemsテーブルに対して2度のアクセスを実行しているのです。これは大きな無駄です。シーケンシャルスキャンのコストはデータ量に線形に伸びていくので、テーブルサイズが大きくなればなるほど線形でパフォーマンスも悪化していきます[注5]。

UNIONはたしかに便利な道具です。簡単にレコード集合をマージできるため、ともするとこれを条件分岐のためのツールとして使いたい誘惑に駆られます。しかし、これは危険思想です。ワイリーのように、SELECT文全体をUNIONで連ねて冗長なコードを記述したくなる誘惑を**冗長性症候群**と呼びます(第2章でもっと詳しく見ます)。

それでは、SQLにおける正しい条件分岐の書き方がどうなるか、ヘレンにお手本を見せてもらいましょう。

いい? SQLを使ううえで、条件分岐をWHERE句で行うのは素人のやることよ。プロはSELECT句で分岐させるの(リスト0-12)。

リスト0-12　ヘレンの解答(CASE式を使う)

```
SELECT item_name, year,
       CASE WHEN year <= 2003 THEN price_tax_ex
            WHEN year >= 2004 THEN price_tax_in
            ELSE NULL END AS price
  FROM ItemPrice;
```

ああ、ここでもCASE式なんだ。思いつかなかったなあ。

簡単な判定方法としては、もし「この問題を手続き型言語で解いた

注5　実際のDBMSではキャッシュが働くのでもう少し話が複雑ですが、原則としてです。

ら？」と考えたとき、if文を使う個所があれば、それをSQLに翻訳したらCASE式を使う、と思うことね。まあ慣れれば即座に判断が付くようになるわ。そうね。100例も症例を見れば。

うーん、道は遠そうだ。

さて、ヘレンの解の実行計画を見ておこう。なぜCASE式が優れているかがよくわかる(図0-11、図0-12)。

図0-11 ヘレンの解の実行計画(PostgreSQL)

```
                    QUERY PLAN
------------------------------------------------------------
Seq Scan on itemprice  (cost=0.00..18.85 rows=590 width=90)
```

図0-12 ヘレンの解の実行計画(Oracle)

```
------------------------------------------------------------------------------
| Id  | Operation          | Name      | Rows  | Bytes | Cost (%CPU)| Time     |
------------------------------------------------------------------------------
|   0 | SELECT STATEMENT   |           |    12 |   312 |     2   (0)| 00:00:01 |
|   1 |  TABLE ACCESS FULL| ITEMPRICE |    12 |   312 |     2   (0)| 00:00:01 |
------------------------------------------------------------------------------
```

え、たったこれだけなんですか？

そう、ItemPriceテーブルへのアクセス一回こっきり。シンプル・イズ・ベストでしょう。

SELECT句でCASE式の計算をやってるからもっと複雑な実行計画になるかと思ってました。

この程度の計算、最近のCPUをもってすれば大した負荷じゃないわ。それよりテーブルアクセスを削減できる効果のほうが圧倒的メリットよ。何しろデータベースではいかにしてストレージのI/Oを減らすかが勝負だからね。

WHERE句でCASE式――条件式の列を切り替える

カルテ4 先ほどのItemPriceテーブルを使って、2003年までは外税の価格、2004年以降は内税の価格を使ってそれぞれ600円以上の商品を選択したい。

年によって調べる列をprice_tax_ex(価格_外税)とprice_tax_in(価格_内税)で切り替えるということですね。レコードに対する条件指定だからWHERE句を使うのはわかるんですけど、レコードによって条件に使う列が変わるわけですよね。たぶんこれでいけるような……(**リスト0-13、図0-13**)。

リスト0-13　**ワイリーの解(WHERE句でCASE式)**

```
SELECT item_name, year
  FROM ItemPrice
 WHERE 600 <= CASE WHEN year <= 2003 THEN price_tax_ex
                   WHEN year >= 2004 THEN price_tax_in
                   ELSE NULL END;
```

図0-13　**実行結果**

```
 item_name | year
-----------+------
 カップ    | 2004
 カップ    | 2005
 ナイフ    | 2002
```

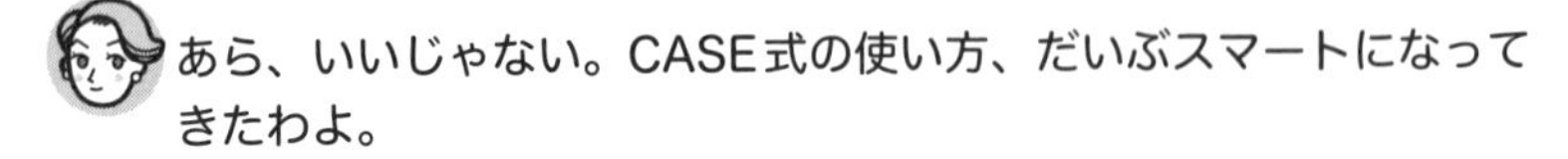

あら、いいじゃない。CASE式の使い方、だいぶスマートになってきたわよ。

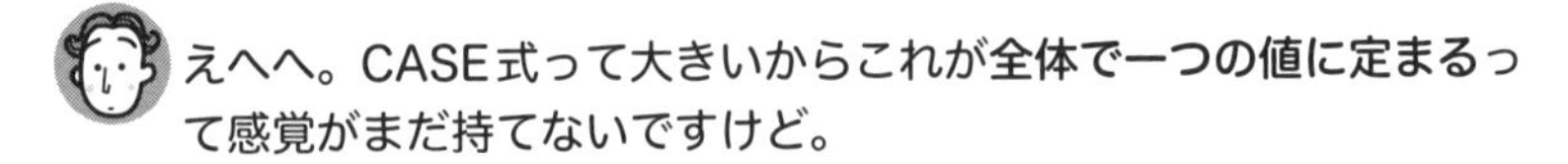

えへへ。CASE式って大きいからこれが**全体で一つの値に定まる**って感覚がまだ持てないですけど。

たしかにCASEからENDまでが長いからこれがスカラ値に収束するというのが最初は不思議な気がするものよ。そのうち慣れるわ。

GROUP BY句でCASE式の列を参照する
――アドホックな集計キー

CASE式の強力さがわかる問題をもう一つ出してやろう。

カルテ5 Cityテーブル(リスト0-7)から都市が存在する地域によって人口を集計したい。たとえば、New YorkとNew OrleansはEast Coast、San FranciscoとLos AngelsはWest Coastにまとめて人口を集計したい。

うーん、地域を示す列がCityテーブルにあればそれをGROUP BY句に指定して簡単に集計できるのだけどなあ……どうやるんだろう。

考え方はそのとおりよ。列がないならね、**作ってあげればいいの(リスト0-14、図0-14)**。

リスト0-14 **集計単位を変換して人口の合計を求める**

```
SELECT CASE WHEN city IN ('New York', 'New Orleans')     THEN 'East Coast'
            WHEN city IN ('San Francisco', 'Los Angels') THEN 'West Coast'
            ELSE NULL END AS region,
       SUM(population) AS sum_pop
  FROM City
 GROUP BY region;
```

図0-14 **実行結果**

```
   region    | sum_pop
-------------+---------
 West Coast | 4655000
 East Coast | 8837000
```

これはすごい。集約キーの列がないからCASE式で強引に作ってるんですね(region列)。CASE式の中でIN述語を使うことで柔軟な条件分岐ができるんですね。これは便利だなあ。アドホックに集計したいときにどんな集約キーでも作れる。

CASE式のWHEN句には、式が書けるからさまざまな述語や演算子が利用できるわ。INのほかにもLIKE、BETWEEN、EXISTSなど各種述語を使うことができる。その柔軟さもCASE式の魅力の一つね。あと、このクエリで注意が必要なのは、SELECT句のCASE式で定義した`region`列をGROUP BY句で参照しているのだけど、この構文が使えるのはOracle、PostgreSQLとMySQLだけで、ほかのDBMSではGROUP BY句に`region`列を指定するとエラーになるわ(図0-15)注6。

図0-15　エラーメッセージ(SQL Server)

```
Msg 207, Level 16, State 1, Line 6
列名 'region' が無効です。
```

これは、SQL文の評価の順序として本来はGROUP BY句のほうがSELECT句より先に来るから、その時点ではまだregion列が存在していないとみなされるためよ。そういう場合は、ちょっと面倒だけどSELECT句のCASE式と同じCASE式をGROUP BY句にも書いてあげることで対応できるわ(リスト0-15)。

リスト0-15　OracleとPostgreSQLとMySQL以外での書き方

```
SELECT CASE WHEN city IN ('New York', 'New Orleans')      THEN 'East Coast'
            WHEN city IN ('San Francisco', 'Los Angels') THEN 'West Coast'
            ELSE NULL END AS region,
       SUM(population) AS sum_pop
  FROM City
 GROUP BY CASE WHEN city IN ('New York', 'New Orleans')      THEN 'East Coast'
               WHEN city IN ('San Francisco', 'Los Angels') THEN 'West Coast'
               ELSE NULL END;
```

二度同じCASE式を書かねばならないのはちょっと冗長ですね。

そうね。早くほかのDBMSも対応してくれるといいのだけど。なくても冗長に書けばなんとかなっちゃう機能だからベンダーとしても対応の優先度が低いのでしょうね。わりと放っておかれがちな機能よ。

注6　Oracleは長らくこの構文をサポートしていませんでしたが、Oracle Database 23aiからGROUP BY句でのエイリアス列名を指定できるようになりました。

なぜCASE式が重要か、お前にもわかってきたか。一言で言えば、CASE式はSQL文において**ユーザー定義関数**を記述できるのだ。この柔軟さを使いこなすことによってSQLプログラミングのレベルは飛躍的に向上する！ まさにアメイジング・グレイスな機能なのだ！

CASE式、たしかに便利だなあ。ちょっとすごさがわかってきました。

ORDER BY句でCASE式──任意の順番でソート

おっと、CASE式の柔軟性がよくわかる症例が来たぞ。これもなかなかおもしろい。

カルテ6 Cityテーブル（リスト0-7）から**図0-16**のような順序でレコードを取得したい。

図0-16　**任意の順序で結果を得る**

```
       city
-------------------
 New Orleans
 San Francisco
 New York
 Los Angels
```

この順序には辞書順（ABC順）のような明確なルールがあるわけではない。アドホックに決められた無秩序な順番だ。

出力するレコードの順序を制御するにはORDER BY句を使うんですよね。でも明確なルールのない順番でソートするってどうやるんでしょうか。

ここでも考え方は同じ。明確なルールがなければ、作ってしまえばいいの。CASE式を使ってね（**リスト0-16**）。

リスト0-16　**ヘレンの解：ORDER BY句でCASE式を使う**

```
SELECT city
  FROM City
 ORDER BY CASE WHEN city = 'New Orleans'   THEN 1
               WHEN city = 'San Francisco' THEN 2
               WHEN city = 'New York'      THEN 3
               WHEN city = 'Los Angels'    THEN 4
          ELSE NULL END;
```

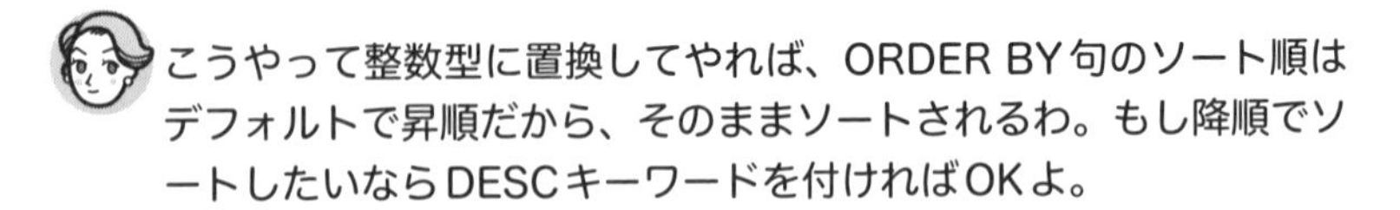

こうやって整数型に置換してやれば、ORDER BY句のソート順はデフォルトで昇順だから、そのままソートされるわ。もし降順でソートしたいならDESCキーワードを付ければOKよ。

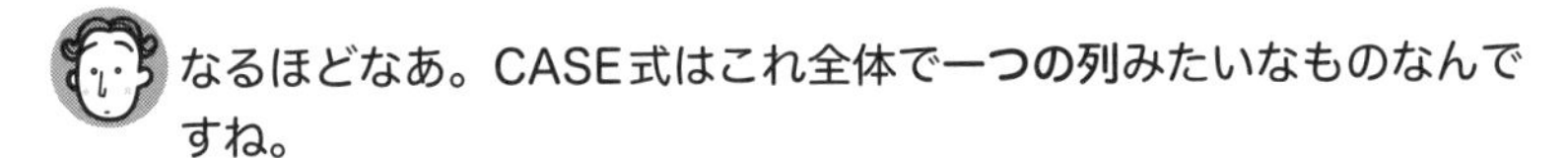

なるほどなあ。CASE式はこれ全体で**一つの列**みたいなものなんですね。

列もCASE式も最終的には評価されて**一つのスカラ値**に定まるという点で同じだからね。CASE式が文(statement)ではなく式(expression)であるというのは、SQLにとってとても本質的なことなのよ。

UPDATE文でもCASE式——値をくるっと入れ替える

カルテ7　実はCityテーブル(リスト0-7)のNew YorkとLos Angelsの人口データが逆だった。正しくなるように更新したい(**リスト0-17**、**図0-17**)。

リスト0-17　**値の入れ替え：患者のUPDATE文**

```
UPDATE City
   SET population = 3840000
 WHERE city = 'New York';

UPDATE City
   SET population = 8460000
 WHERE city = 'Los Angels';
```

図0-17　実行結果

```
            city              | population
------------------------------+------------
 New York                     |    3840000
 Los Angels                   |    8460000
 San Francisco                |     815000
 New Orleans                  |     377000
```

結果も合ってるし、この患者の何が問題なんですか？

UPDATE文を2回実行しているのが高コストね。今は主キーのインデックスを使えているからパフォーマンスは良いほうだけど、常にそう都合良く行を絞り込めるとは限らないわ。こういう場合は一つのUPDATE文にまとめてあげるの（**リスト0-18**）。

リスト0-18　**ヘレンの解：UPDATE文でCASE式を使う**

```
UPDATE City
   SET population = CASE WHEN city = 'New York'   THEN 3840000
                         WHEN city = 'Los Angels' THEN 8460000
                         ELSE population END
 WHERE city IN ('New York', 'Los Angels');
```

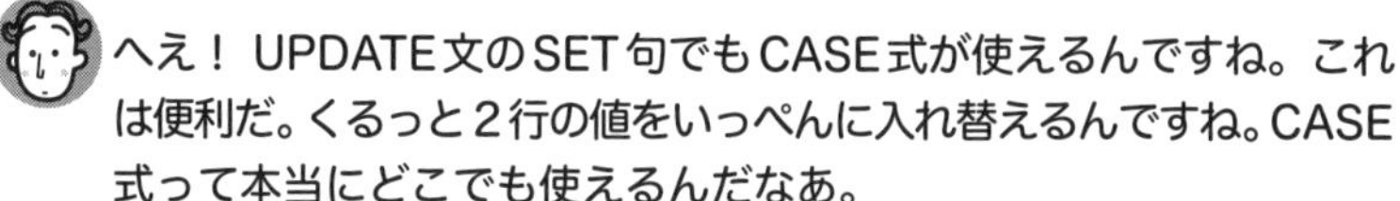

へえ！ UPDATE文のSET句でもCASE式が使えるんですね。これは便利だ。くるっと2行の値をいっぺんに入れ替えるんですね。CASE式って本当にどこでも使えるんだなあ。

スカラサブクエリを使えば、動的に人口の値を取ってくるように一般化することも可能よ（**リスト0-19**）。

リスト0-19　**スカラサブクエリで一般化したUPDATE文（MySQLではエラーになる）**

```
UPDATE City
   SET population = CASE WHEN city = 'New York'   THEN
                              (SELECT population
                                 FROM City WHERE city = 'Los Angels')
                         WHEN city = 'Los Angels' THEN
                              (SELECT population
                                 FROM City WHERE city = 'New York')
                         ELSE population END
 WHERE city IN ('New York', 'Los Angels');
```

たしかに、これならいちいち各都市の人口が何人か調べなくても更新できますね。

ただ、この解だとどうしてもテーブルへのアクセスが増えちゃうのが欠点なんだけどね。

ではこのクエリの実行計画を見てみるとしよう。PostgreSQLとOracleで取れ。

少々お待ちを……はい、実行計画取れました（図0-18、図0-19）。

図0-18　**スカラサブクエリの解：実行計画（PostgreSQL）**

```
                              QUERY PLAN
-----------------------------------------------------------------------
 Update on city  (cost=2.10..3.16 rows=0 width=0)
   InitPlan 1 (returns $0)
     ->  Seq Scan on city city_1  (cost=0.00..1.05 rows=1 width=4)
           Filter: (city = 'New York'::bpchar)
   InitPlan 2 (returns $1)
     ->  Seq Scan on city city_2  (cost=0.00..1.05 rows=1 width=4)
           Filter: (city = 'Los Angels'::bpchar)
     ->  Seq Scan on city  (cost=0.00..1.06 rows=2 width=10)
           Filter: (city = ANY ('{"New York","Los Angels"}'::bpchar[]))
```

図0-19　**スカラサブクエリの解：実行計画（Oracle）**

```
--------------------------------------------------------------------------------
| Id  | Operation                    | Name    | Rows  | Bytes | Cost (%CPU)| Time     |
--------------------------------------------------------------------------------
|   0 | UPDATE STATEMENT             |         |     2 |    74 |     6  (34)| 00:00:01 |
|   1 |  UPDATE                      | CITY    |       |       |            |          |
|*  2 |   TABLE ACCESS FULL          | CITY    |     2 |    74 |     2   (0)| 00:00:01 |
|   3 |   TABLE ACCESS BY INDEX ROWID| CITY    |     1 |    37 |     1   (0)| 00:00:01 |
|*  4 |    INDEX UNIQUE SCAN         | PK_CITY |     1 |       |     1   (0)| 00:00:01 |
|   5 |   TABLE ACCESS BY INDEX ROWID| CITY    |     1 |    37 |     1   (0)| 00:00:01 |
|*  6 |    INDEX UNIQUE SCAN         | PK_CITY |     1 |       |     1   (0)| 00:00:01 |
--------------------------------------------------------------------------------

Predicate Information (identified by operation id):
---------------------------------------------------

   2 - filter("CITY"='Los Angels' OR "CITY"='New York')
   4 - access("CITY"='New York')
   6 - access("CITY"='Los Angels')
```

なるほど、テーブルへのスキャンが3回発生していますね。利便性と引き換えにパフォーマンスが犠牲になるわけだ。ところで、Oracleの実行計画に出ているINDEX UNIQUE SCANって何ですか？

主キーの一意制約で作られたインデックスに対する1行に絞り込める場合のスキャンで、とても高速よ。WHERE city = '<都市名>'の条件があるから可能になっているの。インデックスの恩恵を受けられるのは心強いわね。

実行計画の読み方

実行計画は、データベースがSQL文を実行する際に立てるテーブルやインデックスに対するアクセスパスを記述したもので、SQL文を実行する際にはDBMSは必ず実行計画を立てます。一つのSQLに対して可能な実行計画が複数ある場合もあり、テーブルの件数や値の分散の度合いなど複数の条件を考慮して(ほぼ)最適なものが選択されるようになっています(ときどきそうでないケースもあり、その場合は実行計画を人間が制御してやるのですが)。このような実行計画を立てるDBMSのモジュールを**オプティマイザ**と呼びます。

実行計画には非常に多くの情報が出力されるため、最初に見たときは面食らってしまうかもしれませんが、重要なポイントを押さえておけば読み方は難しくありません。

まず、ツリー形式で表示されますが、ネストが一番深い箇所から浅い箇所に向かって順に実行されます。同じレベルにある処理は上から順に実行されます。

そしてどのようなオブジェクトを対象にどんな処理が行われているかが示されていますが(OracleであればOperation列とName列)、ここが一番重要で、残りのCostやBytesなどの数値列はとりあえず深く考えなくても大丈夫です。

本書では今後、ほぼすべてのSQL文について実行計画を見ながらSQL文の良し悪しを評価していきます。これは、実行計画によってSQL文のパフォーマンスが決定されるからで、SQLの良し悪しを評価するには必ず実行計画のレベルで見なければなりません。ただ、おおむねSQLの複雑さと実行計画の複雑さは比例しており、SQLをなるべくシンプルでエレガントに書くことで、実行計画も良いものが作られるようになっています。したがって本書の目的は、「**エレガントなSQLを書く**」ことでもあります。それがエレガントな実行計画にもつながるからです。

魔法のツール、ウィンドウ関数

（手術室の電話が鳴る。救急隊員からの受け入れ要請のようだ。）

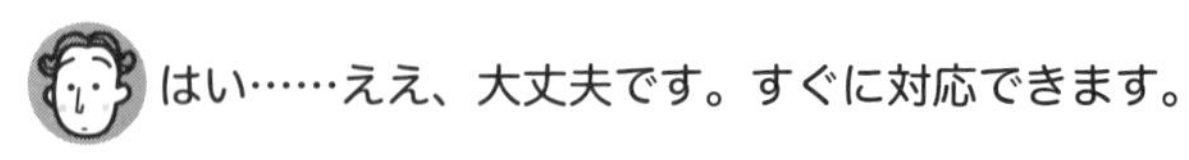

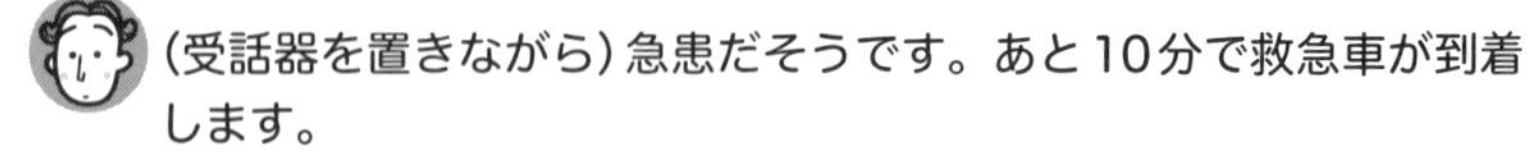

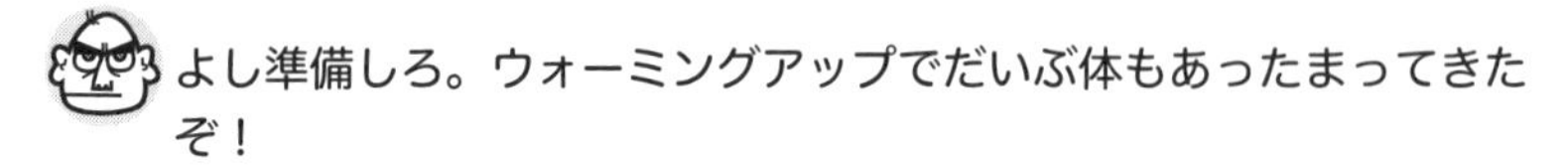

累計とウィンドウ関数

カルテ8 アイスクリーム店の店舗ごとの日々の売り上げを記録するSalesIcecreamテーブル（**リスト0-20**）がある。このテーブルから店舗ごとの売り上げについて現在までの累計を求めたい。

リスト0-20　**アイスクリーム売り上げテーブル**

```
CREATE TABLE SalesIcecream
(shop_id   CHAR(4) NOT NULL,
 sale_date DATE NOT NULL,
 sales_amt INTEGER NOT NULL,
   CONSTRAINT pk_SalesIcecream PRIMARY KEY(shop_id, sale_date) );
```

SalesIcecream: アイスクリーム売り上げテーブル　shop_id: 店舗ID　sale_date: 売上日
sales_amt: 売上金額

アイスクリーム売り上げテーブル

SalesIcecream

shop_id (店舗 ID)	sale_date (売上日)	sales_amt (売上金額)
A	2024-06-01	67,800
A	2024-06-02	87,000
A	2024-06-05	11,300
A	2024-06-10	9,800
A	2024-06-15	9,800
B	2024-06-02	178,000
B	2024-06-15	18,800
B	2024-06-17	19,850
B	2024-06-20	23,800
B	2024-06-21	18,800
C	2024-06-01	12,500

ふむ。売り上げの分析を行おうというわけだな。それで患者のクエリは。

はい、こちらに(**リスト0-21**、**図0-20**)。

リスト0-21　**患者のクエリ：相関サブクエリで累計を求める**

```
SELECT shop_id, sale_date, sales_amt,
       (SELECT SUM(sales_amt)
          FROM SalesIcecream SI1
         WHERE SI1.shop_id = SI2.shop_id
           AND SI1.sale_date <= SI2.sale_date) AS cumlative_amt
  FROM SalesIcecream SI2;
```

図0-20　**患者の実行結果**

```
 shop_id | sale_date  | sales_amt | cumlative_amt
---------+------------+-----------+---------------
 A       | 2024-06-01 |     67800 |         67800   ← (67800)
 A       | 2024-06-02 |     87000 |        154800   ← (67800 + 87000)
 A       | 2024-06-05 |     11300 |        166100   ← (67800 + 87000 + 11300)
 A       | 2024-06-10 |      9800 |        175900   ← (67800 + 87000 + 11300 + 9800)
 A       | 2024-06-15 |      9800 |        185700   ← (67800 + 87000 + 11300 + 9800 + 9800)
```

```
                                          相関サブクエリによってここで累計がリセットされる
B        | 2024-06-02 |   178000 |        178000  ← (178000)
B        | 2024-06-15 |    18800 |        196800  ← (178000 + 18800)
B        | 2024-06-17 |    19850 |        216650  ← (178000 + 18800 + 19850)
B        | 2024-06-20 |    23800 |        240450  ← (178000 + 18800 + 19850 + 23800)
B        | 2024-06-21 |    18800 |        259250  ← (178000 + 18800 + 19850 + 23800 + 18800)
                                          相関サブクエリによってここで累計がリセットされる
C        | 2024-06-01 |    12500 |         12500  ← (12500)
```

まったく、醜いクエリだ。見るに堪えんよ。こんなクエリは淘汰(とうた)されてしまえばいいのだ！

ああ、相関サブクエリ……にスカラサブクエリも兼ねてるのかな。大学で習いました。行間比較に使うんですよね。このクエリそんなに悪いですか？ オーソドックスな書き方に見えますけど。

ふん、その教科書は古いな。捨ててしまえ。モダンSQLではもう**相関サブクエリはお払い箱**だ。理由はわかるか？

読みにくいからですか？

それもある。だが最大の理由は、相関サブクエリのパフォーマンスが悪いからだ。実行計画を見てみよう（**図0-21**、**図0-22**）。

図0-21　**患者の実行計画（PostgreSQL）**

```
                          QUERY PLAN
------------------------------------------------------------------
Seq Scan on salesicecream si2  (cost=0.00..14.06 rows=11 width=21)
  SubPlan 1
    ->  Aggregate  (cost=1.17..1.18 rows=1 width=8)
          ->  Seq Scan on salesicecream si1
                (cost=0.00..1.17 rows=1 width=4)
                Filter: ((sale_date <= si2.sale_date)
                     AND (shop_id = si2.shop_id))
```

図0-22　**患者の実行計画（Oracle）**

```
-----------------------------------------------------------------------------
| Id  | Operation          | Name          | Rows  | Bytes | Cost (%CPU)| Time     |
-----------------------------------------------------------------------------
|   0 | SELECT STATEMENT   |               |     8 |   136 |    12   (0)| 00:00:01 |
```

```
|   1 |  SORT AGGREGATE     |                |     1 |    17 |            |          |
|*  2 |   TABLE ACCESS FULL| SALESICECREAM |     1 |    17 |     2   (0)| 00:00:01 |
|   3 |  TABLE ACCESS FULL  | SALESICECREAM |     8 |   136 |     2   (0)| 00:00:01 |
--------------------------------------------------------------------------------------

Predicate Information (identified by operation id):
---------------------------------------------------

   2 - filter("SI1"."SALE_DATE"<=:B1 AND "SI1"."SHOP_ID"=:B2)
```

この実行計画を見て気付くことはある？

どちらもSalesIcecreamへのアクセスが２回発生していますね。PostgreSQLなら**Seq Scan**（シーケンシャル・スキャン）、Oracleなら**TABLE ACCESS FULL**が２度現れています。

そう、このクエリのダメなところは、テーブルへのアクセスが２度発生することで無駄なストレージへのI/Oが発生していることよ。SQLコーディングにおいては、いかにしてストレージへのI/Oを減らすかがパフォーマンス上重要なの。**「ストレージに触る者は不幸になる」**という格言があるぐらいよ（※著者が作った格言なので一般的ではありません）。SSDが普及してだいぶマシになったとはいえ、それでもストレージはメモリと比べると、レイテンシがとても高い部類に入るからね[注7]。

PARTITION BY句とORDER BY句の使い方

でもサブクエリを使う以上、テーブルアクセスが２回現れるのは避けられないのではないですか？

そうだ。だからサブクエリを使わないことが解になる。正しい解法

注7　ストレージにデータを取りにいくから遅くなるのなら、そもそもデータをメモリに持ってしまえばよいという発想で作られたのがインメモリデータベースです。SAP社のHANAやOracle社のTimesTen In-Memory Databaseなどの製品があります。またチューニングにおいても、Oracleのようにテーブルやインデックスをメモリ上に固定するという手段（keep buffer）が用意されているDBMSもあります。ただ、現在一般的に使われているメモリは揮発性があるためどうしても永続層としてのストレージを必要とします。

はこうだ（リスト0-22）。

リスト0-22　**ロバートの解：ウィンドウ関数（得られる結果は相関サブクエリと同じ）**

```
SELECT shop_id, sale_date, sales_amt,
       SUM(sales_amt) OVER (PARTITION BY shop_id
                                ORDER BY sale_date) AS cumlative_amt
  FROM SalesIcecream;
```

えっと、これウィンドウ関数……でしたっけ。まだ大学で習ったばかりなんですけど。たしかにコードが短くなりますね。PARTITION BY句で計算対象の行集合を区切って、ORDER BY句で行を順序付けしてるんだ[注8]。

ウィンドウ関数の良いところは、コードが簡潔でエレガントになるだけではない。実行計画もまたシンプルになり、パフォーマンスが向上する。実行計画を見てみろ。

はい、ただいま（図0-23、図0-24）。

図0-23　**ロバートの解の実行計画（PostgreSQL）**

```
                         QUERY PLAN
----------------------------------------------------------------------
 WindowAgg  (cost=1.30..1.52 rows=11 width=21)
   ->  Sort  (cost=1.30..1.33 rows=11 width=13)
         Sort Key: shop_id, sale_date
         ->  Seq Scan on salesicecream
               (cost=0.00..1.11 rows=11 width=13)
```

図0-24　**ロバートの解の実行計画（Oracle）**

```
-------------------------------------------------------------------------------
| Id  | Operation          | Name          | Rows  | Bytes | Cost (%CPU)| Time     |
-------------------------------------------------------------------------------
|   0 | SELECT STATEMENT   |               |     8 |   136 |     3  (34)| 00:00:01 |
|   1 |  WINDOW SORT       |               |     8 |   136 |     3  (34)| 00:00:01 |
|   2 |   TABLE ACCESS FULL| SALESICECREAM |     8 |   136 |     2   (0)| 00:00:01 |
-------------------------------------------------------------------------------
```

注8　PARTITION BY句はGROUP BY句と似ていると思った人もいるかもしれません。実際両者はよく似ていますが、GROUP BY句が行の集約まで行うのに対して、PARTITION句はグループ化は行いますが集約は行いません。そのため、結果のレコードの行数が減らないのです。

うわあシンプル……テーブルアクセスが1回に減って、ウィンドウ関数のソートだけになりましたね。

そうだ。これが**SQL最強の武器**ウィンドウ関数だ。よく覚えておけ。SQL:2003からフルレベルで標準に入ったから、今ではどのDBMSでも使える優れモノだ。

ウィンドウとは何か

ところでウィンドウって何なんでしょう。別にこのクエリにウィンドウって出てこないと思うのですけど。

ふむ、素朴だが重要な疑問だ。実際のところ、ウィンドウってのはいったい何だろうな？ その答えは、次のクエリを見るとわかるだろう。先ほどのアイスクリーム屋のクエリは次のようにも書くことができる(**リスト0-23**)。

リスト0-23 **正式なウィンドウ関数の書き方(結果は先ほどと同じ)**

```
SELECT shop_id, sale_date, sales_amt,
       SUM(sales_amt) OVER CUMLATIVE AS cumlative_amt
  FROM SalesIcecream
  WINDOW CUMLATIVE AS (PARTITION BY shop_id
                           ORDER BY sale_date);
```

あれ、WINDOWというキーワードが登場している。ということは、ここがウィンドウの定義ということですか。

そうだ。本来のウィンドウ関数の書き方はこっちのほうが正式なのだ。我々がよく使うウィンドウ関数は、**無名ウィンドウ**を使った簡略版だ。しかし簡略版のほうが普及してしまったため、本来の書き方のほうが珍しくなってしまった。この書き方なら一目瞭然だが、ウィンドウというのはPARTITION BY句で区切られたりORDER BY句で順序付けられたりするテーブルのサブセットからなるレコード集合のことだ。SELECT句で何度も同じウィンドウにアクセスするような場合は、有名ウィンドウで定義を一ヵ所にまとめるほう

がすっきり書ける。そうでないケースでは無名ウィンドウを使うことのほうが多い。

うーんなるほど。定義はよくわかりました。ところでウィンドウってどういう意味なんですか？「窓」って意味ではないですよね。

ウィンドウは窓という意味が一般的だけど、この場合のウィンドウは「時系列に順序付けられたデータ」という意味ね。もともとウィンドウには、「バッチウィンドウ」とか「メンテナンスウィンドウ」みたいに特定の時間の「範囲」を意味する使い方があるのだけど、それに近い使われ方をしているわ。実際、ウィンドウ関数も時系列データの分析に使うことがとても多いわ。

さて、ウィンドウ関数の使い方をもう１問練習しておくか。次の症例を治療してみろ。今度は少し難しいぞ。お前の実力を見てやる。

フレーム句の使い方

カルテ9　先ほどのアイスクリームの売り上げテーブルから、現在の行から２行前までを計算範囲とする移動平均を取得したい。答えは小数点第１位で四捨五入して整数で求める（**図0-25**）。

図0-25　アイスクリーム売り上げテーブル(再掲)

SalesIcecream

shop_id (店舗ID)	sale_date (売上日)	sales_amt (売上金額)
A	2024-06-01	67,800
A	2024-06-02	87,000
A	2024-06-05	11,300
A	2024-06-10	9,800
A	2024-06-15	9,800
B	2024-06-02	178,000
B	2024-06-15	18,800
B	2024-06-17	19,850
B	2024-06-20	23,800
B	2024-06-21	18,800
C	2024-06-01	12,500

移動平均、僕知ってます。株やってるんで。平均をとる期間がどんどんずれていくんですよね。テクニカル分析では移動平均線は必須の指標ですよ。

青二才のくせにいっちょまえに資産形成か。まあ知識があるのはいいことだ。そうだ。現在行を起点として日付を過去に2行分さかのぼって平均を計算する。

さっきの累計は特に期間を限定せずに集計したけど、今度は行集合のサブセットをどう定義するかがポイントね。

すいません、全然わかんないですけど。

堂々と白旗挙げるな！ もうちょっと悩むふりぐらいしろ(こいつハズレかもな……)。

ふう……次のクエリを見て(この子ハズレかも……)(**リスト0-24**、**図0-26**)。

リスト0-24　ウィンドウ関数で移動平均を求める

```
SELECT shop_id, sale_date, sales_amt,
       ROUND(AVG(sales_amt) OVER
         (PARTITION BY shop_id
              ORDER BY sale_date
              ROWS BETWEEN 2 PRECEDING AND CURRENT ROW),0) AS moving_avg
  FROM SalesIcecream;
```

図0-26　実行結果

```
shop_id | sale_date  | sales_amt | moving_avg
--------+------------+-----------+------------
A       | 2024-06-01 |     67800 |      67800   ← (67800) / 1
A       | 2024-06-02 |     87000 |      77400   ← (67800 + 87000) / 2
A       | 2024-06-05 |     11300 |      55367   ← (67800 + 87000 + 11300) / 3
A       | 2024-06-10 |      9800 |      36033   ← (87000 + 11300 + 9800) / 3
A       | 2024-06-15 |      9800 |      10300   ← (11300 + 9800 + 9800) / 3
                                                 PARTITION BY句によるリセット
B       | 2024-06-02 |    178000 |     178000   ← (178000) / 1
B       | 2024-06-15 |     18800 |      98400   ← (178000 + 18800) / 2
B       | 2024-06-17 |     19850 |      72217   ← (178000 + 18800 + 19850) / 3
B       | 2024-06-20 |     23800 |      20817   ← (18800 + 19850 + 23800) / 3
B       | 2024-06-21 |     18800 |      20817   ← (19850 + 23800 + 18800) / 3
                                                 PARTITION BY句によるリセット
C       | 2024-06-01 |     12500 |      12500   ← (12500) / 1
```

平均だからAVG関数を使うのはわかるんですけど、ROWS BETWEEN 2 PRECEDING AND CURRENT ROWって何ですか。

そこがこのクエリの肝よ。**フレーム句**といって、ウィンドウの中でサブセットを定義するための機能よ。読んで字のごとく、「2行前から現在行まで」の3行を指定しているわ。

移動平均は通常過去にレコードをさかのぼるが、もし未来にレコードを進めたいならPRECEDINGの反対でFOLLOWINGというキーワードを使う。フレーム句が指定されていない場合はデフォルトでROWS UNBOUNDED PRECEDINGとみなされる。制限なしにレコードを前にさかのぼるということだな。

なるほど、累計のときの動作ですね。計算対象の行集合が3行に満たない場合は自動的に除数を調節して平均の計算してくれるのが気が利いてますね。

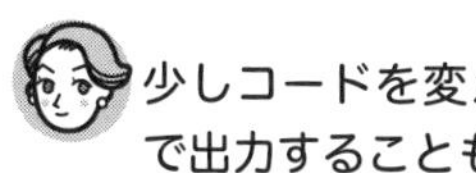
少しコードを変えれば、そういう行数が足りないケースはNULLで出力することもできるわ。ちょうどいいから今日の宿題にしましょう。

ウゲッ。

今は行数を数えたからROWSを使ったが、データの値を条件にしたければ代わりに**RANGE**というキーワードを使うこともできる。実に行き届いた機能じゃないか。

よし、次が最後のテストだ。この問題が解けるようなら救命室に置いてやる。

う一緊張するなあ。

カルテ10 **リスト0-25**のような学生の体重を管理するテーブルがある。このクラスの学生の中で平均体重よりも重い学生を選択したい。平均体重の小数点以下は四捨五入とする。

リスト0-25　**体重テーブル**

```
CREATE TABLE Weights
(student_id CHAR(4) NOT NULL PRIMARY KEY,
 weight INTEGER NOT NULL);
```

Weights: 体重テーブル　student_id: 学生ID　weight: 体重

Weights

student_id (学生ID)	weight (体重)
A	55
B	70
C	65
D	120
E	83
F	63

まず、クラスの平均を求めないと始まらないから、次のクエリで求めます(**リスト0-26、図0-27**)。

リスト0-26 **平均を求めるクエリ**

```
SELECT ROUND(AVG(weight), 0) AS avg_weight
  FROM Weights;
```

図0-27 **実行結果**

```
 avg_weight
------------
         76
```

平均体重が76ということは、求める結果は学生EとDですね。

そうね。あとはこれを各学生の体重とどう比較するかね。

素直にやるとこうなると思うんだけど……(**リスト0-27、図0-28**)。

リスト0-27 **クラスの平均と学生の体重を比較する**

```
SELECT *
  FROM Weights
 WHERE weight > (SELECT ROUND(AVG(weight), 0) AS avg_weight
                   FROM Weights);
```

図0-28　実行結果

```
student_id | weight
-----------+--------
D          |    120
E          |     83
```

ふむ。まあ答えが合っているから半分点数をやろう。50点だ。

正しい答えはどうなるんでしょう。これ以上単純な解は思いつかないんですけど。

まずこのクエリの実行計画を取ってみろ。

はい、explainとautotraceで……取れました（図0-29、図0-30）。

図0-29　ワイリーの解の実行計画（PostgreSQL）

```
                                    QUERY PLAN
--------------------------------------------------------------------------------
Seq Scan on weights  (cost=29.64..63.19 rows=523 width=24)
  Filter: ((weight)::numeric > $0)
  InitPlan 1 (returns $0)
    ->  Aggregate  (cost=29.63..29.64 rows=1 width=32)
          ->  Seq Scan on weights weights_1  (cost=0.00..25.70 rows=1570 width=4)
```

図0-30　ワイリーの解の実行計画（Oracle）

```
--------------------------------------------------------------------------------
| Id  | Operation            | Name    | Rows  | Bytes | Cost (%CPU)| Time     |
--------------------------------------------------------------------------------
|   0 | SELECT STATEMENT     |         |     1 |    19 |     4   (0)| 00:00:01 |
|*  1 |  TABLE ACCESS FULL   | WEIGHTS |     1 |    19 |     2   (0)| 00:00:01 |
|   2 |   SORT AGGREGATE     |         |     1 |    13 |            |          |
|   3 |    TABLE ACCESS FULL| WEIGHTS |     6 |    78 |     2   (0)| 00:00:01 |
--------------------------------------------------------------------------------
```

実行計画を見て、どこがダメかわかる？

やっぱりテーブルアクセスが2回発生しているところですか？

そう。SQLのパフォーマンスは一にI/O、二にI/O、三四がなくて五にI/Oよ。とにかくストレージへのI/Oを減らすことに全力を傾

けるの。**もうこれ以上削れないってくらいに削るの。**

正しい解はこうなる(**リスト0-28、図0-31**)。

リスト0-28　**正しい解：ウィンドウ関数を使う**

```
SELECT student_id, weight, avg_weight
  FROM (SELECT student_id, weight,
               ROUND(AVG(weight) OVER(), 0) AS avg_weight
          FROM Weights) TMP
  WHERE weight > avg_weight;
```

図0-31　**実行結果**

```
 student_id | weight | avg_weight
------------+--------+-----------
 D          |    120 |         76
 E          |     83 |         76
```

OVER句の中に何も書かないって許されるんだ！

PARTITION BY句もORDER BY句もオプションだから、**書かなくても構文上問題ないわ。**今回は特にパーティションを区切る必要はないし、平均を出すのに行の順序も関係ないから、OVER句は空っぽで大丈夫よ。

はー、これでもれっきとしたウィンドウになるんだ。ちょっとびっくり。

実行計画をお前のクエリと比較してみろ。

はい、ただいま(**図0-32、図0-33**)。

図0-32　**ヘレンの解の実行計画(PostgreSQL)**

```
                              QUERY PLAN
-----------------------------------------------------------------------
 Subquery Scan on tmp  (cost=0.00..72.80 rows=523 width=56)
   Filter: ((tmp.weight)::numeric > tmp.avg_weight)
   ->  WindowAgg  (cost=0.00..49.25 rows=1570 width=56)
         ->  Seq Scan on weights  (cost=0.00..25.70 rows=1570 width=24)
```

図0-33　ヘレンの解の実行計画（Oracle）

```
-------------------------------------------------------------------------------
| Id  | Operation            | Name    | Rows  | Bytes | Cost (%CPU)| Time     |
-------------------------------------------------------------------------------
|   0 | SELECT STATEMENT     |         |     6 |   192 |     2   (0)| 00:00:01 |
|*  1 |  VIEW                |         |     6 |   192 |     2   (0)| 00:00:01 |
|   2 |   WINDOW BUFFER      |         |     6 |   114 |     2   (0)| 00:00:01 |
|   3 |    TABLE ACCESS FULL| WEIGHTS |     6 |   114 |     2   (0)| 00:00:01 |
-------------------------------------------------------------------------------
```

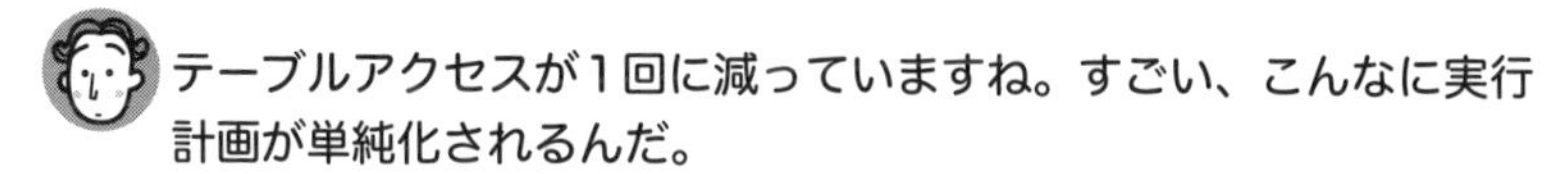

テーブルアクセスが1回に減っていますね。すごい、こんなに実行計画が単純化されるんだ。

ウィンドウ関数はその強力無比の万能さから**魔法の関数**と呼ばれることもあるのだけど、その理由がわかるでしょ[注9]。使いこなすともっとすごいことができるんだから。これからたくさん症例を見ることになるけど、必ず使うからよく覚えておいてね。

あと、ウィンドウ関数を使って地味にうれしいのが平均体重（avg_weight）も結果に出力できることだな。これもウィンドウ関数がレコードの集約を行わずヒラで結果を得るから可能なことだ。

うーんすごい関数だ。SQLって僕が思っていた以上に奥が深いんだな……。

（15:00、休憩室。3人がコーヒーを飲んでいる。）

ウィンドウ関数、本当に行き届いた機能だなあ。CASE式とウィンドウ関数があればほかのプログラミング言語にもひけをとらないコーディングができそうな気がしてきました。なんかちょっと僕の習ってきたSQLとは別物のクエリを見ましたよ。感動です。

うむ、この2つはSQLの誇る双璧だからな。それはこの2つの機能が手続き型言語における条件分岐とループに相当するからだ。条件

注9　ウィンドウ関数がサブクエリを消去する効果があることは、早い段階から知られていました。下記論文を参照。
Calisto Zuzarte, Hamid Pirahesh, Wenbin Ma, Qi Cheng, Linqi Liu, Kwai Wong, "WinMagic: subquery elimination using window aggregation", 2003
https://dl.acm.org/doi/10.1145/872757.872840

分岐とループは手続き型言語にとってもかなめだろう？ これからも毎回オペで使うから、この救命室で働くならよく覚えておけ。でないと救える患者も救えないぞ。

イエッサー！

（返事はいいんだけどな……まあとりあえずとってみて様子を見るとするか）

よし、お前を救命室で採用してやる。朝は8時に来て9時から診療を開始できるようカルテを準備しておけ。夜勤もあるから覚悟しろ。

はい！ よろしくお願いします。

まとめ

- CASE式とウィンドウ関数がモダンSQLの二大技術。これを使いこなせるようになることが本書の主目的の一つ
- CASE式は式であるがゆえにどこにでも書け、柔軟に条件分岐を指定できる。そのため一種のアドホックなユーザー定義関数のように機能する
- ウィンドウ関数はSQLでループ相当の機能を実現する強力な技術
- ウィンドウ関数はPARTITION BY句で区切られた行集合に対してORDER BY句で順序付けを行いさまざまな集計を行うことができる。どちらの句もオプションなので書かなくてもエラーにはならない
- ウィンドウの行集合の中でさらにサブセットを定義したい場合はフレーム句を利用する。ウィンドウ関数を一枚で図示すると図0-34のようなイメージになる[注a]

注a　この図は下記論文に少し著者が変更を加えて引用。
Viktor Leis, Alfons Kemper, Kan Kundhikanjana, Thomas Neumann, "Efficient Processing of Window Functions in Analytical SQL Queries"
https://www.vldb.org/pvldb/vol8/p1058-leis.pdf

図0-34　ウィンドウ関数を一枚の図で表現する

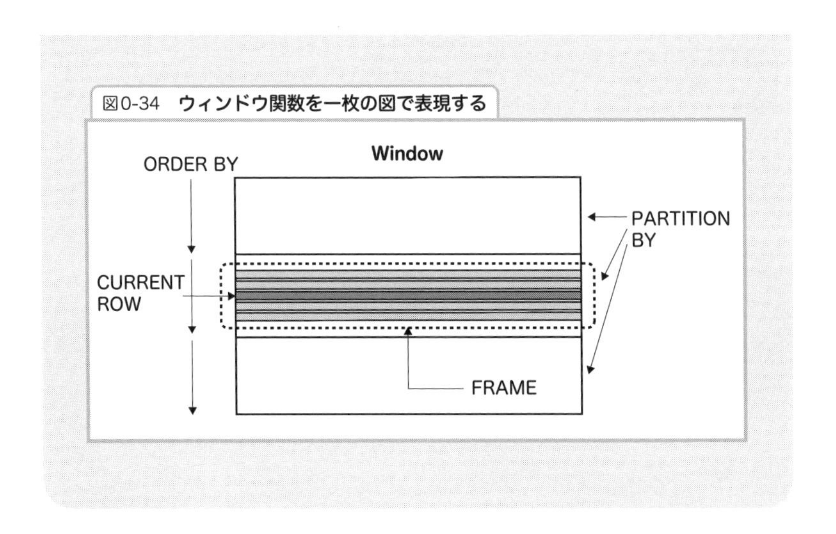

演習問題

解答374ページ

演習0-1

Cityテーブル（リスト0-7）のNew YorkとLos Angelsの人口を入れ替える手段としては、都市名を入れ替えるという方法もあります。これを実現するUPDATE文を考えてください。

ヒント：一つのUPDATE文で一気に処理してください。

演習0-2

カルテ9で求めた移動平均について、集計対象行が3行に満たない場合は無効としてNULLを出力するようにクエリを改変してください。

ヒント：CASE式とウィンドウ関数の合わせ技です。

第1章

サブクエリ・パラノイア

サブクエリの功罪

本章で学ぶ内容

サブクエリは問題を分割して考えることができるため、SQLを使う際にはついつい頼りたくなる便利な道具です。しかしサブクエリを使うと必然的にテーブルへのアクセスを増やすことになり、パフォーマンスの劣化につながります。また、相関サブクエリも強力なツールで行間比較のために使いたくなりますが、こちらもテーブルへのアクセスを増やしパフォーマンス問題を引き起こしやすい機能です。本章では、サブクエリを乱用したクエリをウィンドウ関数でどのように書き換えていくかを学びます。

（3:00、休憩室。ソファーでロバートが熟睡しているところへワイリーがやってくる）

……先生、起きてください。

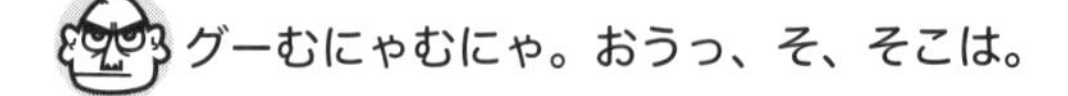
グーむにゃむにゃ。おうっ、そ、そこは。

……先生！

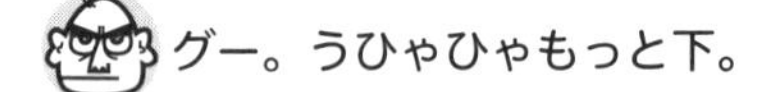
グー。うひゃひゃもっと下。

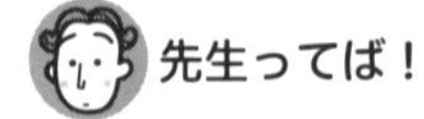
先生ってば！

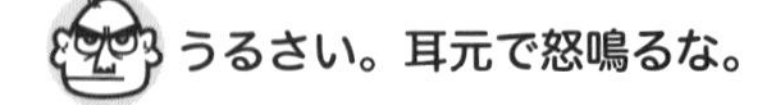
うるさい。耳元で怒鳴るな。

先生のほうがずっとうるさいし不気味ですよ（何の夢見てんだ）。起きてください。急患です！

今何時だと思ってる。ほっとけ、しばらく寝てりゃ自然に治ると伝えろ。

風邪じゃないんだから、ダメなコードは自然には治りませんよ。治療が必要なんです。かなり切羽詰まってるみたいですよ。

まったく、面倒な連中だ。……どれ、しかたない、行くぞ。

明細データの最小レコードを取得する

（手術室。雑然と器具が散乱しているなか、天井の診察用ライトが寒々しい光を放つ。ロバートたちが入ると、すでにヘレンが診察を始めている）

1分遅刻よ。連絡を受けたら3分以内に来るのがルールでしょ。

別に1分で死ぬわけじゃあるまい。それで、患者の様態は。

典型的なサブクエリ・パラノイア（副問い合わせ強迫症）ね。しかも自己結合まで発生させて、これじゃクエリを遅くしてくださいとお願いしているようなものよ。

どれ……おおなるほど、こりゃひどい。おい、テーブル定義もよこせ。

はい、こちらに。

カルテ1　購入明細テーブル（**リスト1-1**）から、それぞれの顧客IDごとに最も小さい枝番の購入価格を求めたい。求める結果は**図1-1**のようになる。患者の解は**リスト1-2**のとおり。

リスト1-1　**購入明細テーブル**

```
CREATE TABLE Receipts
(customer_id   CHAR(4) NOT NULL,
 seq           INTEGER NOT NULL,
 price         INTEGER NOT NULL,
   PRIMARY KEY (customer_id, seq));
```

Receipts:明細テーブル　customer_id:顧客ID　seq:枝番　price:購入価格

Receipts

customer_id (顧客ID)	seq (枝番)	price (購入価格)
A	1	500
A	2	1000
A	3	700
B	5	100
B	6	5000
B	7	300
B	9	200
B	12	1000
C	10	600
C	20	100
C	45	200
C	70	50
D	3	2000

図1-1　求める結果

```
customer_id | seq | price
------------+-----+-------
A           |   1 |   500
B           |   5 |   100
C           |  10 |   600
D           |   3 |  2000
```

リスト1-2　患者の解：サブクエリを用いて最小の枝番を取得する

```
SELECT R1.customer_id, R1.seq, R1.price
  FROM Receipts R1
         INNER JOIN
           (SELECT customer_id, MIN(seq) AS min_seq
              FROM Receipts
             GROUP BY customer_id) R2
     ON R1.customer_id = R2.customer_id
    AND R1.seq = R2.min_seq;
```

こんなクエリは淘汰されてしまえばいいのだ！

先生はそう言いますけど、これ、別に間違いではないですよね。サブクエリの内部のSELECT文は、顧客ごとに最小の枝番を取得しています(**リスト1-3**)。それによって判明した最小の枝番で元のテーブルをR1.seq = R2.min_seq条件でフィルタしてやれば答えが出る、というしくみですよね(**図1-2**)。
考え方としても別にトリッキーなことはしてないし、最小の枝番がいくつかは顧客によってまちまちだから、サブクエリで動的に取得するのはむしろ自然な考え方のような気がするのですけど。

リスト1-3　**サブクエリ内部のSELECT文：最小の枝番を取得する**

```
SELECT customer_id, MIN(seq) AS min_seq
  FROM Receipts
 GROUP BY customer_id;
```

図1-2　**実行結果**

```
 customer_id | min_seq
-------------+---------
 A           |       1
 B           |       5
 C           |      10
 D           |       3
```

たしかに機能的には別に間違いではない。問題は非機能のほう、特にパフォーマンスだ。サブクエリを使うとどうしてもテーブルへのスキャンが発生するから高コストになる。おまけにこのクエリは結合まで行っているから余計に高コストだ。実行計画を見てみろ。

へい、ただいま(**図1-3**、**図1-4**)。

図1-3　**患者のクエリの実行計画(PostgreSQL)**

```
                          QUERY PLAN
-----------------------------------------------------------------
 Hash Join  (cost=1.29..2.49 rows=1 width=13)
   Hash Cond: ((r1.customer_id = receipts.customer_id)
           AND (r1.seq = (min(receipts.seq))))
```

```
   ->  Seq Scan on receipts r1  (cost=0.00..1.13 rows=13 width=13)
   ->  Hash  (cost=1.23..1.23 rows=4 width=9)
         ->  HashAggregate  (cost=1.19..1.23 rows=4 width=9)
               Group Key: receipts.customer_id
               ->  Seq Scan on receipts
                     (cost=0.00..1.13 rows=13 width=9)
```

図1-4　患者のクエリの実行計画(Oracle)

```
------------------------------------------------------------------------------
| Id  | Operation            | Name     | Rows  | Bytes | Cost (%CPU)| Time     |
------------------------------------------------------------------------------
|   0 | SELECT STATEMENT     |          |     4 |   120 |     5  (20)| 00:00:01 |
|*  1 |  HASH JOIN           |          |     4 |   120 |     5  (20)| 00:00:01 |
|   2 |   VIEW               |          |     4 |    76 |     3  (34)| 00:00:01 |
|   3 |    HASH GROUP BY     |          |     4 |    32 |     3  (34)| 00:00:01 |
|   4 |     TABLE ACCESS FULL| RECEIPTS |    13 |   104 |     2   (0)| 00:00:01 |
|   5 |   TABLE ACCESS FULL  | RECEIPTS |    13 |   143 |     2   (0)| 00:00:01 |
------------------------------------------------------------------------------

Predicate Information (identified by operation id):
---------------------------------------------------

   1 - access("R1"."CUSTOMER_ID"="R2"."CUSTOMER_ID" AND
              "R1"."SEQ"="R2"."MIN_SEQ")
```

PostgreSQLではSeq Scan(シーケンシャル・スキャン)、OracleではTABLE ACCESS FULLが2回、Receiptsテーブルに対して発生していますね。それにどちらも**ハッシュ結合**(*Hash Join*)もやってますね。

サブクエリの宿命としてどうしても内部にFROM句を書かなければならないから、テーブルスキャンを発生させてしまうわ。

テーブルが小さいうちはまだ遅延も大したことはないが、Receiptsという名前から見るに、これは明細を保存するテーブルだ。こういうテーブルは時間が経つとどんどん巨大化していく傾向があるから、パフォーマンスもそれにつれて劣化していく。

どうやったらテーブルアクセスと結合を減らせるのでしょうか？

初日のケースをもう忘れたか。ウィンドウ関数を使うんだ(**リスト1-4**)。

リスト1-4　**ロバートの解：FIRST_VALUE関数を使う**

```
SELECT *
  FROM (SELECT customer_id, seq, price,
               FIRST_VALUE(seq)
                 OVER (PARTITION BY customer_id
                            ORDER BY seq) AS min_seq
          FROM Receipts) TMP
 WHERE seq = min_seq;
```

美しい……実に美しい(うっとり)。

すみません。まったくわからないであります。

気分壊すやつだな！ そういうセリフをふんぞりかえって言うな。

FIRST_VALUEは順序付けられたウィンドウの中で、最初の値を取得する関数よ。ウィンドウ関数を単独で実行してみればイメージがつかめるわ(**リスト1-5**、**図1-5**)。

リスト1-5　**FIRST_VALUE関数単独で実行してみる**

```
SELECT customer_id, seq, price,
       FIRST_VALUE(seq)
         OVER (PARTITION BY customer_id
                    ORDER BY seq) AS min_seq
  FROM Receipts;
```

図1-5　**「min_price」列がウィンドウ関数によって作られた列**

```
 customer_id | seq | price | min_seq
-------------+-----+-------+----------
 A           |   1 |   500 |        1
 A           |   2 |  1000 |        1
 A           |   3 |   700 |        1
 ------------------------------------
 B           |   5 |   100 |        5
 B           |   6 |  5000 |        5
 B           |   7 |   300 |        5
 B           |   9 |   200 |        5
 B           |  12 |  1000 |        5
 ------------------------------------
 C           |  10 |   600 |       10
 C           |  20 |   100 |       10
 C           |  45 |   200 |       10
```

```
C              |  70 |    50 |        10
--------------------------------------
D              |   3 |  2000 |         3
```

ははあ。ウィンドウ関数によって作られたmin_seq列は、顧客ごとにseqの昇順でソートされた行集合の中で**最初のレコード**のseq列を持ってきてるんですね。なるほどこれなら一目瞭然だ。

この解の良いところは見た目がエレガントなだけでなく、パフォーマンスも良いところだ。実行計画を見てみろ。

はい(**図1-6**、**図1-7**)。

図1-6　**ロバートの解の実行計画(PostgreSQL)**

```
                         QUERY PLAN
------------------------------------------------------------
 Subquery Scan on tmp  (cost=1.37..1.79 rows=1 width=17)
   Filter: (tmp.seq = tmp.min_seq)
   ->  WindowAgg  (cost=1.37..1.63 rows=13 width=17)
         ->  Sort  (cost=1.37..1.40 rows=13 width=13)
               Sort Key: receipts.customer_id, receipts.seq
               ->  Seq Scan on receipts
                    (cost=0.00..1.13 rows=13 width=13)
```

図1-7　**ロバートの解の実行計画(Oracle)**

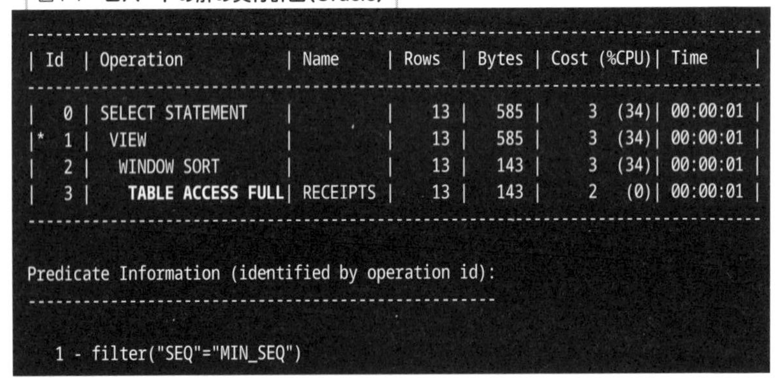

```
--------------------------------------------------------------------------------
| Id  | Operation           | Name     | Rows  | Bytes | Cost (%CPU)| Time     |
--------------------------------------------------------------------------------
|   0 | SELECT STATEMENT    |          |    13 |   585 |     3  (34)| 00:00:01 |
|*  1 |  VIEW               |          |    13 |   585 |     3  (34)| 00:00:01 |
|   2 |   WINDOW SORT       |          |    13 |   143 |     3  (34)| 00:00:01 |
|   3 |    TABLE ACCESS FULL| RECEIPTS |    13 |   143 |     2   (0)| 00:00:01 |
--------------------------------------------------------------------------------

Predicate Information (identified by operation id):
---------------------------------------------------

   1 - filter("SEQ"="MIN_SEQ")
```

本当だ。PostgreSQLもOracleも、Receiptsテーブルへのアクセスが1回に減っていますね。結合も自然となくなっている。

テーブルのサイズが大きければ大きいほどテーブルへのアクセスを減らす効果は大きい。性能面で**ストレージに触っていいことなど一つもないからな**。ストレージへのアクセスは削りに削らなければならない。ついでにハッシュ結合もなくなって一丁あがりだ。うむ、我ながらいい仕事だわい。

自画自賛ねえ……まあ見事なものではあるけど。

最後のレコードの値を取得する

ちなみに、反対に最後の行の値を取得したければORDER BY句のソート順を降順(DESC)にすればOKよ(**リスト1-6、図1-8**)。

リスト1-6　**顧客別に最も大きな枝番の購入額を調べる**

```
SELECT *
  FROM (SELECT customer_id, seq, price,
               FIRST_VALUE(seq)
                 OVER (PARTITION BY customer_id
                            ORDER BY seq DESC) AS max_seq
          FROM Receipts) TMP
 WHERE seq = max_seq;
```

図1-8　**実行結果**

```
 customer_id | seq | price | max_price
-------------+-----+-------+-----------
 A           |   3 |   700 |       700
 B           |  12 |  1000 |      1000
 C           |  70 |    50 |        50
 D           |   3 |  2000 |      2000
```

ウィンドウ関数を一般化してみる

ちょっと考えたんですけど、この解法を一般化して「n番目のレコードの値」をとってくるようなクエリを作ることは可能なのでしょうか。自分で思い付くのは、ROW_NUMBERで枝番の昇順に連番を振ってやって特定の順番のレコードを指定する、という方法ですけど。た

とえば昇順で3番目のレコードを取得するならこんなイメージで(リスト1-7、図1-9)。

リスト1-7　n番目のレコードの一般化：ROW_NUMBER関数

```
SELECT *
  FROM (SELECT customer_id, seq, price,
               ROW_NUMBER() OVER (PARTITION BY customer_id
                                      ORDER BY seq) AS seq_3rd
          FROM Receipts) TMP
 WHERE seq_3rd = 3;
```

図1-9　n番目のレコードの一般化：結果

```
 customer_id | seq | price | seq_3rd
-------------+-----+-------+---------
 A           |   3 |   700 |       3
 B           |   7 |   300 |       3
 C           |  45 |   200 |       3
```

あらいいじゃない。悪くないわ。これなら実行計画もきれいよ。このサンプルデータの場合、顧客Dは1行しかレコードがないから、3番目の値は存在しないために結果には現れないのよね。

へへへどうも。ヘレン先生に褒められると照れるな。

別解としては、その名もずばり「n番目の値」という名のNTH_VALUE関数を使うこともできるわ。これは今日の宿題にしましょう。

ふええ、こんな関数まで用意されてるんだ。SQLって行き届いた言語だなあ。

ウィンドウ関数はここ数年で一気に各DBMSで整備が進んだ。それだけSQLに対する分析用途への期待値が高いということだ。2017年まではMySQLでウィンドウ関数が使えなかったなんて、お前みたいな若造には信じられまい。

株価のトレンド分析
——直近の行との比較

（3人が手術室で議論していると、電話が鳴る。救急隊員からの連絡のようだ。）

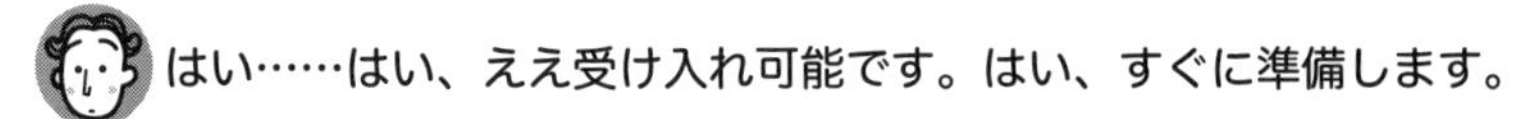
はい……はい、ええ受け入れ可能です。はい、すぐに準備します。

（受話器を置きながら）もう一人急患です。すぐに受け入れてほしいそうです。

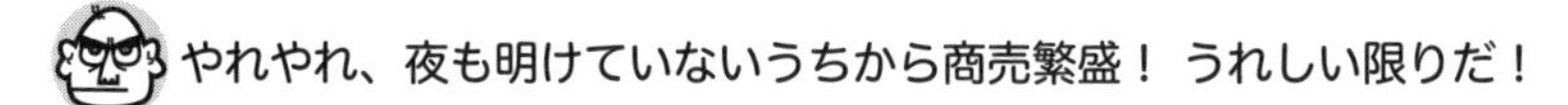
やれやれ、夜も明けていないうちから商売繁盛！ うれしい限りだ！

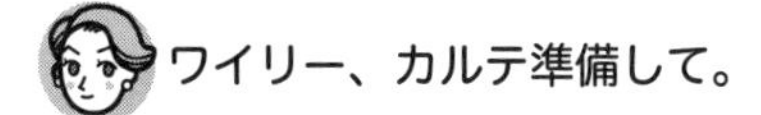
ワイリー、カルテ準備して。

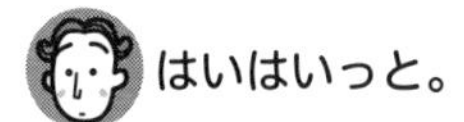
はいはいっと。

カルテ2 株価履歴テーブル（**リスト1-8**）に対して、同じ会社の終値（closing_price）が直前の売買日の終値より上がっていれば1、下がっていれば-1、同じであれば0でtrend列を更新したい。直前の日付が存在しない最初のレコードは0で更新するものとする。

リスト1-8　**株価履歴テーブル**

```
CREATE TABLE StockHistory
(ticker_symbol CHAR(8) NOT NULL,
 sale_date DATE NOT NULL,
 closing_price INTEGER NOT NULL,
 trend INTEGER
    CHECK(trend IN(-1, 0, 1)),
    CONSTRAINT pk_StockHistory PRIMARY KEY (ticker_symbol, sale_date));
```

StockHistory:株価履歴テーブル　ticker_symbol:ティッカーシンボル　sale_date:売買日　closing_price:終値　trend:トレンド

※Snowflakeでは CHECK制約が使用できないため「CHECK(trend IN(-1, 0, 1))」は削除して実行してください。

StockHistory

ticker_symbol（ティッカーシンボル）	sale_date（売買日）	closing_price（終値）	trend（トレンド）
A社	2024-04-01	100	
A社	2024-04-02	200	
A社	2024-04-03	199	
A社	2024-04-04	199	
B商事	2024-10-10	10	
B商事	2024-04-14	20	
B商事	2024-04-20	5	
C鉄鋼	2024-05-01	156	
C鉄鋼	2024-05-03	182	
C鉄鋼	2024-05-05	182	

それぞれの行について、直近の日付の株価と比較するわけですね。患者のコードがこちらです（リスト1-9、図1-10）。

リスト1-9　**患者の解：相関サブクエリのネストが深い**

```
UPDATE StockHistory
   SET trend
       = COALESCE(SIGN(closing_price
         - (SELECT H1.closing_price  -- 直近の終値を取得
              FROM StockHistory H1
             WHERE H1.ticker_symbol = StockHistory.ticker_symbol
               AND H1.sale_date =
                   (SELECT MAX(sale_date)  -- 直近の日付を取得
                      FROM StockHistory H2
                     WHERE H2.ticker_symbol
                           = StockHistory.ticker_symbol
                       AND H2.sale_date
                           < StockHistory.sale_date))),0);
```

※このクエリはSnowflakeとMySQLではそもそもエラーになります。MySQLで強引に動かすようにコード変更することも可能ですが、意味的に不要な変更であるためあまり推奨はしません。どうしても知りたい方はサンプルコードに含めているのでそちらを参照してください。

図1-10　**MySQLのエラーコード**

```
ERROR 1093 (HY000): You can't specify target table 'StockHistory' for update in FROM clause
```

うわあ、サブクエリのネスト深いなあ……ぱっと見て何やってるのかわからない。

サブクエリで1行前を参照しようとすると、現在行より前の取引日の集合からMAX(sale_date)で直近の日付を取得して、その日付を条件に終値を指定する必要があるから、どうしても2段階のサブクエリが必要になるわね。

実行計画のネストも深いですね(**図1-11**、**図1-12**)。StockHistoryへのスキャンは1、2、……3回も発生してますね。これは高コストだ。サブクエリ・パラノイアの重症ですよこれは。

図1-11　**実行計画(PostgreSQL)**

```
                                   QUERY PLAN
------------------------------------------------------------------------------------
 Update on stockhistory  (cost=0.00..24.32 rows=0 width=0)
   ->  Seq Scan on stockhistory  (cost=0.00..24.32 rows=10 width=10)
         SubPlan 2
           ->  Seq Scan on stockhistory h1 (cost=1.16..2.31 rows=1 width=4)
                 Filter: ((ticker_symbol = stockhistory.ticker_symbol)
                      AND (sale_date = $3))
                 InitPlan 1 (returns $3)
                   ->  Aggregate  (cost=1.15..1.16 rows=1 width=4)
                         ->  Seq Scan on stockhistory h2
                               (cost=0.00..1.15 rows=1 width=4)
                             Filter: ((sale_date < stockhistory.sale_date)
                                  AND (ticker_symbol = stockhistory.ticker_symbol))
```

図1-12　**実行計画(Oracle)**

```
--------------------------------------------------------------------------------------
| Id  | Operation                    | Name           | Rows  | Bytes | Cost (%CPU)| Time     |
--------------------------------------------------------------------------------------
|   0 | UPDATE STATEMENT             |                |    10 |   210 |    22  (46)| 00:00:01 |
|   1 |  UPDATE                      | STOCKHISTORY   |       |       |            |          |
|   2 |   TABLE ACCESS FULL          | STOCKHISTORY   |    10 |   210 |     2   (0)| 00:00:01 |
|   3 |   TABLE ACCESS BY INDEX ROWID| STOCKHISTORY   |     1 |    21 |     1   (0)| 00:00:01 |
|*  4 |    INDEX UNIQUE SCAN         | PK_STOCKHISTORY|     1 |       |     1   (0)| 00:00:01 |
|   5 |     SORT AGGREGATE           |                |     1 |    17 |            |          |
|*  6 |      TABLE ACCESS FULL       | STOCKHISTORY   |     1 |    17 |     2   (0)| 00:00:01 |
--------------------------------------------------------------------------------------

Predicate Information (identified by operation id):
```

```
--------------------------------------------------

  4 - access("H1"."TICKER_SYMBOL"=:B1 AND "H1"."SALE_DATE"= (SELECT MAX("SALE_DATE")
            FROM "STOCKHISTORY" "H2" WHERE "H2"."SALE_DATE"<:B2 AND "H2"."TICKER_SYMBOL"=:B3))
  6 - filter("H2"."SALE_DATE"<:B1 AND "H2"."TICKER_SYMBOL"=:B2)
```

パフォーマンスが悪いのは、相関サブクエリが宿命的に負う欠点ね。どうしてもテーブルへのアクセス回数が増えるから実行時間も遅くなってしまうわ。Oracleはまだ1回分のアクセスを主キーのインデックス経由で行ってるだけマシだけど。

ようし、僕にやらせてください。1行前の終値の値と比較するわけだから、初日に覚えたフレーム句を使えばいいんですよね。直近の行が存在しない最初の行の値がNULLになるのはCOALESCE関数で対処できるから……簡単簡単。よし、できた(**リスト1-10、図1-13**)。

リスト1-10　**ワイリーの解：エラーになる**

```
UPDATE StockHistory
   SET trend = COALESCE(SIGN(closing_price
                  - (SELECT MAX(closing_price)
                                OVER (PARTITION BY ticker_symbol
                                          ORDER BY sale_date
                                      ROWS BETWEEN 1 PRECEDING
                                               AND 1 PRECEDING)
                       FROM StockHistory)) ,0);
```

図1-13　**ワイリーの解で発生するエラー(PostgreSQL)**

```
ERROR:  式として使用された副問い合わせが2行以上の行を返しました
```

お前、これじゃエラーになって動かんぞ。

あれ、本当だ。おかしいなこのデータベース。

おかしいのはお前の頭のほうだ。

SET句の右辺の式は必ず1行に限定されなければならないわ。

ああそっか。右辺が複数の値を返すと何で更新していいかわからな

くなるんですね。**ウィンドウ関数は集約をしないから全行を返して**しまって、それでエラーになったんだ。じゃあWHERE句でバインドしてやって……あれ、またエラーになる(**リスト1-11**、**図1-14**)。

リスト1-11 **ワイリーの解2：やっぱりエラーになる**

```
UPDATE StockHistory
   SET trend = COALESCE(SIGN(closing_price
               - (SELECT MAX(closing_price)
                             OVER (PARTITION BY ticker_symbol
                                       ORDER BY sale_date
                                   ROWS BETWEEN 1 PRECEDING
                                            AND 1 PRECEDING)
                        FROM StockHistory SH1)) ,0)
WHERE StockHistory.ticker_symbol = SH1.ticker_symbol
  AND StockHistory.sale_date = SH1.sale_date;
```

図1-14 **ワイリーの解2で発生するエラー(PostgreSQL)**

```
ERROR:  テーブル"sh1"用のFROM句エントリがありません
行 8: WHERE StockHistory.ticker_symbol = SH1.ticker_symbol
```

テーブルSH1が見つからないと怒られているようですね。おかしいな。ちゃんと定義したのに。

ワハハ。考え方は悪くないが惜しいな。SH1のようなサブクエリの中で定義されたテーブルの相関名は、そのサブクエリの内部でしか参照できんのだ。**一種のローカル変数みたいな扱いを受けるわけだ**(**図1-15**)。

図1-15 **相関名の生存範囲**

```
UPDATE StockHistory
 SET trend = COALESCE(SIGN(closing_price
           - (SELECT LAG(closing_price, 1)
                   OVER (PARTITION BY ticker_symbol
                              ORDER BY sale_date)
                FROM StockHistory SH1)) ,0)
WHERE StockHistory.ticker_symbol = SH1.ticker_symbol
 AND StockHistory.sale_date = SH1.sale_date;
```

SH1 の生存範囲は
ここのサブクエリ内
だけに限られる

(頭をかきながら)えー……じゃあどうすればいいんだろう。

こんなときは共通表式を使うとうまくいくわ。これはMySQLでもきちんと動作する(**リスト1-12**、**図1-16**)。

リスト1-12 **ウィンドウ関数による解。共通表式を使う**

```
WITH PRE_SH (ticker_symbol, sale_date, trend) AS
(SELECT ticker_symbol, sale_date,
        COALESCE(SIGN(closing_price -
                  MAX(closing_price)
                      OVER (PARTITION BY ticker_symbol
                                ORDER BY sale_date
                            ROWS BETWEEN 1 PRECEDING AND 1 PRECEDING)) ,0)
  FROM StockHistory)
UPDATE StockHistory
   SET trend = (SELECT PRE_SH.trend
                  FROM PRE_SH
                 WHERE StockHistory.ticker_symbol = PRE_SH.ticker_symbol
                   AND StockHistory.sale_date = PRE_SH.sale_date);
```

図1-16 **更新後のStockHistoryテーブル**

```
 ticker_symbol | sale_date  | closing_price | trend
---------------+------------+---------------+-------
 A社           | 2024-04-01 |           100 |     0
 A社           | 2024-04-02 |           200 |     1
 A社           | 2024-04-03 |           199 |    -1
 A社           | 2024-04-04 |           199 |     0
 B商事         | 2024-04-14 |            20 |     0
 B商事         | 2024-04-20 |             5 |    -1
 B商事         | 2024-10-10 |            10 |     1
 C鉄鋼         | 2024-05-01 |           156 |     0
 C鉄鋼         | 2024-05-03 |           182 |     1
 C鉄鋼         | 2024-05-05 |           182 |     0
```

ああ、共通表式。最初にWITH句でビューを定義できる機能ですよね。これは気付かなかった。

これで一応答えは求められたけど、このUPDATEはもっと簡単にできるわ。

え、ここからですか?

LAG関数という前の行にさかのぼって値を取ってくる便利な関数があるの。これを使うとフレーム句が不要になるわ（**リスト1-13**）。

リスト1-13　**ヘレンの解：LAG関数を使う**

```
WITH PRE_SH (ticker_symbol, sale_date, trend) AS
(SELECT ticker_symbol, sale_date,
        COALESCE(SIGN(closing_price -
                   LAG(closing_price, 1)
                       OVER (PARTITION BY ticker_symbol
                                 ORDER BY sale_date)) ,0)
  FROM StockHistory)
UPDATE StockHistory
   SET trend = (SELECT PRE_SH.trend
                  FROM PRE_SH
                 WHERE StockHistory.ticker_symbol = PRE_SH.ticker_symbol
                   AND StockHistory.sale_date = PRE_SH.sale_date);
```

へえぇ、こんな便利な関数があるんだ。第2引数のオフセットでカレント行から何行前にさかのぼるかを指定しているんですね。

逆に前に進む場合はLEAD関数というのがあるわ。便利だからペアで覚えておくといいわ。わざわざフレーム句を書かなくてよくなる。実行計画は変わらないから、単に見た目が簡略化されるだけだけどね。

さて、実行計画を見てみると、StockHistoryテーブルへのスキャンが2回に減っていることがわかる（**図1-17**）。これでパフォーマンスも向上だ。

図1-17　**実行計画（PostgreSQL）**

```
                              QUERY PLAN
------------------------------------------------------------------------------
 Update on stockhistory  (cost=0.00..13.81 rows=0 width=0)
   ->  Seq Scan on stockhistory  (cost=0.00..13.81 rows=10 width=10)
         SubPlan 1
           ->  Subquery Scan on pre_sh  (cost=1.15..1.27 rows=1 width=8)
                 Filter: (stockhistory.sale_date = pre_sh.sale_date)
                 ->  WindowAgg  (cost=1.15..1.23 rows=3 width=18)
                       ->  Sort  (cost=1.15..1.16 rows=3 width=14)
                             Sort Key: stockhistory_1.sale_date
                             ->  Seq Scan on stockhistory stockhistory_1
                                   (cost=0.00..1.12 rows=3 width=14)
                                 Filter: (stockhistory.ticker_symbol = ticker_symbol)
```

共通表式、便利ですねえ。UPDATE文でも使えるのは盲点でした。SELECT文で使うものとばかり思ってました。

実はPostgreSQL、MySQL、SQL ServerではUPDATE文でも使えるんだけど、OracleではSELECT文でしか使えないという謎の制限があって、この解はエラーになるわ(**図1-18**)。

図1-18 **Oracleで発生するエラー**

```
行7でエラーが発生しました。:
ORA-00928: SELECTキーワードがありません。
```

本当だ。SELECT文がないと怒られますね。なんかよくわからない制限ですね。

Oracleでも動作する解にするには、ビューを作る必要がある(**リスト1-14**、**図1-19**)。

リスト1-14 **Oracle向けの解:ウィンドウ関数でビューを定義する**

```
CREATE VIEW PRE_SH (ticker_symbol, sale_date, closing_price, trend)
AS (SELECT ticker_symbol, sale_date, closing_price,
           COALESCE(SIGN(closing_price -
                         LAG(closing_price, 1)
                            OVER (PARTITION BY ticker_symbol
                                         ORDER BY sale_date)) ,0)
      FROM StockHistory);
```

図1-19 **ビュー PRE_SH**

ticker_symbol	sale_date	closing_price	trend
A社	2024-04-01	100	0
A社	2024-04-02	200	1
A社	2024-04-03	199	-1
A社	2024-04-04	199	0
B商事	2024-04-14	20	0
B商事	2024-04-20	5	-1
B商事	2024-10-10	10	1
C鉄鋼	2024-05-01	156	0
C鉄鋼	2024-05-03	182	1
C鉄鋼	2024-05-05	182	0

このビューだけでも十分解になっている気もするが、どうしても元の

StockHistoryテーブルを更新したいというなら、ビューPRE_SHを使って主キー(ticker_symbol, sale_date)でバインドすれば、更新対象を1行に絞れる。これでOracleでも解決だ(**リスト1-15、図1-20**)。

リスト1-15 **Oracleでも動作する解：ビューを使う**

```
UPDATE StockHistory
   SET trend = (SELECT PRE_SH.trend
                  FROM PRE_SH
                 WHERE StockHistory.ticker_symbol = PRE_SH.ticker_symbol
                   AND StockHistory.sale_date = PRE_SH.sale_date);
```

図1-20 **実行計画(Oracle)**

```
-------------------------------------------------------------------------------------
| Id  | Operation              | Name         | Rows  | Bytes | Cost (%CPU)| Time     |
-------------------------------------------------------------------------------------
|   0 | UPDATE STATEMENT       |              |    10 |   500 |     5  (20)| 00:00:01 |
|   1 |  UPDATE                | STOCKHISTORY |       |       |            |          |
|*  2 |   HASH JOIN OUTER      |              |    10 |   500 |     5  (20)| 00:00:01 |
|   3 |    TABLE ACCESS FULL   | STOCKHISTORY |    10 |   210 |     2   (0)| 00:00:01 |
|   4 |    VIEW                | PRE_SH       |    10 |   290 |     3  (34)| 00:00:01 |
|   5 |     WINDOW SORT        |              |    10 |   210 |     3  (34)| 00:00:01 |
|   6 |      TABLE ACCESS FULL| STOCKHISTORY |    10 |   210 |     2   (0)| 00:00:01 |
-------------------------------------------------------------------------------------

Predicate Information (identified by operation id):
---------------------------------------------------

   2 - access("STOCKHISTORY"."TICKER_SYMBOL"="PRE_SH"."TICKER_SYMBOL"(+) AND
              "STOCKHISTORY"."SALE_DATE"="PRE_SH"."SALE_DATE"(+))
```

(拍手しながら)うーんお見事。テーブルスキャンも2回に減ってますね。

お前が偉そうに言うな。この問題解けなかっただろうが。

いやあ面目ないです。それにしてもウィンドウ関数って便利ですね。相関サブクエリも置き換えられるから、可読性も上がるし、性能も良くなるしいいことずくめですね。

うむ、ウィンドウ関数は時に「魔法」とまで呼ばれるモダンSQLの必携技術だ。特にこうした分析系のSQLで力を発揮する。これからも頻繁に使うからよく覚えておくことだ。

UPDATE対象テーブルには別名を付けられるか

本章のコードでは、UPDATE文で相関サブクエリを利用するコードにおいて、サブクエリ内部のFROM句のテーブルに対しては別名（正確には「相関名」（correlation name））を定義しているのに対し、UPDATEの対象とするテーブルに対しては、相関名を定義していません。これに疑問を持った人もいるかもしれないので、解説しておきます。

実は、ほとんどのDBMSにおいて、**リスト1-a**のようにUPDATE対象のテーブルにも相関名を付けたSQLを実行できます。

リスト1-a　**UPDATE対象のテーブルに相関名を付けたSQL**

```
WITH PRE_SH (ticker_symbol, sale_date, trend) AS
(SELECT ticker_symbol, sale_date,
        COALESCE(SIGN(closing_price -
                   LAG(closing_price, 1)
                       OVER (PARTITION BY ticker_symbol
                                 ORDER BY sale_date)) ,0)
  FROM StockHistory)
UPDATE StockHistory SH
   SET trend = (SELECT PRE_SH.trend
                  FROM PRE_SH
                 WHERE SH.ticker_symbol = PRE_SH.ticker_symbol
                   AND SH.sale_date = PRE_SH.sale_date);
```

ただ、この構文を許さないDBMSがあるのです。それはMicrosoft社のSQL Serverです。2024年時点で最新のSQL Server 2022においても、UPDATEの対象テーブルに別名を付与する構文を許可していません。

実は、これはかつて標準SQLでUPDATE対象テーブルに相関名を付けることが許されていなかった時代のなごりなのです。なぜそういう制限があったのかというと、かつて多くのDBMSでは、SQLで相関名を付けられたテーブルは、ベースのテーブルから新たなコピーテーブルが生成される、という内部動作をしていたことと関係していたようです（そのためコピーテーブルのほうだけが更新されてしまう）。しかし、この物理レベルに起因する制約はユーザーにとっては紛らわしいだけなので、SQL:2003からUPDATE対象のテーブルにも相関名を付けることが可能になりました[注a]。

そのためほとんどのDBMSでは、この制限を意識する必要はありません。ただ、UPDATE対象テーブルに相関名を付ける必要性やメリットも特にないので、本書ではSQL Serverでも動作する古い規約に準拠した記述をしています。

注a　J.セルコ著『プログラマのためのSQL 第4版』翔泳社、2012年、p.305

列の折りたたみ

救急隊員から連絡入りました。次の患者、あと5分で到着予定です！

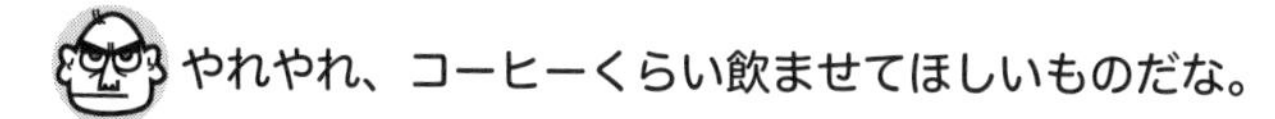
やれやれ、コーヒーくらい飲ませてほしいものだな。

ワイリー、カルテ準備！

ラジャ！

カルテ3　要素テーブル（**リスト1-16**）から、レベル列（lvl）の底辺から頂点（5が底辺、1が頂点）に向かって、各列を折りたたんだ結果を求めたい。すなわち、最初のNULLではない値を返す[注1]。

リスト1-16　**要素テーブル**

```
CREATE TABLE Elements
(lvl INTEGER NOT NULL,
 color VARCHAR(10),
 length INTEGER,
 width INTEGER,
 hgt INTEGER,
   CONSTRAINT pk_Elements PRIMARY KEY(lvl) );
```

Elements: 要素テーブル　lvl: レベル　color: 色　length: 長さ　width: 幅　hgt: 高さ

注1　J.セルコ著、ミック訳『SQLパズル 第2版』（翔泳社、2007年）「パズル53 テーブルを列ごとにおりたたむ」より問題を借りました。

Elements

lvl (レベル)	color (色)	length (長さ)	width (幅)	hgt (高さ)
1	RED	8	10	12
2				20
3		9	82	25
4	BLUE		67	
5	GRAY			

　このサンプルデータに対しては、**図1-21**が求める結果となる。これを求めるクエリを考えたい。

図1-21　**求めたい結果**

```
color | length | width | hgt
-------+--------+-------+-----
GRAY  |      9 |    67 |  25
```

なんかちょっとパズルっぽい問題ですね。

そうね。頭の体操って感じね。でもちょっとおもしろいテクニックを使う問題よ。

患者のコードはこれです(**リスト1-17**)。

リスト1-17　**患者のクエリ**

```
SELECT (SELECT color  FROM Elements WHERE lvl = M.lc) AS color,
       (SELECT length FROM Elements WHERE lvl = M.ll) AS length,
       (SELECT width  FROM Elements WHERE lvl = M.lw) AS width,
       (SELECT hgt    FROM Elements WHERE lvl = M.lh) AS hgt
  FROM (SELECT MAX(CASE WHEN color IS NOT NULL
                        THEN lvl END) AS lc,
               MAX(CASE WHEN length IS NOT NULL
                        THEN lvl END) AS ll,
               MAX(CASE WHEN width IS NOT NULL
                        THEN lvl END) AS lw,
               MAX(CASE WHEN hgt IS NOT NULL
                        THEN lvl END) AS lh
```

```
        FROM Elements)  M;
```

なるほど、サブクエリの中のMAX関数でどのレベルにNULLでない値が最初に出るかを取得しているんですね。CASE式の使い方が上手ですね、この患者(図1-22)。

図1-22 **サブクエリ内部のSELECT文の結果**

```
 lc | ll | lw | lh
----+----+----+----
  5 |  3 |  4 |  3
```

けっこううまく考えられたクエリだと思うんですけど、まだ改善の余地があるんでしょうか。

たしかに苦心の跡が見られるクエリではあるが、ちょっとサブクエリを使いすぎだな。実行計画を見るとOracleでは主キーのインデックスのユニークスキャンが行われるからパフォーマンスは悪くはないが、可読性が悪い(図1-23、図1-24)。これもサブクエリ・パラノイアだ。

図1-23 **患者の実行計画(PostgreSQL)**

```
                                   QUERY PLAN
---------------------------------------------------------------------------
 Subquery Scan on m  (cost=1.10..5.36 rows=1 width=50)
   ->  Aggregate  (cost=1.10..1.11 rows=1 width=16)
         ->  Seq Scan on elements  (cost=0.00..1.05 rows=5 width=20)
   SubPlan 1
     ->  Seq Scan on elements elements_1  (cost=0.00..1.06 rows=1 width=4)
           Filter: (lvl = m.lc)
   SubPlan 2
     ->  Seq Scan on elements elements_2  (cost=0.00..1.06 rows=1 width=4)
           Filter: (lvl = m.ll)
   SubPlan 3
     ->  Seq Scan on elements elements_3  (cost=0.00..1.06 rows=1 width=4)
           Filter: (lvl = m.lw)
   SubPlan 4
     ->  Seq Scan on elements elements_4  (cost=0.00..1.06 rows=1 width=4)
           Filter: (lvl = m.lh)
```

図1-24　患者の実行計画(Oracle)

```
-----------------------------------------------------------------------------------------
| Id  | Operation                    | Name        | Rows  | Bytes | Cost (%CPU)| Time     |
-----------------------------------------------------------------------------------------
|   0 | SELECT STATEMENT             |             |     1 |    52 |    10   (0)| 00:00:01 |
|   1 |  TABLE ACCESS BY INDEX ROWID| ELEMENTS    |     1 |    20 |     2   (0)| 00:00:01 |
|*  2 |   INDEX UNIQUE SCAN          | PK_ELEMENTS |     1 |       |     1   (0)| 00:00:01 |
|   3 |  TABLE ACCESS BY INDEX ROWID| ELEMENTS    |     1 |    26 |     2   (0)| 00:00:01 |
|*  4 |   INDEX UNIQUE SCAN          | PK_ELEMENTS |     1 |       |     1   (0)| 00:00:01 |
|   5 |  TABLE ACCESS BY INDEX ROWID| ELEMENTS    |     1 |    26 |     2   (0)| 00:00:01 |
|*  6 |   INDEX UNIQUE SCAN          | PK_ELEMENTS |     1 |       |     1   (0)| 00:00:01 |
|   7 |  TABLE ACCESS BY INDEX ROWID| ELEMENTS    |     1 |    26 |     2   (0)| 00:00:01 |
|*  8 |   INDEX UNIQUE SCAN          | PK_ELEMENTS |     1 |       |     1   (0)| 00:00:01 |
|   9 |  VIEW                        |             |     1 |    52 |     2   (0)| 00:00:01 |
|  10 |   SORT AGGREGATE             |             |     1 |    59 |            |          |
|  11 |     TABLE ACCESS FULL        | ELEMENTS    |     5 |   295 |     2   (0)| 00:00:01 |
-----------------------------------------------------------------------------------------

Predicate Information (identified by operation id):
---------------------------------------------------

   2 - access("LVL"=:B1)
   4 - access("LVL"=:B1)
   6 - access("LVL"=:B1)
   8 - access("LVL"=:B1)
```

うーむ、冗長な実行計画ですね。ここからどういう改善が考えられるんでしょうか。

どうすると思う？

複数行にまたがった判断が必要だから、なんとなくウィンドウ関数を使いそうな気はするんですけど……。

良い勘してるわ。こう書くの(**リスト1-18**)。

リスト1-18　**ヘレンの解：IGNORE NULLSオプション付きウィンドウ関数**

```
SELECT MAX(color_max),
       MAX(length_max),
       MAX(width_max),
       MAX(hgt_max)
  FROM (SELECT FIRST_VALUE(color)  IGNORE NULLS
                    OVER(ORDER BY lvl DESC) color_max,
```

```
        FIRST_VALUE(length) IGNORE NULLS
                OVER(ORDER BY lvl DESC) length_max,
        FIRST_VALUE(width)  IGNORE NULLS
                OVER(ORDER BY lvl DESC) width_max,
        FIRST_VALUE(hgt)    IGNORE NULLS
                OVER(ORDER BY lvl DESC) hgt_max
   FROM Elements) TMP;
```

なんだこの構文……。ウィンドウ関数だとは思ったんですけど、**IGNORE NULLS**って何ですか？

読んで字のごとく、NULLを無視して計算するのよ。だからこのFIRST_VALUE関数はNULLを無視して値の存在するところだけを拾っていくわ。サブクエリTMP内のSELECT文の結果を見ればよくわかるわ(**図1-25**)。

図1-25　**サブクエリ内のSELECT文の結果**

```
COLOR_MAX   LENGTH_MAX  WIDTH_MAX     HGT_MAX
----------- ---------- ---------- ----------
GRAY
GRAY                           67
GRAY                 9         67         25
GRAY                 9         67         25
GRAY                 9         67         25
```

ああ、なるほど。ここまで来ればあとは行を集約するだけでいいわけだ。IGNORE NULLS、便利なオプションですね。

逆に言うと、普通にウィンドウ関数を使うときはNULLを考慮するという挙動をしている。これは暗黙に**RESPECT NULLS**というオプションが付いている状態だ。もしIGNORE NULLSがない場合は次のような結果になってしまい正しくない(**図1-26**)。

図1-26　**IGNORE NULLSを除去した場合の実行結果**

```
MAX(COLOR_MAX)       MAX(LENGTH_MAX) MAX(WIDTH_MAX) MAX(HGT_MAX)
-------------------- --------------- -------------- ------------
GRAY
```

NULLの取り扱いはSQL最大の鬼門だから、こういうオプションが

用意されているのは心強いわね。実行計画もシンプルになるわ（図1-27）。

図1-27　ヘレンの解の実行計画（Oracle）

```
-------------------------------------------------------------------------------------
| Id  | Operation              | Name     | Rows  | Bytes | Cost (%CPU)| Time     |
-------------------------------------------------------------------------------------
|   0 | SELECT STATEMENT       |          |     1 |    46 |     3  (34)| 00:00:01 |
|   1 |  SORT AGGREGATE        |          |     1 |    46 |            |          |
|   2 |   VIEW                 |          |     5 |   230 |     3  (34)| 00:00:01 |
|   3 |    WINDOW SORT         |          |     5 |   295 |     3  (34)| 00:00:01 |
|   4 |     TABLE ACCESS FULL| ELEMENTS |     5 |   295 |     2   (0)| 00:00:01 |
-------------------------------------------------------------------------------------
```

ウィンドウ関数の実行計画は本当にシンプルですねえ。美しい。

いっちょまえに、お前もこの美しさがわかるようになってきたか。さて、ここで少し残念なお知らせがある。それはこのIGNORE NULLSオプションが使えるのは、Oracle、SQL Server、Db2、Redshift、BigQuery、Snowflakeで、PostgreSQLとMySQLではサポートされていない[注2]。

うげっ。そうなんだ。

商用御三家と比較的新しいクラウド系のDBMSはきちっとサポートしているんだがな。オープンソース系があかんな。ただ、これはちゃんとした標準SQLの機能だから、いずれサポートはされていくだろう。それまではMySQLなどでは患者のコードを使うしかない。もしIGNORE NULLSを使わないエレガントなコードがあったら教えてほしいものだ。

誰に向かって言ってるの？

独り言さ。さて、一息入れるとしよう。またすぐに患者が来るぞ。

注2　「PostgreSQL 16.0文書 9.22. ウィンドウ関数」
https://www.postgresql.jp/document/16/html/functions-window.html
「MySQL 8.0 リファレンスマニュアル 12.21.5 ウィンドウ機能の制限事項」
https://dev.mysql.com/doc/refman/8.0/ja/window-function-restrictions.html

性能改善の重要ツール、インデックス

（AM11時、休憩室。3人がコーヒーを飲んで束の間の休息を取っている。）

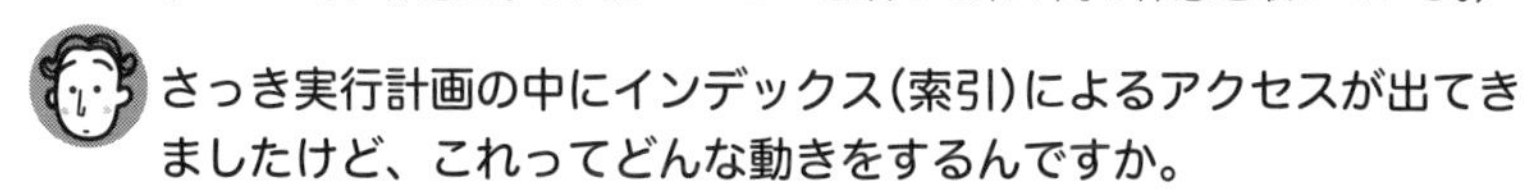

さっき実行計画の中にインデックス（索引）によるアクセスが出てきましたけど、これってどんな動きをするんですか。

なんだ、お前大学でインデックスを習ってきてないのか。しようもない奴だな。インデックスはリレーショナルデータベースのチューニングにおいては最右翼の重要なツールだぞ。これがなければチューニングが成立しないと言ってもいいくらいだ。

インデックスにも複数の種類があるけど、最も一般的なのは、B-Treeインデックスという木の形をしたインデックスよ[注3]。インデックスは主にWHERE句での検索条件や結合の結合条件に使用される列に作ることで、テーブルへのアクセスを劇的に改善する効果があるわ。インデックスは「CREATE INDEX」文によって明示的に作ることもできるし、主キーを設定すると自動的に値の重複がない一意キーのインデックスが作成されるわ。

インデックスの良いところは何と言っても、その手軽さにある。アプリケーションにもハードウェア構成にも影響を与えずに作成でき、うまくいかなければすぐに削除できる。インデックスの中身は、言ってしまえば（x, α）という形式の配列だ。PerlやRubyをよく使うプログラマーには連想配列と言ったほうがわかりやすいかもな（ここで、xはキー値、αはそれに結び付く情報——実データか、あるいはそれへのポインタです）。実際には、DBにおいてαはデータへのポインタであることが多いため、C言語的な表現を使って、キー値とポインタの配列と言ってもいい。

注3　ちなみにトリビアですが、A-Treeインデックスというのがあるわけではありません。B-TreeのBがどういう意味かは明らかにされていません。

B-Treeは、インデックスの中では一番ポピュラーで、日常業務で使うインデックスの90%はこれよ。そのため、何の修飾もなしにCREATE INDEX文を実行すると、暗黙にB-Treeインデックスが作成されるぐらいだから。

ふうん。そんなに便利なものなんですね。

でも誤解のないように言っておくと、B-Treeは、検索のアルゴリズムとしては飛び抜けて性能の良いものではないわ。考案者の1人であるRudolf Bayer自身が「もし世界が完全に静的で、データが変化しないなら、ほかのインデックス技術でも同程度のパフォーマンスは達成できるだろう」と認めているくらいよ。B-Treeの長所は平均点の高さね。B-Treeに多角的な評価を付けると、次のように「オール4」の秀才型になるわ(図1-28)。

❶均一性(4点):各キー値の間で検索速度にバラつきが少ない

❷持続性(4点):データ量の増加に比してパフォーマンス低下が少ない

❸処理汎用性(4点):検索/挿入/更新/削除のいずれの処理もそこそこ速い

❹非等値性(4点):等号(=)に限らず、不等号(<、>、<=、>=)を使ってもそこそこ速い

❺親ソート性(4点):GROUP BY、ORDER BY、COUNT/MAX/MINなどソートが必要な処理を高速化できる

図1-28 B-Treeの評価レーダーチャート

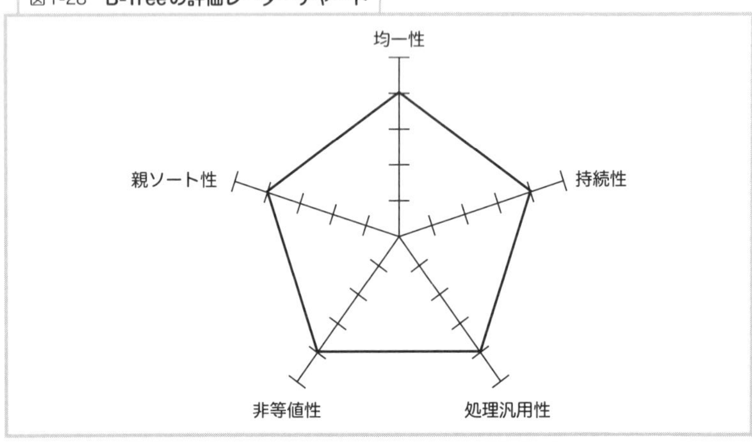

B-Treeがバランス良く高得点を取れる理由は、その構造を見るとわかるわ。今、整数値(1, 3, 4, 6, 7, 9,10)を含む列にインデックスを作成したとすると、次のような木が作られるの(図1-29)。

図1-29　B-Treeの構造

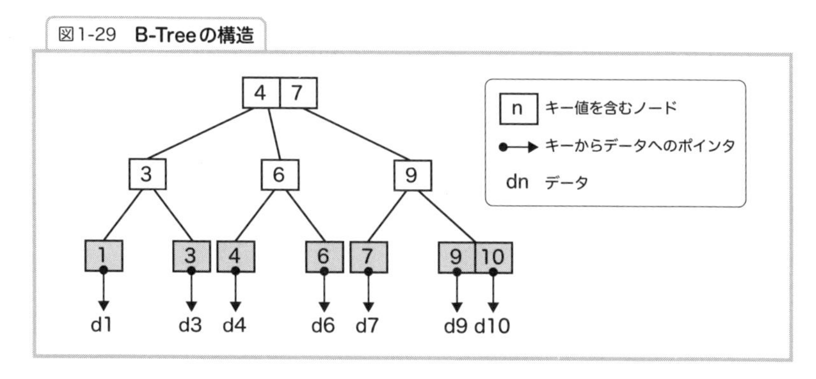

最下層のリーフ(葉)と呼ばれるノードから、実データに対するポインタが出ています。なお、実際には多くのデータベースでは、リーフにだけキー値を保持するB+Treeという亜種を採用しています[注4]。これは、B-Treeに比べて検索をより効率的にしたアルゴリズムで、データベース以外でも、NTFSやXFSなどのファイルシステムでも利用されています。本質的な特徴はB-Treeと変わらないため、以下、基本的にこのB+Treeを前提に話を進めます。

均一性

B-Treeは、かなり特徴的な形をした木だ。まず、どのリーフもルートからの距離(高さ)がほぼ一定だ。これは平衡木(balanced tree)と呼ばれる木の特徴だ(図1-30)。特にB+Treeはリーフにしかキー値を持たないから、探索に必要な読み込みブロック数(計算量はほぼこれで決まる)は、木の高さによって決まる。すると、リーフまでの距離が一定ということは、どのキーを使っても探索を同じ計算量で行えるということだから、検索や更新にかかる時間が**キー値によらず一定**になる。これは検索の安定性において非常に重要な役割を果たす。

注4　PostgreSQL、MySQLなど。Oracleではマニュアルには B-Treeとのみ記述されていますが、公式のサポートドキュメントではB*treeと呼称されています。

図1-30 **平衡木**

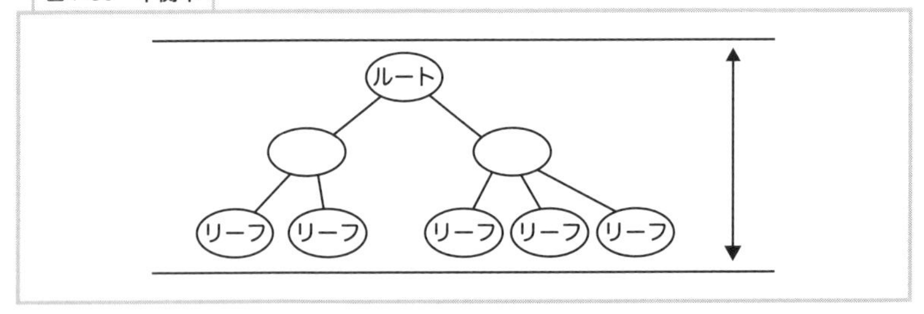

仮に、インデックスが非平衡木だったとしたらどうでしょう(**図1-31**)。たとえば、5というキーを持つリーフの高さが3で、100というキーを持つリーフまでの高さが30だとすれば、WHERE句で条件に100を指定するクエリは、5を指定するクエリより10倍多くの時間がかかってしまいます。このように、同じ構造のクエリなのに指定する条件値によって応答時間にガタツキが生じるのは、システムのサービスレベルを維持するうえで大きな不確定要因になります。一方、B-Treeインデックスでは、どちらのクエリもほぼ同じ時間で処理できます。

図1-31 **非平衡木**

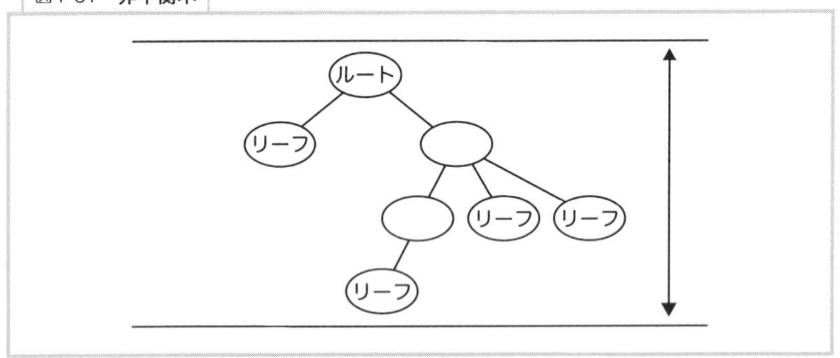

普通、木に対して挿入・削除など更新処理が繰り返されると、平衡木はバランスを失い非平衡な木になってしまうのだけど、B-Treeの場合、これを自動的に修復してバランスを保つアルゴリズムが組み込まれているの。そのためB-Treeは自己組織的な構造の一種でもあるわ。

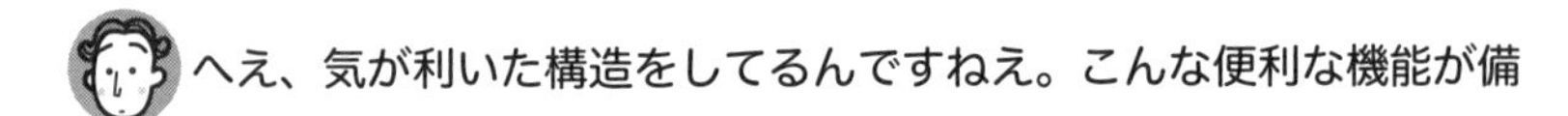

へえ、気が利いた構造をしてるんですねえ。こんな便利な機能が備

わってるんだ。リレーショナルデータベースってすごいですねえ。

これが50年も前に考えられたアルゴリズムなのだから驚きよねえ[注5]。

持続性

B-Treeの第2の特徴は、非常に「平べったい」(broad)木、言い方を変えると、背の低い木だということよ。背が低い、というと主観的だけど、Bayerによれば、典型的なB-Treeの高さは3〜5。これはデータ量がかなり増えても変わらないわ。平べったい形をしていることのメリットは、データ量が増えても検索や更新にかかる時間がほとんど増えないことよ。さっきも言ったように、B-Treeの検索に必要なディスク読み込みブロック数は、木の高さによって決まる。ということは、B-Treeの場合、最悪のシナリオでも、まず4〜5回のアクセスで済んでしまうの。

もう少し厳密に言うと、B-Treeの検索と更新にかかる時間は、データ量に対して**対数関数的(logarithmic)**だ(図1-32)。聞き慣れない言葉かもしれんが、よく変化量に対して増加量が非常に大きいことを、「指数関数的」というだろう。対数は指数の反対で、増加のしかたが非常に緩やかであることを意味する。

注5　B-Treeは1970年に発表されました。

図1-32　対数関数的な増加

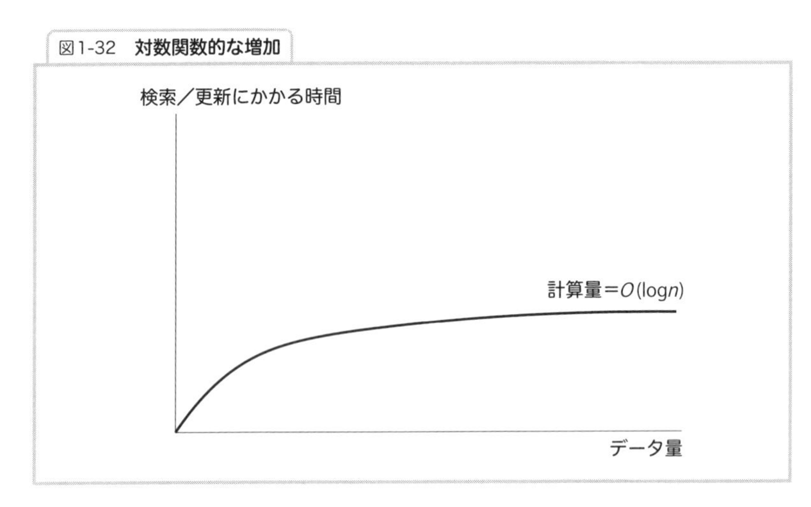

ただ、対数関数的といっても、厳密にそうというわけではなく、実際には挿入と削除を繰り返してインデックスの構造が崩れたりすると、多少のズレは生じます。したがってこれは、「だいたい」対数関数的という程度の目安だと思ってください。こういう大雑把な計算量を示すとき、ランダウの記号Oで表現することがありますが、それを使えば、$O(\log n)$となります（nはデータ量）。

処理汎用性

リレーショナルデータベースには、ビットマップインデックスのようなB-Tree以外のインデックスもある。だが使いどころが難しくてな。検索速度は時にB-Treeを凌駕（りょうが）するのだが、更新処理に多大な時間を要したりするなど扱いが難しい。そこへいくとB-Treeの場合、挿入／更新／削除のコストも、検索と同じくデータ量nに対して$O(\log n)$であるため、いずれの処理も「まあまあ」速く、かつデータ量が増えてもパフォーマンスがほとんど悪化しない。

非等値性

さっき、B-Treeは、構築されるとき必ずキー値をソートすると言ったでしょ[注6]。その結果、たとえばWHERE句で「100以上」という条件を指定した場合、まずは「キー値=100」のリーフを探し（これは平均3～4回のアクセスで見つかります）、それ以降のリーフ全部を読み込むことで、条件に合致するキー値を漏れなく選択できるわけ。これによって、B-Treeは、等号だけでなく、不等号やBETWEENを使った条件に対しても高速な検索が可能よ。これは、あとで紹介するハッシュインデックスにはない利点と言っていいわ。

うーん、B-Tree、本当に万能型ですね。欠点らしい欠点が見当たらない。

ただそうは言ってもやはり、不等号の検索は、等号の検索に比べれば遅いし、また否定条件（<>、!=）に対しては、B-Treeはまるで役に立たないわ。また一般的に、B-TreeはNULLをキー値として保持しないから、IS [NOT] NULLを指定した場合もインデックスは使われない。

親ソート性

遅いSQL文によくありがちなパターンとして、巨大なソートをしている場合があるわ。SQLは明示的にソートを記述することはしないのだけど、次のような処理を記述したとき、内部でソートを行うわ。

- 集約関数（COUNT、SUM、AVG、MAX、MIN）
- ORDER BY句
- 集合演算（UNION、INTERSECT、EXCEPT）
- ウィンドウ関数（RANK、ROW_NUMBERなど）

ソートがメモリ上で行われている間はそれほど大きなパフォーマン

注6　文字型などの列でも、アルファベット順とか適当な順序でソートします。

ス低下は引き起こさないのだけど、データ量が膨大でメモリ上には収まりきらない場合、データベースはしかたなく、ストレージへ一時的に中間データを書き出すの。これが発生すると、ガクンとSQLのパフォーマンスが落ちるわ。
でも、B-Treeインデックスの存在する列をGROUP BY句やORDER BY句のキーとして指定することで、ソート負荷を軽減することが可能になるの(**リスト1-19**)。これは複数の列にインデックスを作成する複合インデックスの場合にも当てはまるわ。

リスト1-19　**B-Treeインデックスが高速化することがある処理の例**

```
SELECT SUM(col)
  FROM TestTbl
 GROUP BY indexed_col;

SELECT indexed_col
  FROM TestTbl
ORDER BY indexed_col;

SELECT COUNT(*)
  FROM TestTbl;

SELECT MAX(indexed_col)
  FROM TestTbl;

SELECT MIN(indexed_col)
  FROM TestTbl;
```

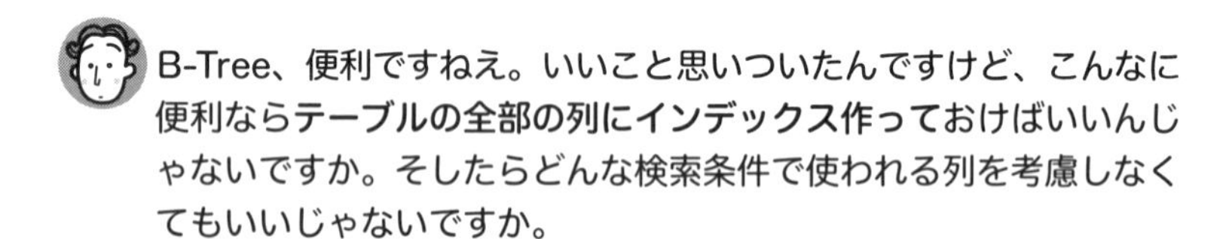

B-Tree、便利ですねえ。いいこと思いついたんですけど、こんなに便利なら**テーブルの全部の列にインデックス作って**おけばいいんじゃないですか。そしたらどんな検索条件で使われる列を考慮しなくてもいいじゃないですか。

残念ながらそれは**インデックスショットガン**という名前のアンチパターンの一つよ。INSERTやUPDATEでデータが更新されるとインデックスの保持するデータも再構成が必要になるから処理遅延の原因となるの。それにプラスして、インデックスが多すぎるとオプティマイザがどういう実行計画を立てるか迷ってしまって、不適切な実行計画が立てられたり実行計画がコロコロ変わったりする不安定性の原因にもなるの。

まあお前が考えつくようなことは、もうとっくに考えられて結果も出てるってことだ。アリストテレスだったかな、「**同じアイデアは歴史上二度現れるのではない。何度でも現れるのだ**」って言ったのは。

ちぇ、いいアイデアだと思ったんだけどなあ。

さて、休憩はここまでだ。患者が来るぞ。

はーい。

まとめ

- 順序付けられた行集合の中で最初の値を取得するときはFIRST_VALUE関数、最後の値を取得するときはLAST_VALUE関数を使うのが便利
- ROW_NUMBER関数やNTH_VALUE関数を使えば「行集合の中でn番目」を取得するよう一般化することも可能
- カレント行から「n行前」にさかのぼる場合はLAG関数、前に進む場合はLEAD関数を使うのが便利
- ウィンドウ関数で更新対象の行をバインドする場合は、共通表式を使う。ただしOracleでは動作しないため、その場合はビューで代用する
- ウィンドウ関数ではIGNORE NULLSオプションを使うことでNULLを無視した演算を行うことができるが、まだサポートされていない実装もあるので要注意
- リレーショナルデータベースにおけるB-Treeインデックスは非常に行き届いた便利な機能だが、あまり作りすぎるとアンチパターンとなる

演習問題

解答376ページ

演習1-1

主要なデータベースには、FIRST_VALUE関数の反対でウィンドウ内の最後の行の値を取得するLAST_VALUE関数も用意されています。この関数を使えば**カルテ1**で用いたReceiptsテーブルから、顧客ごとに最大の枝番の購入額を求めることができます(**リスト1-20**)。

ただし、この関数を使う場合、FIRST_VALUE関数を単純にLAST_VALUE関数に置き換えただけでは**図1-33**のような結果になってしまい、うまくいきません。

リスト1-20 **LAST_VALUE関数の使用**

```
SELECT *
  FROM (SELECT customer_id, seq, price,
               LAST_VALUE(seq) OVER (PARTITION BY customer_id
                                         ORDER BY seq) AS max_seq
          FROM Receipts)
 WHERE seq = max_seq;
```

図1-33 **結果が正しくない!**

```
customer_id | seq | price | max_seq
------------+-----+-------+----------
A           |   1 |   500 |        1
A           |   2 |  1000 |        2
A           |   3 |   700 |        3
B           |   5 |   100 |        5
B           |   6 |  5000 |        6
B           |   7 |   300 |        7
B           |   9 |   200 |        9
B           |  12 |  1000 |       12
C           |  10 |   600 |       10
C           |  20 |   100 |       20
C           |  45 |   200 |       45
C           |  70 |    50 |       70
D           |   3 |  2000 |        3
```

なぜLAST_VALUE関数に置き換えただけではうまくいかないのでしょうか? 原因を調べて正しいクエリに修正してください。

演習1-2

カルテ1で用いたReceiptsテーブルから、NTH_VALUE関数を用いて各顧客の昇順で3番目の明細レコードを選択してください。

演習1-3

カルテ3の別解を考えてください。ただしサブクエリは使わないこと。

第2章

冗長性症候群

条件分岐をUNIONで表現するなかれ

本章で学ぶ内容

UNIONは、SQL初級者にたいへん人気のある機能です。条件分岐を簡単に実現できるため、ともするとUNIONで多くのクエリを連結したくなります。しかしこれはテーブルアクセスを増やすためパフォーマンス的には非常に危険なアンチパターンです。「UNIONを見たらCASE式で書き換えられないか考えろ」というのはSQLにおける格言の一つです。本章でUNIONを使った冗長なクエリをどのように簡潔に書き換えるかを学んでいきましょう。

（10:00、休憩室。ワイリーが机に向かって一人で何かしている）

どってぃろーんどってぃろーん、ぽぽぽんぽーん、どってぃろーん……

（休憩室のドアを開けて）あら、鼻歌交じりで、ご機嫌ね。

ああ、どうも。うふふ、今日はロバート先生、用事で遅れるそうです。

なるほど、束の間の休息ね。それじゃ鼻歌の一つも飛び出すわけだわ。

そういうことです。どってぃろーん……

（変なメロディー……）ところでワイリー、あなた何やってるの？

え？ ああ、これは大学の課題。今日が締め切りなんです。

UNIONで条件分岐するのは正しいか

ふうん、どれどれ……。

カルテ1 顧客ごとに売り上げを管理するピザ屋のテーブルPizzaSalesがある(**リスト2-1**)。ここから、0〜30日前、31〜60日前、61〜90日前、そして91日以上前の各顧客の合計売上額を求めよ。なお今日は2024年6月30日とする[注1]。

リスト2-1 **ピザ売り上げテーブル**

```
CREATE TABLE PizzaSales
(customer_id  INTEGER NOT NULL,
 sale_date    DATE NOT NULL,
 sales_amt    INTEGER NOT NULL,
   CONSTRAINT pk_PizzaSales PRIMARY KEY (customer_id, sale_date));
```

PizzaSales:ピザ売り上げテーブル customer_id:顧客ID sale_date:売上日 sales_amt:売上金額

注1 この問題はJ.セルコ著、ミック訳『SQLパズル 第2版』(翔泳社、2007年)の「パズル45 ペパロニピザ」から借りました。

PizzaSales

customer_id (顧客 ID)	sale_date (売上日)	sales_amt (売上金額)
1	2024-04-01	500
1	2024-04-23	1200
1	2024-05-29	1700
1	2024-06-01	400
1	2024-06-30	8000
2	2023-12-30	1000
2	2024-01-10	800
2	2024-02-25	500
2	2024-04-13	1300
2	2024-05-08	900
3	2023-10-08	700
3	2023-11-22	500

条件分岐問題の初歩ね。売上日(sale_date)を使って期間ごとに分類するのがポイントね。それであなたの解は？

これです(**リスト2-2、図2-1**)。はい！ この解のポイントはですね、**UNIONの代わりにUNION ALLを使うことでソートを回避して性能改善も図っていることです**[注2]。

リスト2-2 **ワイリーの解：UNIONでクエリをつなげる**

```
SELECT customer_id, '0-30日前は' AS term, SUM(sales_amt) AS term_amt
  FROM PizzaSales
 WHERE sale_date BETWEEN (DATE '2024-06-30' - INTERVAL '30' DAY)
                     AND  DATE '2024-06-30'
 GROUP BY customer_id
UNION ALL
SELECT customer_id, '31日-60日前は' AS term, SUM(sales_amt) AS term_amt
  FROM PizzaSales
 WHERE sale_date BETWEEN (DATE '2024-06-30' - INTERVAL '60' DAY)
```

注2 ワイリーの言っていることは間違いではありません。UNIONは結果から重複行を削除するためにソートを行いますが、UNION ALLはソートをスキップします。今回は、排他的な期間を基準に分岐を行っているため、UNIONもUNION ALLも結果が同値なため、互換可能です。

```
                    AND (DATE '2024-06-30' - INTERVAL '31' DAY)
 GROUP BY customer_id
UNION
SELECT customer_id, '61日-90日前は' AS term, SUM(sales_amt) AS term_amt
  FROM PizzaSales
 WHERE sale_date BETWEEN (DATE '2024-06-30' - INTERVAL '90' DAY)
                    AND (DATE '2024-06-30' - INTERVAL '61' DAY)
 GROUP BY customer_id
UNION
SELECT customer_id, '91日以上前は' AS term, SUM(sales_amt) AS term_amt
  FROM PizzaSales
 WHERE sale_date < (DATE '2024-06-30' - INTERVAL '91' DAY)
 GROUP BY customer_id
 ORDER BY customer_id, term;
```

図2-1　実行結果

```
 customer_id |      term      | term_amt
-------------+----------------+----------
           1 | 0-30日前は     |     8400
           1 | 31日-60日前は  |     1700
           1 | 61日-90日前は  |     1700
           2 | 31日-60日前は  |      900
           2 | 61日-90日前は  |     1300
           2 | 91日以上前は   |     2300
           3 | 91日以上前は   |     1200
```

イタタタ……。

足の小指でもぶつけました？

いや、そうじゃなくて、あなたの解を見てアタマ痛くなったの！ もう、どうしたものかしら……。

UNIONを使うと実行計画が冗長になりパフォーマンスが劣化する

ヘレンがなぜ頭痛を覚えてしまったのか、詳しく見ていきましょう。ワイリーの解は、機能的には問題ありません。正しい結果を得られるクエリになっています。問題は、一言で言うと**冗長**であることです。ほとんど同じ中身のクエリを4度実行しているからです。これは、SQLを無駄に長くして読みにくくするだけでなく、パフォーマンス上も無駄です。PostgreSQLとOracleで実行計画を見てみましょう（**図2-2**、**図2-3**）。

図2-2 **ワイリーの解の実行計画（PostgreSQL）**

```
                                        QUERY PLAN
-----------------------------------------------------------------------------------------------
 Sort  (cost=5.13..5.15 rows=8 width=44)
   Sort Key: pizzasales.customer_id, ('0-30日前は'::text)
   ->  HashAggregate  (cost=4.93..5.01 rows=8 width=44)
         Group Key: pizzasales.customer_id, ('0-30日前は'::text), (sum(pizzasales.sales_amt))
         ->  Append  (cost=1.19..4.87 rows=8 width=44)
               ->  HashAggregate  (cost=1.19..1.21 rows=2 width=44)
                     Group Key: pizzasales.customer_id
                     ->  Seq Scan on pizzasales  (cost=0.00..1.18 rows=2 width=8)
                           Filter: ((sale_date >= '2024-05-31 00:00:00'::timestamp without time zone)
                                AND (sale_date <= '2024-06-30'::date))
               ->  HashAggregate  (cost=1.20..1.22 rows=2 width=44)
                     Group Key: pizzasales_1.customer_id
                     ->  Seq Scan on pizzasales pizzasales_1  (cost=0.00..1.18 rows=3 width=8)
                           Filter: ((sale_date >= '2024-05-01 00:00:00'::timestamp without time zone)
                                AND (sale_date <= '2024-05-30 00:00:00'::timestamp without time zone))
               ->  HashAggregate  (cost=1.20..1.22 rows=2 width=44)
                     Group Key: pizzasales_2.customer_id
                     ->  Seq Scan on pizzasales pizzasales_2  (cost=0.00..1.18 rows=4 width=8)
                           Filter: ((sale_date >= '2024-04-01 00:00:00'::timestamp without time zone)
                                AND (sale_date <= '2024-04-30 00:00:00'::timestamp without time zone))
               ->  HashAggregate  (cost=1.17..1.19 rows=2 width=44)
                     Group Key: pizzasales_3.customer_id
                     ->  Seq Scan on pizzasales pizzasales_3  (cost=0.00..1.15 rows=4 width=8)
                           Filter: (sale_date < '2024-03-31 00:00:00'::timestamp without time zone)
```

図2-3 **ワイリーの解の実行計画（Oracle）**

```
-------------------------------------------------------------------------------------
| Id  | Operation              | Name       | Rows  | Bytes | Cost (%CPU)| Time     |
-------------------------------------------------------------------------------------
|   0 | SELECT STATEMENT       |            |     8 |   112 |    16  (50)| 00:00:01 |
|   1 |  SORT UNIQUE           |            |     8 |   112 |    15  (47)| 00:00:01 |
|   2 |   UNION-ALL            |            |       |       |            |          |
|   3 |    HASH GROUP BY       |            |     1 |    14 |     3  (34)| 00:00:01 |
|*  4 |     FILTER             |            |       |       |            |          |
|*  5 |      TABLE ACCESS FULL| PIZZASALES |     1 |    14 |     2   (0)| 00:00:01 |
|   6 |    HASH GROUP BY       |            |     2 |    28 |     4  (50)| 00:00:01 |
|*  7 |     FILTER             |            |       |       |            |          |
|*  8 |      TABLE ACCESS FULL| PIZZASALES |     2 |    28 |     2   (0)| 00:00:01 |
```

```
|   9 |    HASH GROUP BY       |            |     2 |    28 |     4  (50)| 00:00:01 |
|* 10 |     FILTER             |            |       |       |            |          |
|* 11 |      TABLE ACCESS FULL| PIZZASALES |     3 |    42 |     2   (0)| 00:00:01 |
|  12 |    HASH GROUP BY       |            |     3 |    42 |     4  (50)| 00:00:01 |
|* 13 |     TABLE ACCESS FULL | PIZZASALES |     6 |    84 |     2   (0)| 00:00:01 |
---------------------------------------------------------------------------------

Predicate Information (identified by operation id):
---------------------------------------------------


   4 - filter(CAST('2024-06-30' AS DATE)>=CAST('2024-06-30' AS
              DATE)-INTERVAL'+30 00:00:00' DAY(2) TO SECOND(0))
   5 - filter("SALE_DATE">=CAST('2024-06-30' AS DATE)-INTERVAL'+30
              00:00:00' DAY(2) TO SECOND(0) AND "SALE_DATE"<=CAST('2024-06-30' AS DATE))
   7 - filter(CAST('2024-06-30' AS DATE)-INTERVAL'+31 00:00:00' DAY(2) TO
              SECOND(0)>=CAST('2024-06-30' AS DATE)-INTERVAL'+60 00:00:00' DAY(2) TO
              SECOND(0))
   8 - filter("SALE_DATE">=CAST('2024-06-30' AS DATE)-INTERVAL'+60
              00:00:00' DAY(2) TO SECOND(0) AND "SALE_DATE"<=CAST('2024-06-30' AS
              DATE)-INTERVAL'+31 00:00:00' DAY(2) TO SECOND(0))
  10 - filter(CAST('2024-06-30' AS DATE)-INTERVAL'+61 00:00:00' DAY(2) TO
              SECOND(0)>=CAST('2024-06-30' AS DATE)-INTERVAL'+90 00:00:00' DAY(2) TO
              SECOND(0))
  11 - filter("SALE_DATE">=CAST('2024-06-30' AS DATE)-INTERVAL'+90
              00:00:00' DAY(2) TO SECOND(0) AND "SALE_DATE"<=CAST('2024-06-30' AS
              DATE)-INTERVAL'+61 00:00:00' DAY(2) TO SECOND(0))
  13 - filter("SALE_DATE"<CAST('2024-06-30' AS DATE)-INTERVAL'+91 00:00:00'
              DAY(2) TO SECOND(0))
```

このように、ワイリーの解はPizzaSalesテーブルに対して4度のアクセスを実行していることがわかります。これはストレージへのアクセスを増やし無駄にパフォーマンスを悪くしています。シーケンシャルスキャンのコストはデータ量に線形に伸びていきます。

UNIONはたしかに便利な道具です。簡単にレコード集合をマージできるため、ともするとこれを条件分岐のためのツールとして使いたい誘惑に駆られます。しかし、これは危険思想です。ワイリーのように、安易にSELECT文全体を連ねて冗長なコードを記述したくなる心的傾向を**冗長性症候群**と呼ぶことにしましょう。著者は過去にUNIONを最高で22個使っているSQL文を見たことがありますが、見た瞬間に膝から崩れ落ちました(もちろんパフォーマンスは最悪でした)。

SQLにおける正しい条件分岐の書き方がどうなるか、ヘレンにお手本を見せてもらいましょう。

WHERE句で分岐させるのは素人

いい？ 初日にも言ったけど、SQLを使ううえで、条件分岐をWHERE句で行うのは素人のやることよ。**プロはSELECT句で分岐させるの**(リスト2-3、図2-4)。

リスト2-3 **CASE式による解**

```
SELECT customer_id,
       SUM(CASE WHEN sale_date BETWEEN DATE '2024-06-30' - INTERVAL '30' DAY
                                   AND DATE '2024-06-30'
                THEN sales_amt ELSE 0 END) AS term_30,
       SUM(CASE WHEN sale_date BETWEEN DATE '2024-06-30' - INTERVAL '60' DAY
                                   AND DATE '2024-06-30' - INTERVAL '31' DAY
                THEN sales_amt ELSE 0 END) AS term_31_60,
       SUM(CASE WHEN sale_date BETWEEN DATE '2024-06-30' - INTERVAL '90' DAY
                                   AND DATE '2024-06-30' - INTERVAL '61' DAY
                THEN sales_amt ELSE 0 END) AS term_61_90,
       SUM(CASE WHEN sale_date < DATE '2024-06-30' - INTERVAL '91' DAY
                THEN sales_amt ELSE 0 END) AS term_91_
  FROM PizzaSales
 GROUP BY customer_id
 ORDER BY customer_id;
```

図2-4 **実行結果**

```
 customer_id | term_30 | term_31_60 | term_61_90 | term_91_
-------------+---------+------------+------------+----------
           1 |    8400 |       1700 |       1700 |        0
           2 |       0 |        900 |       1300 |     2300
           3 |       0 |          0 |          0 |     1200
```

ああ、またCASE式だ。これ使いこなせないんだよなあ。

もし「この問題を手続き型言語で解いたら？」と考えたとき、if文を使う箇所があれば、それをSQLに翻訳したらCASE式を使う、と思うことね。

なるほど……。でもUNIONって、前章のサブクエリと同じで問題

を分割して考えられて便利だから、つい使っちゃうんです。

気持ちはわかるわ。でもそのモジュール的思考を脱しない限り、SQLは上達しないわ。

うっ、厳しい。

ヘレンの解の実行計画を見てみましょう（**図2-5**、**図2-6**）。PizzaSalesテーブルへのアクセスが1回に節約できていることがわかります。これは大雑把に言えば、ワイリーの解よりパフォーマンスが4倍向上することを意味します。

図2-5　ヘレンの解の実行計画：CASE式(PostgreSQL)

```
                            QUERY PLAN
------------------------------------------------------------------------
 Sort  (cost=1.53..1.54 rows=3 width=36)
   Sort Key: customer_id
   ->  HashAggregate  (cost=1.48..1.51 rows=3 width=36)
         Group Key: customer_id
         ->  Seq Scan on pizzasales (cost=0.00..1.12 rows=12 width=12)
```

図2-6　ヘレンの解の実行計画：CASE式(Oracle)

```
-----------------------------------------------------------------------------
| Id  | Operation          | Name       | Rows  | Bytes | Cost (%CPU)| Time     |
-----------------------------------------------------------------------------
|   0 | SELECT STATEMENT   |            |     3 |    42 |     3  (34)| 00:00:01 |
|   1 |  SORT GROUP BY     |            |     3 |    42 |     3  (34)| 00:00:01 |
|   2 |   TABLE ACCESS FULL| PIZZASALES |    12 |   168 |     2   (0)| 00:00:01 |
-----------------------------------------------------------------------------
```

SQLのコードの良し悪しは、必ず実行計画レベルで判断しなければなりません。実行計画を見なければパフォーマンスがわからないからです。これは、本来はあまり良いことではありません。「ユーザーがデータへのアクセスパスという物理レベルの問題を意識しなくてもよいようにしたい」というのがRDBとSQLが成し遂げようとした野望だったからです。でも、その野望を遂げるにはRDBとSQLはまだ非力なので、結果として**中途半端に隠蔽（いんぺい）された**アクセスパスを、エンジニアがチェックする必要が残っているのです。初級者にとって実行計画を読むのは難しいかもしれませんが、SQL

中級者を目指すなら実行計画を意識したコーディングができるようにならなければなりません。

一般的な解法としてはこれでいいわ。Oracle、MySQL、PostgreSQLどれでも動作する。最後にSQL ServerとSnowflakeのケースをフォローしておきましょうか（**リスト2-4**）。どちらもINTERVAL型をサポートしていないから、代わりに日付の計算を行うDATEADD関数を使うわ。

リスト2-4 **SQL ServerとSnowflakeの解**

```
SELECT customer_id,
       SUM(CASE WHEN sale_date BETWEEN DATEADD(DAY, -30, CAST('2024-06-30' AS DATE))
                                   AND CAST('2024-06-30' AS DATE)
                THEN sales_amt ELSE 0 END) AS term_30,
       SUM(CASE WHEN sale_date BETWEEN DATEADD(DAY, -60, CAST('2024-06-30' AS DATE))
                                   AND DATEADD(DAY, -31, CAST('2024-06-30' AS DATE))
                THEN sales_amt ELSE 0 END) AS term_31_60,
       SUM(CASE WHEN sale_date BETWEEN DATEADD(DAY, -90, CAST('2024-06-30' AS DATE))
                                   AND DATEADD(DAY, -61, CAST('2024-06-30' AS DATE))
                THEN sales_amt ELSE 0 END) AS term_61_90,
       SUM(CASE WHEN sale_date < DATEADD(DAY, -91, CAST('2024-06-30' AS DATE))
                THEN sales_amt ELSE 0 END) AS term_91_
  FROM PizzaSales
 GROUP BY customer_id
 ORDER BY customer_id;
```

これもPizzaSalesへのアクセスは1回で済むからパフォーマンスもバッチリよ。

DATEADDという名前なのにマイナスの引数を与えることで減算もできるんですね。覚えておこうっと。それにしてもINTERVAL型って日付の計算が簡単にできて便利ですね。

そうね。今回使ったDAY（日）単位のほかにMONTH（月）やYEAR（年）といった単位でも計算できるわ。SQL ServerもおとなしくINTERVAL型をサポートしておけばよかったのに。あと、今回は今日の日付を定数にしたけど、現在日を動的に取得したい場合はシステム日付のCURRENT_DATEを使えばOKよ[注3]。

注3 この場合もSQL ServerはCURRENT_DATEをサポートしていないため、GETDATE()を使います。

集計における条件分岐

（ワイリーとヘレンが話していると、ロバートが入ってくる）

遅れたな。なんだ、患者か？

患者と言えば患者ね。ワイリーだけど。

う、酒くさっ。用事ってただの二日酔いじゃないですか。

細かいこと気にするな。どれ、見せてみろ……うっぷ、おまえ……！

ああ、いえ、今たっぷりヘレンさんから教わったところです、ハイ。ご心配なく。

これだけじゃないだろう。次の問題も同じ間違え方してるじゃないか。

ああっ見ないで。あとで直そうと思ってたのに。

カルテ2 都道府県別、男女それぞれの人口を記録するPopulationテーブル（**リスト2-5**）がある。このテーブルから、レイアウトを変更した結果を出力したい（**図2-7**）。性別1は男性、2は女性を意味するものとする。

リスト2-5　**人口テーブル**

```
CREATE TABLE Population
(prefecture VARCHAR(32) NOT NULL,
 sex INTEGER NOT NULL,
 pop INTEGER NOT NULL,
   CONSTRAINT pk_Population PRIMARY KEY (prefecture, sex) );
```

Population: 人口テーブル　prefecture: 県名　sex: 性別　pop: 人口

Population

prefecture (県名)	sex (性別)	pop (人口)
徳島	1	60
徳島	2	40
香川	1	90
香川	2	100
愛媛	1	100
愛媛	2	50
高知	1	100
高知	2	100
福岡	1	20
福岡	2	200

図2-7 **求める結果**

```
prefecture | pop_men | pop_wom
-----------+---------+---------
香川       |      90 |     100
高知       |     100 |     100
徳島       |      60 |      40
愛媛       |     100 |      50
福岡       |      20 |     200
```

※pop_menは男性の人口、pop_womは女性の人口

見ないでって言ったのに……(リスト2-6)。

リスト2-6 **ワイリーの解:UNION**

```
SELECT prefecture, SUM(pop_men) AS pop_men, SUM(pop_wom) AS pop_wom
  FROM ( SELECT prefecture, pop AS pop_men, null AS pop_wom
           FROM Population
          WHERE sex = '1'         -- 男性
          UNION
         SELECT prefecture, NULL AS pop_men, pop AS pop_wom
           FROM Population
          WHERE sex = '2') TMP  -- 女性
 GROUP BY prefecture;
```

……。

……。

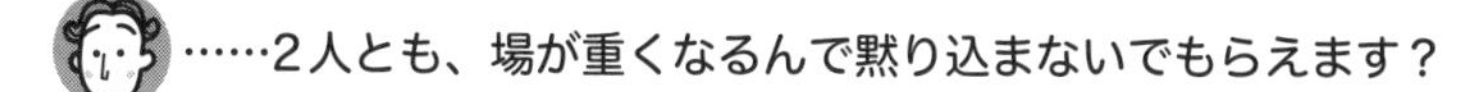

……2人とも、場が重くなるんで黙り込まないでもらえます？

お前の白衣の中にゲロをぶちまけたい気分だ。

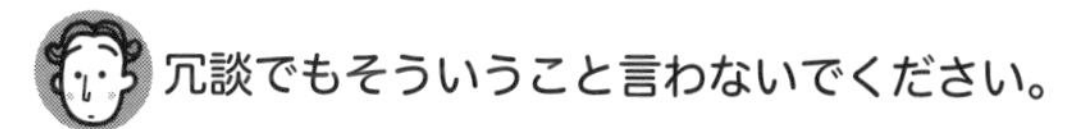

冗談でもそういうこと言わないでください。

あほらしいが一応実行計画も確認しておくか(図2-8、図2-9)。

図2-8　ワイリーの解(UNION)の実行計画(PostgreSQL)

```
                          QUERY PLAN
------------------------------------------------------------------
 GroupAggregate  (cost=37.46..37.58 rows=6 width=98)
   Group Key: population.prefecture
   ->  Sort  (cost=37.46..37.48 rows=6 width=90)
         Sort Key: population.prefecture
         ->  HashAggregate  (cost=37.33..37.39 rows=6 width=90)
               Group Key: population.prefecture, population.pop,
                  (NULL::integer)
               ->  Append  (cost=0.00..37.28 rows=6 width=90)
                     ->  Seq Scan on population
                           (cost=0.00..18.62 rows=3 width=90)
                          Filter: (sex = 1)
                     ->  Seq Scan on population population_1
                           (cost=0.00..18.62 rows=3 width=90)
                          Filter: (sex = 2)
```

図2-9　ワイリーの解(UNION)の実行計画(Oracle)

```
--------------------------------------------------------------------------------
| Id  | Operation              | Name        | Rows  | Bytes | Cost (%CPU)| Time     |
--------------------------------------------------------------------------------
|   0 | SELECT STATEMENT       |             |    10 |   440 |     8  (50)| 00:00:01 |
|   1 |  HASH GROUP BY         |             |    10 |   440 |     8  (50)| 00:00:01 |
|   2 |   VIEW                 |             |    10 |   440 |     7  (43)| 00:00:01 |
|   3 |    HASH UNIQUE         |             |    10 |   130 |     7  (43)| 00:00:01 |
|   4 |     UNION-ALL          |             |       |       |            |          |
|*  5 |      TABLE ACCESS FULL| POPULATION |     5 |    65 |     2   (0)| 00:00:01 |
|*  6 |      TABLE ACCESS FULL| POPULATION |     5 |    65 |     2   (0)| 00:00:01 |
--------------------------------------------------------------------------------
```

```
Predicate Information (identified by operation id):
---------------------------------------------------

   5 - filter("SEX"=1)
   6 - filter("SEX"=2)
```

いやいや、コードに負けず劣らずひどい実行計画だ。この程度のことをやるのに2回もテーブルにアクセスしよってからに。

さっきも言ったでしょう、条件分岐はSELECT句で行うものだ、って。正しい解はこうよ(**リスト2-7**)。

リスト2-7　**ヘレンの解：CASE式**

```
SELECT prefecture,
       SUM(CASE WHEN sex = '1' THEN pop ELSE 0 END) AS pop_men,
       SUM(CASE WHEN sex = '2' THEN pop ELSE 0 END) AS pop_wom
  FROM Population
 GROUP BY prefecture;
```

うーん、エレガント。ビューティフル。

溜息しか出ませんよ。実行計画も見ていいですか。

もちろん(**図2-10**、**図2-11**)。

図2-10　**ヘレンの解：CASE式の実行計画(PostgreSQL)**

```
                          QUERY PLAN
-------------------------------------------------------------
 HashAggregate  (cost=1.23..1.28 rows=5 width=23)
   Group Key: prefecture
   ->  Seq Scan on population  (cost=0.00..1.10 rows=10 width=15)
```

図2-11　**ヘレンの解：CASE式の実行計画(Oracle)**

```
-------------------------------------------------------------------------------
| Id  | Operation           | Name       | Rows  | Bytes | Cost (%CPU)| Time     |
-------------------------------------------------------------------------------
|   0 | SELECT STATEMENT    |            |     5 |    65 |     3  (34)| 00:00:01 |
|   1 |  HASH GROUP BY      |            |     5 |    65 |     3  (34)| 00:00:01 |
|   2 |   TABLE ACCESS FULL| POPULATION |    10 |   130 |     2   (0)| 00:00:01 |
-------------------------------------------------------------------------------
```

うーん、テーブルアクセスが1回に減ってる。CASE式を使うとこんな簡単になるのかあ。

集計における条件分岐もやっぱりCASE式

この問題は、CASE式の応用方法として有名な**表側**(ひょうそく)・**表頭**(ひょうとう)[注4]のレイアウト変換です。序章でも出てきたことを覚えているでしょうか。本来、SQLはこういう結果のフォーマッティングを目的とした言語ではないのですが、実務で使う機会の多いワザなのでいろいろなバリエーションを練習しておきましょう。

ワイリーは、単純に1回目の検索で男性の人口列を作り、2回目の検索で女性の人口列を作ればよい、と考えたのですが、それだけだと**図2-12**のように男性の人口と女性の人口が異なるレコードとして現れてしまいます。

これを県単位に1行に集約する必要があるため、`GROUP BY prefecture`を追加しているわけです。これは一苦労なコードです。ですが、ヘレンの解が示すように、CASE式をSELECT句で使い、男性の人口と女性の人口の列を作ってしまえば、`Population`テーブルに2度もアクセスする必要はないのです。

図2-12 ヘレンの解からSUM関数を除去した場合の結果

```
 prefecture | pop_men | pop_wom
------------+---------+---------
 徳島       |      60 |       0
 徳島       |       0 |      40
 香川       |      90 |       0
 香川       |       0 |     100
 愛媛       |     100 |       0
 愛媛       |       0 |      50
 高知       |     100 |       0
 高知       |       0 |     100
 福岡       |      20 |       0
 福岡       |       0 |     200
```

注4 表側はクロス集計表で左側にある見出し、表頭は上側にある見出しを指します。

(病院の外からサイレンが聞こえる。救急車が到着したようだ)

ほ、ほら、急患ですよ。こりゃたいへんだ。急がないと！

あ、こら！ 待て！ まだ説教は終わっとらんぞ。

集約の結果に対する条件分岐

(手術室に患者が運ばれてくる。患者を見た3人が驚いたことに……)

あら、これはまたタイムリーな……。この患者も冗長性症候群ね。

しかも重症だ。良かったな、ワイリー。下には下がいて。

……はい、カルテ。

カルテ3 社員とその役職を示すテーブルRolesがある(**リスト2-8**)。このテーブルから、社員が役職を兼務しているかを調べたい。兼務している場合はBothという文字列を表示する(**図2-13**)[注5]。

リスト2-8 **役職テーブル**

```
CREATE TABLE Roles
(person CHAR(16),
 role   CHAR(16),
   CONSTRAINT pk_Roles PRIMARY KEY (person, role));
```

Roles:役職テーブル person:社員 role:役職

注5 この問題はJ.セルコ著、ミック訳『SQLパズル 第2版』(翔泳社、2007年)の「パズル36 一人二役」から借りました。

Roles

person (社員)	role (役職)
Smith	Officer
Smith	Director
Jones	Officer
White	Director
Brown	Worker
Kim	Officer
Kim	Worker

図2-13　求める結果

```
      person      |  combined_role
------------------+-----------------
 Brown            | Worker
 Jones            | Officer
 Kim              | Both
 Smith            | Both
 White            | Director
```

UNIONで分岐させるのは簡単だが……

患者のコードは、ある意味、問題文の条件分岐を忠実に表現しているわ（リスト2-9）。

リスト2-9　患者のクエリ：HAVING句で分岐

```
SELECT person, MAX(role) AS combined_role
  FROM Roles
 GROUP BY person
HAVING COUNT(*) = 1  -- 役職が1つ
UNION
SELECT person, 'Both'  AS combined_role
  FROM Roles
 GROUP BY person
HAVING COUNT(*) = 2  -- 役職が2つ
;
```

自分でもきっとこう書いただろうから、意図がすごくよくわかります。ところで1行目のMAX(role)ですけど、これMAX関数って必要なんですか。役職が1つの場合、roleも1つに定まるから最大も何もないと思うのですけど。

たしかにあなたの言うとおりなのだけど、SQLの構文上、GROUP BY句で集約を行ったら、SELECT句に書けるのはグループ化のキーか、集約関数か定数のみなの。だからこれがないと構文エラーになるわ。ためしにやってみなさい(**リスト2-10**、**図2-14**)。

リスト2-10 **エラーになるクエリ**

```
SELECT person, role AS combined_role
  FROM Roles
 GROUP BY person
HAVING COUNT(*) = 1  -- 役職が一つなら
UNION
SELECT person, 'Both'  AS combined_role
  FROM Roles
 GROUP BY person
HAVING COUNT(*) = 2  -- 役職が2つなら
;
```

図2-14 **エラーメッセージ(PostgreSQL)**

```
ERROR:  列"roles.role"はGROUP BY句で指定するか、集約関数内で使用しなければなりません
行 1: SELECT person, role AS combined_role
```

本当だ、role列は裸ではダメだって怒られますね。

SQLの構文解析は実行の前に行われるから、たまたま実行結果が一つの値に定まるとしても、その前に弾かれちゃうわけ。じゃあ患者の実行計画を見てみましょうか(**図2-15**、**図2-16**)。

図2-15 **患者の実行計画(PostgreSQL)**

```
                              QUERY PLAN
--------------------------------------------------------------------
 Unique  (cost=2.37..2.39 rows=2 width=100)
   ->  Sort  (cost=2.37..2.38 rows=2 width=100)
         Sort Key: roles.person, (max(roles.role))
         ->  Append  (cost=1.12..2.36 rows=2 width=100)
```

```
              ->  HashAggregate  (cost=1.12..1.19 rows=1 width=49)
                    Group Key: roles.person
                    Filter: (count(*) = 1)
                    ->  Seq Scan on roles
                          (cost=0.00..1.07 rows=7 width=34)
              ->  HashAggregate  (cost=1.11..1.17 rows=1 width=49)
                    Group Key: roles_1.person
                    Filter: (count(*) = 2)
                    ->  Seq Scan on roles roles_1
                          (cost=0.00..1.07 rows=7 width=17)
```

図2-16　**患者の実行計画(Oracle)**

```
--------------------------------------------------------------------------------
| Id  | Operation            | Name  | Rows  | Bytes | Cost (%CPU)| Time     |
--------------------------------------------------------------------------------
|   0 | SELECT STATEMENT     |       |     2 |    51 |     8  (50)| 00:00:01 |
|   1 |  HASH UNIQUE         |       |     2 |    51 |     8  (50)| 00:00:01 |
|   2 |   UNION-ALL          |       |       |       |            |          |
|*  3 |    FILTER            |       |       |       |            |          |
|   4 |     HASH GROUP BY    |       |     1 |    34 |     4  (50)| 00:00:01 |
|   5 |      TABLE ACCESS FULL| ROLES |     7 |   238 |     2   (0)| 00:00:01 |
|*  6 |     HASH GROUP BY    |       |     1 |    17 |     4  (50)| 00:00:01 |
|   7 |      TABLE ACCESS FULL| ROLES |     7 |   119 |     2   (0)| 00:00:01 |
--------------------------------------------------------------------------------

Predicate Information (identified by operation id):
---------------------------------------------------

   3 - filter(COUNT(*)=1)
   6 - filter(COUNT(*)=2)
```

やっぱりというか、Rolesテーブルに2回のアクセスが発生していますね。これを削減してやるのが目的ですね。

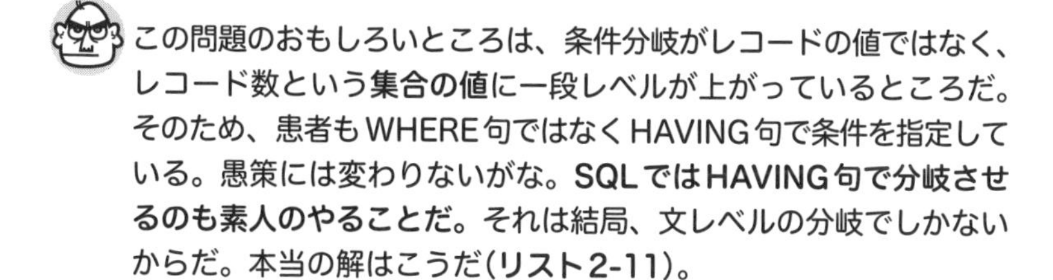

この問題のおもしろいところは、条件分岐がレコードの値ではなく、レコード数という**集合の値**に一段レベルが上がっているところだ。そのため、患者もWHERE句ではなくHAVING句で条件を指定している。愚策には変わりないがな。**SQLではHAVING句で分岐させるのも素人のやることだ。**それは結局、文レベルの分岐でしかないからだ。本当の解はこうだ(**リスト2-11**)。

リスト2-11 **ロバートの解：CASE式の引数にCOUNT関数を取る**

```
SELECT person,
       CASE WHEN COUNT(*) = 1  THEN MAX(role)
            WHEN COUNT(*) = 2  THEN 'Both'
            ELSE NULL
        END AS combined_role
  FROM Roles
 GROUP BY person;
```

集約結果に対する分岐もSELECT句で

患者のコードは、ほとんど同じ構文のSELECT文（HAVING句の条件を変えただけ）を2つ並べています。これは明らかに冗長です。一方、ロバートの解はSELECT句で分岐させることで、テーブルへのアクセスコストを半分に減らしています。実行計画を確認しましょう（**図2-17**、**図2-18**）。

図2-17 **ロバートの解の実行計画（PostgreSQL）**

```
                        QUERY PLAN
----------------------------------------------------------------
 HashAggregate  (cost=1.12..1.20 rows=5 width=49)
   Group Key: person
   ->  Seq Scan on roles  (cost=0.00..1.07 rows=7 width=34)
```

図2-18 **ロバートの解の実行計画（Oracle）**

```
----------------------------------------------------------------------------
| Id  | Operation          | Name  | Rows  | Bytes | Cost (%CPU)| Time     |
----------------------------------------------------------------------------
|   0 | SELECT STATEMENT   |       |     5 |   170 |     3  (34)| 00:00:01 |
|   1 |  HASH GROUP BY     |       |     5 |   170 |     3  (34)| 00:00:01 |
|   2 |   TABLE ACCESS FULL| ROLES |     7 |   238 |     2   (0)| 00:00:01 |
----------------------------------------------------------------------------
```

ロバートの解は、`Roles`テーブルへのアクセスを一度だけで済ませているため、極めてシンプルな実行計画を実現していることがおわかりいただけるでしょう。これを可能にしているのが、集約結果（COUNT関数の戻り値）をCASE式の入力にする、というテクニックです。

SELECT句においては、COUNTやSUMなど集約関数の結果は1行につき1つに定まります。別の言い方をすれば、集約関数の結果は**スカラ値**になります。そのため、CASE式の引数に集約関数を取るという、一見するとトリッキーなコーディングが可能なのです。先ほどはヘレンが「WHERE句で分岐させるのは素人だ」という名言を吐きましたが、ロバートの言うとおり「HAVING句で分岐させるのも素人のやること」だということを、ぜひ忘れないでください。

CASE式って万能ですね。条件分岐は何でもCASE式で書けちゃう。

ちなみにこの問題はこんなおもしろい条件分岐のしかたもあるわ(リスト2-12)。

リスト2-12　**最大値と最小値が異なる場合って？**

```
SELECT person,
       CASE WHEN MIN(role) <> MAX(role)
            THEN 'Both'
            ELSE MIN(role) END AS combined_role
  FROM Roles
 GROUP BY person;
```

？？ MIN(role) <> MAX(role)って、最大値と最小値が異なるという意味ですよね。何でここでこんな比較をしてるんですか？

ふふふ、逆に考えてみて。ある集合において最大値と最小値が一致するのはどんな場合？

それは……値が一つしかない場合。あ、そうか。反対に最大値と最小値が不一致ということは、集合に2種類以上の値が含まれているという証拠になるんだ。

ピンポーン。おもしろいでしょ。こういう集約関数を使った条件指定のしかたはまた別の機会に見ると思うわ。これも使いこなすと便利なのよ[注6]。

ちょっと驚いたんですけど、文字列型にもMAXやMINって使えるんですね。

注6　第8章「集合指向アレルギー」で詳しく解説します。

ほかにも日付型とかタイムスタンプ型とか、順序を持つデータ型なら使えるわ。

何をもってリレーションの属性とみなすのか

(受話器を持ったまま)先生、また急患の連絡です。

今日も多いわねえ。たまにはゆっくりできる日はないのかしら。

救命室にいる限り安息の日は来ないな。ダメなクエリは毎日世界中で生まれている！ そんな奴らはすべて淘汰されてしまえばいいのだ！

ふう、南の島にでもバカンスに行きたいわ。さて、気を取り直して。ワイリー、カルテをちょうだい。

はいただいま。

カルテ4 RacingResults(**リスト2-13**)は競馬のレース結果を保存している。各列には1着から3着までの馬名が記録される。このテーブルから、各馬がこれまで何回入賞したかを調べたい(何着かは問わず、とにかく3着以内に入賞していればよい)。どのようなクエリが考えられるだろうか[注7]。患者のクエリと出力結果は**リスト2-14**と**図2-19**のとおり。

注7 この問題はJ.セルコ著、ミック訳『SQLパズル 第2版』(翔泳社、2007年)の「パズル55 競走馬の入賞回数」から借りました。

リスト2-13　**レース結果テーブル**

```
CREATE TABLE RacingResults
(race_nbr INTEGER NOT NULL,
 first_prize CHAR(30) NOT NULL,
 second_prize CHAR(30) NOT NULL,
 third_prize CHAR(30) NOT NULL,
   CONSTRAINT pk_RacingResults PRIMARY KEY (race_nbr));
```

RacingResults:レース結果テーブル　race_nbr:レース番号　first_prize:1着の馬名　second_prize:2着の馬名　third_prize:3着の馬名

RacingResults

race_nbr (レース番号)	first_prize (1着の馬名)	second_prize (2着の馬名)	third_prize (3着の馬名)
1	サンオーシャン	ジョニーブレイク	ウーバーウィーク
2	オカメインコ	ガンバレフォックス	キングイエヤス
3	サンオーシャン	キングイエヤス	クイーンモナカ
4	ウーバーウィーク	ジョニーブレイク	コーラルフルーツ
5	コーラルフルーツ	ジョニーブレイク	ブラザーフッド
6	ジョニーブレイク	ソバヤノデマエ	ヒャクシキ

リスト2-14　**患者のクエリ：UNIONを使う**

```
SELECT horse, SUM(tally) AS tally
  FROM (SELECT first_prize AS horse,
               COUNT(*) AS tally, 'first_prize'
          FROM RacingResults
         GROUP BY first_prize
        UNION ALL
        SELECT second_prize AS horse,
               COUNT(*) AS tally, 'second_prize'
          FROM RacingResults
         GROUP BY second_prize
        UNION ALL
        SELECT third_prize AS horse,
               COUNT(*) AS tally, 'third_prize'
          FROM RacingResults
         GROUP BY third_prize) PRIZE
GROUP BY horse
ORDER BY tally DESC;
```

図2-19　実行結果

```
                horse                   | tally
----------------------------------------+-------
 ジョニーブレイク                          |     4
 ウーバーウィーク                          |     2
 サンオーシャン                            |     2
 コーラルフルーツ                          |     2
 キングイエヤス                            |     2
 ブラザーフッド                            |     1
 ソバヤノデマエ                            |     1
 ガンバレフォックス                        |     1
 オカメインコ                              |     1
 ヒャクシキ                                |     1
 クイーンモナカ                            |     1
```

これはまた大作ね。実行計画もテーブルスキャンが多くて大変。3回もRacingResultsテーブルにアクセスしているわ(図2-20、図2-21)。

図2-20　患者の実行計画(PostgreSQL)

```
                              QUERY PLAN
-------------------------------------------------------------------------
 Sort  (cost=4.20..4.24 rows=15 width=77)
   Sort Key: (sum("*SELECT* 1".tally)) DESC
   ->  HashAggregate  (cost=3.72..3.91 rows=15 width=77)
         Group Key: "*SELECT* 1".horse
         ->  Append  (cost=1.09..3.65 rows=15 width=53)
               ->  Subquery Scan on "*SELECT* 1"
                    (cost=1.09..1.19 rows=5 width=53)
                     ->  HashAggregate  (cost=1.09..1.14 rows=5 width=85)
                           Group Key: racingresults.first_prize
                           ->  Seq Scan on racingresults
                                (cost=0.00..1.06 rows=6 width=45)
               ->  Subquery Scan on "*SELECT* 2"
                    (cost=1.09..1.17 rows=4 width=54)
                     ->  HashAggregate  (cost=1.09..1.13 rows=4 width=86)
                           Group Key: racingresults_1.second_prize
                           ->  Seq Scan on racingresults racingresults_1
                                (cost=0.00..1.06 rows=6 width=46)
               ->  Subquery Scan on "*SELECT* 3"
                    (cost=1.09..1.21 rows=6 width=53)
                     ->  HashAggregate  (cost=1.09..1.15 rows=6 width=85)
                           Group Key: racingresults_2.third_prize
                           ->  Seq Scan on racingresults racingresults_2
                                (cost=0.00..1.06 rows=6 width=45)
```

図2-21　患者の実行計画(Oracle)

```
-----------------------------------------------------------------------------------------
| Id  | Operation            | Name          | Rows  | Bytes | Cost (%CPU)| Time     |
-----------------------------------------------------------------------------------------
|   0 | SELECT STATEMENT     |               |    14 |   616 |    11  (46)| 00:00:01 |
|   1 |  SORT ORDER BY       |               |    14 |   616 |    11  (46)| 00:00:01 |
|   2 |   HASH GROUP BY      |               |    14 |   616 |    11  (46)| 00:00:01 |
|   3 |    VIEW              |               |    15 |   660 |     9  (34)| 00:00:01 |
|   4 |     UNION-ALL        |               |       |       |            |          |
|   5 |      HASH GROUP BY   |               |     5 |   155 |     3  (34)| 00:00:01 |
|   6 |       TABLE ACCESS FULL| RACINGRESULTS |     6 |   186 |     2   (0)| 00:00:01 |
|   7 |      HASH GROUP BY   |               |     4 |   124 |     3  (34)| 00:00:01 |
|   8 |       TABLE ACCESS FULL| RACINGRESULTS |     6 |   186 |     2   (0)| 00:00:01 |
|   9 |      HASH GROUP BY   |               |     6 |   186 |     3  (34)| 00:00:01 |
|  10 |       TABLE ACCESS FULL| RACINGRESULTS |     6 |   186 |     2   (0)| 00:00:01 |
-----------------------------------------------------------------------------------------
```

でもこれはさすがにUNIONなしで解くことはできないんじゃないですか。1位、2位、3位の列が分かれているから、とにかくこれらの列を一列にまとめないと集計できないと思うんですけど。

果たしてそうかな？ それは少しこのテーブル定義に引きずられすぎたものの見方だ。実際には、レース結果を管理するデータベースがあるならば馬名マスタに相当するテーブルも同じスキーマに存在するはずだ(**リスト2-15**)。

リスト2-15　**馬名マスタテーブル**

```
CREATE TABLE Horses
(horse_name CHAR(30) NOT NULL,
   CONSTRAINT pk_Horses PRIMARY KEY (horse_name) );
```

Horses:馬名マスタ　horse_name:馬名

Horses

horse_name (馬名)
ジョニーブレイク
ウーバーウィーク
サンオーシャン
コーラルフルーツ
キングイエヤス
ブラザーフッド
ソバヤノデマエ
ガンバレフォックス
オカメインコ
ヒャクシキ
クイーンモナカ

実際には体重とか血統とかほかの属性もあるかもしれんが、今は必要最低限の馬名だけを列として持つと仮定しよう。

たしかにこういうテーブルが用意されている可能性は高そうですけど、この馬名マスタがあると何かいいことがあるんでしょうか？

アリアリのオオアリクイだ。次のようなクエリ一発で同じ結果を求められるようになる（**リスト2-16、図2-22**）。

リスト2-16　**ロバートの解：馬名マスタと結合**

```
SELECT HorseMaster.horse_name, COUNT(*) AS tally
  FROM Horses HorseMaster INNER JOIN RacingResults Results
    ON HorseMaster.horse_name IN
         (Results.first_prize, Results.second_prize, Results.third_prize)
 GROUP BY HorseMaster.horse_name
 ORDER BY tally DESC;
```

図2-22　**ロバートの解の結果**

```
            horse_name                | tally
--------------------------------------+-------
 ジョニーブレイク                      |     4
 ウーバーウィーク                      |     2
```

```
サンオーシャン                    |    2
コーラルフルーツ                  |    2
キングイエヤス                    |    2
ブラザーフッド                    |    1
ソバヤノデマエ                    |    1
オカメインコ                      |    1
ヒャクシキ                        |    1
クイーンモナカ                    |    1
ガンバレフォックス                |    1
```

ああっ！ 結合条件でIN述語使うのか。これは気付かなかった。

まあ別にORでつなげてやっても同じ結果にはなるが、このほうがシンプルでワシ好みだ。どれ実行計画も見ておこう（図2-23、図2-24）。

図2-23　ロバートの解の実行計画（PostgreSQL）

```
                                  QUERY PLAN
----------------------------------------------------------------------------
 Sort  (cost=3.89..3.91 rows=11 width=53)
   Sort Key: (count(*)) DESC
   ->  HashAggregate  (cost=3.58..3.69 rows=11 width=53)
         Group Key: horsemaster.horse_name
         ->  Nested Loop  (cost=0.00..3.50 rows=16 width=45)
               Join Filter: ((horsemaster.horse_name = results.first_prize)
                           OR (horsemaster.horse_name = results.second_prize)
                           OR (horsemaster.horse_name = results.third_prize))
               ->  Seq Scan on horses horsemaster
                    (cost=0.00..1.11 rows=11 width=45)
               ->  Materialize  (cost=0.00..1.09 rows=6 width=136)
                     ->  Seq Scan on racingresults results
                          (cost=0.00..1.06 rows=6 width=136)
```

図2-24　ロバートの解の実行計画（Oracle）

```
------------------------------------------------------------------------------
| Id  | Operation          | Name           | Rows  | Bytes | Cost (%CPU)| Time     |
------------------------------------------------------------------------------
|   0 | SELECT STATEMENT   |                |    11 |  1397 |     7  (29)| 00:00:01 |
|   1 |  SORT ORDER BY     |                |    11 |  1397 |     7  (29)| 00:00:01 |
|   2 |   HASH GROUP BY    |                |    11 |  1397 |     7  (29)| 00:00:01 |
|   3 |    NESTED LOOPS    |                |    16 |  2032 |     5   (0)| 00:00:01 |
|   4 |     TABLE ACCESS FULL| RACINGRESULTS |     6 |   576 |     2   (0)| 00:00:01 |
|*  5 |     TABLE ACCESS FULL| HORSES        |     3 |    93 |     1   (0)| 00:00:01 |
------------------------------------------------------------------------------
```

```
Predicate Information (identified by operation id):
---------------------------------------------------


   5 - filter("HORSEMASTER"."HORSE_NAME"="RESULTS"."FIRST_PRIZE" OR
              "HORSEMASTER"."HORSE_NAME"="RESULTS"."SECOND_PRIZE" OR
              "HORSEMASTER"."HORSE_NAME"="RESULTS"."THIRD_PRIZE")
```

ふむ。RacingResultsテーブルとHorsesテーブルへのフルアクセスがそれぞれ1回とNested Loopsによる結合か[注8]。まあ悪くない。どちらの実行計画からもIN述語が内部的にはOR条件に展開されているのが確認できるな。

ところで、この馬名マスタに一度も入賞したことのない馬が含まれていた場合(**リスト2-17**)、その馬についてもtally列を0で出力することはできるのでしょうか。

リスト2-17　**入賞歴のない馬のデータ**

```
INSERT INTO Horses VALUES('ロイヤルフラッシュ');
```

そんなときのための外部結合だ。やってみろ。

よし、結合部分を外部結合に書き換えて……できた！(**リスト2-18**、**図2-25**)

リスト2-18　**外部結合による解：間違い**

```
SELECT HorseMaster.horse_name, COUNT(*) AS tally
  FROM Horses HorseMaster LEFT OUTER JOIN RacingResults Results
    ON HorseMaster.horse_name IN
         (Results.first_prize, Results.second_prize, Results.third_prize)
 GROUP BY HorseMaster.horse_name
 ORDER BY tally DESC;
```

図2-25　**外部結合の結果：ロイヤルフラッシュも1とカウントされてしまう**

```
          horse_name                  | tally
--------------------------------------+-------
 ジョニーブレイク                     |     4
 ウーバーウィーク                     |     2
```

注8　Nested Loopsはテーブルを結合する際に使われるファーストチョイスのアルゴリズムです。どのような動作をするかの詳細に興味ある方は拙著『SQL実践入門』(技術評論社、2015年)を参照。

```
サンオーシャン          |     2
コーラルフルーツ        |     2
キングイエヤス          |     2
ガンバレフォックス      |     1
ロイヤルフラッシュ      |     1
ソバヤノデマエ          |     1
ブラザーフッド          |     1
オカメインコ            |     1
ヒャクシキ              |     1
クイーンモナカ          |     1
```

あれ……なんで入賞歴のないロイヤルフラッシュまでtally列が1になるんだろう。

ウフフ、これは**SQL七不思議の一つ「COUNT(*)はNULLも数える」**よ。外部結合で発生したNULLもカウントしてしまっているの。こういうときはCOUNT(列名)に変えてあげることね(**リスト2-19**、**図2-26**)。

リスト2-19 **ヘレンの解：OOUNT(列名)を使う**

```
SELECT HorseMaster.horse_name, COUNT(Results.race_nbr) AS tally
  FROM Horses HorseMaster LEFT OUTER JOIN RacingResults Results
    ON HorseMaster.horse_name IN
         (Results.first_prize, Results.second_prize, Results.third_prize)
 GROUP BY HorseMaster.horse_name
 ORDER BY tally DESC;
```

図2-26 **COUNT(列名)の結果**

```
             horse_name                | tally
---------------------------------------+-------
 ジョニーブレイク                      |     4
 キングイエヤス                        |     2
 ウーバーウィーク                      |     2
 サンオーシャン                        |     2
 コーラルフルーツ                      |     2
 ガンバレフォックス                    |     1
 ソバヤノデマエ                        |     1
 ブラザーフッド                        |     1
 オカメインコ                          |     1
 ヒャクシキ                            |     1
 クイーンモナカ                        |     1
 ロイヤルフラッシュ                    |     0
```

へーこんな罠のような仕様があるんだ……なんか仕様バグっぽい印象も受けますが。

NULL周りに関するSQLの仕様の混乱ぶりはSQL最大の欠陥だから、お前が混乱するのも無理はない。ほかにも落とし穴満載だ。まあNULLには極力近寄らんことだな。君子危うきに近寄らず だ[注9]。

COUNT(*)とCOUNT(列名)の動作の違いは、うまく使うとおもしろいテクニックにもなるわ[注10]。なかなか見ものだから楽しみにしていて。

列で持つか、行で持つか、それが問題だ。

ところでさっきお前、列が3つに分かれているから集計が難しいのだと言ったな。

言いましたっけ。

どういう記憶力しとるんだ！ 鳥頭か。だがともあれ、その言葉はこの問題の核心をついている。もしRacingResultsテーブルが次のような入賞歴を行で持つタイプのテーブルだったら、最初から何も悩む必要はなかったのだ(**リスト2-20**)。

リスト2-20 **行持ちのテーブル定義**

```
CREATE TABLE RacingResults2
(race_nbr INTEGER NOT NULL,
 prize    INTEGER NOT NULL
   CHECK (prize IN (1,2,3)),
 horse_name CHAR(30) NOT NULL,
   CONSTRAINT pk_RacingResults2 PRIMARY KEY (race_nbr, prize));
```

RacingResults2: レース結果テーブル2　race_nbr: レース番号　prize: 着順　horse_name: 馬名

注9　NULL関連の仕様の混乱について興味のある方は、拙著『達人に学ぶSQL徹底指南書 第2版』(翔泳社、2018年)「第4章：3値論理とNULL」を参照してください。

注10　第8章「集合指向アレルギー」で詳しく解説します。

RacingResults2

race_nbr (レース番号)	prize (着順)	horse_name (馬名)
1	1	サンオーシャン
1	2	ジョニーブレイク
1	3	ウーバーウィーク
2	1	オカメインコ
2	2	ガンバレフォックス
2	3	キングイエヤス
3	1	サンオーシャン
3	2	キングイエヤス
3	3	クイーンモナカ
4	1	ウーバーウィーク
4	2	ジョニーブレイク
4	3	コーラルフルーツ
5	1	コーラルフルーツ
5	2	ジョニーブレイク
5	3	ブラザーフッド
6	1	ジョニーブレイク
6	2	ソバヤノデマエ
6	3	ヒャクシキ

こういうテーブル設計がなされていれば、馬の勝利数を数えるなど造作もない（**リスト2-21**）。実行計画も単純そのもの（**図2-27**、**図2-28**）。いいことずくめだ。

リスト2-21　**入賞した馬名を選択する：行持ちバージョン**

```
SELECT horse_name, COUNT(*) AS tally
  FROM RacingResults2
 GROUP BY horse_name
 ORDER BY tally DESC;
```

図2-27　**行持ちバージョンの実行計画（PostgreSQL）**

```
                       QUERY PLAN
-----------------------------------------------------
 Sort  (cost=1.57..1.60 rows=11 width=53)
   Sort Key: (count(*)) DESC
```

```
  -> HashAggregate  (cost=1.27..1.38 rows=11 width=53)
       Group Key: horse_name
       -> Seq Scan on racingresults2
            (cost=0.00..1.18 rows=18 width=45)
```

図2-28　行持ちバージョンの実行計画(Oracle)

```
-----------------------------------------------------------------------------------
| Id | Operation           | Name           | Rows | Bytes | Cost (%CPU)| Time     |
-----------------------------------------------------------------------------------
|  0 | SELECT STATEMENT    |                |   18 |   576 |     4  (50)| 00:00:01 |
|  1 |  SORT ORDER BY      |                |   18 |   576 |     4  (50)| 00:00:01 |
|  2 |   HASH GROUP BY     |                |   18 |   576 |     4  (50)| 00:00:01 |
|  3 |    TABLE ACCESS FULL| RACINGRESULTS2 |   18 |   576 |     2   (0)| 00:00:01 |
-----------------------------------------------------------------------------------
```

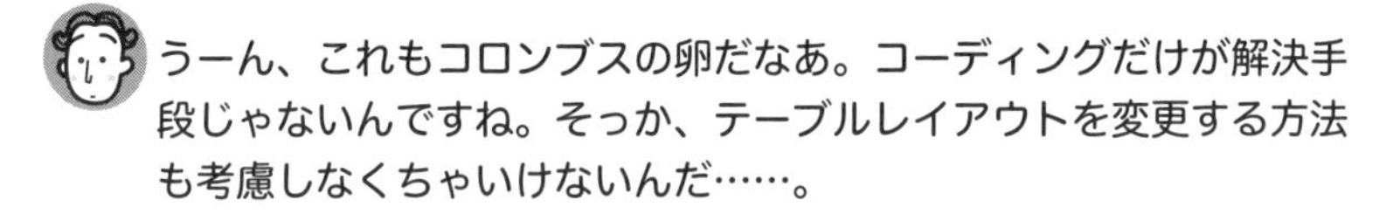

うーん、これもコロンブスの卵だなあ。コーディングだけが解決手段じゃないんですね。そっか、テーブルレイアウトを変更する方法も考慮しなくちゃいけないんだ……。

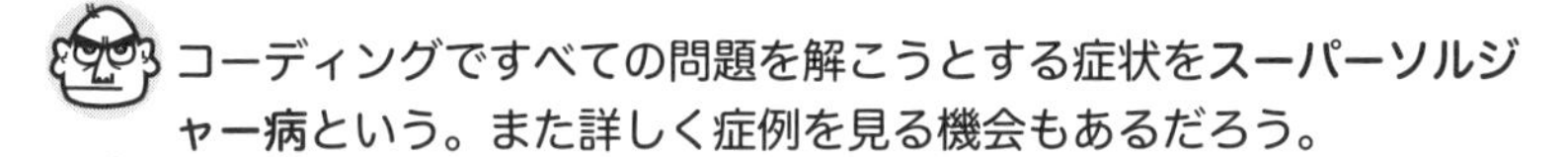

コーディングですべての問題を解こうとする症状を**スーパーソルジャー病**という。また詳しく症例を見る機会もあるだろう。

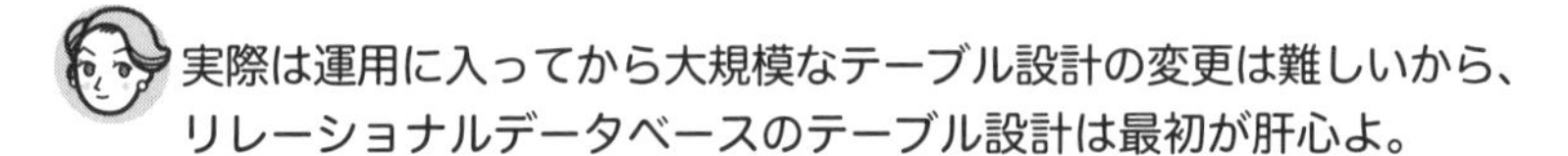

実際は運用に入ってから大規模なテーブル設計の変更は難しいから、リレーショナルデータベースのテーブル設計は最初が肝心よ。

まあ、今回のケースは少し判断が難しかったのは間違いない。実際、まっさらな状態でDBエンジニアにレース結果テーブルを設計させたら、列持ちと行持ち、半々くらいに割れるんじゃないか。レース結果というエンティティを考えたとき、順位がその属性になるというのはそれほど違和感がない。4位以下を属性として追加することになる可能性もまずないだろうし、列持ちテーブルのようなレイアウトの結果を求められるケースもあるだろうしな。

ちなみに、今は1位から3位までの違いは無視してとにかく入賞した回数を数えましたけど、これを1位、2位、3位に細かく分けて集計することもできるんでしょうか。

できるわ。それもおもしろいクエリになるから宿題にしましょう。

わーいデジャヴ……。

（感心した素振りで）お前、墓穴掘るのはうまいな。人間何か取り柄があるものだ。

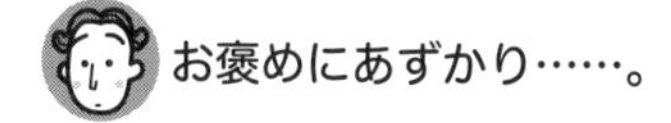

お褒めにあずかり……。

手続き型と宣言型

（16:00、休憩室。怒涛（どとう）のオペラッシュが一段落し、3人が束の間の休息を取っている。）

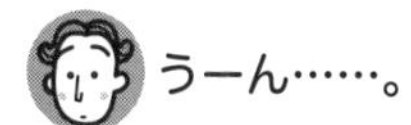

うーん……。

何だ、便秘の牛みたいな顔して。

どんな顔ですかそれ……。いや、先生の治療は見事なものです。すごくエレガントで合理的で、素人同然の僕が見ても、一目ですばらしいとわかります。でも一つ疑問なんです。**なぜ僕はうまくSQLが書けないのでしょう？**

??

??

いや、そんな馬鹿を見るような顔しないでください。僕が勉強不足なのはわかります。でも、僕だって一応、正しい結果を出すためのSQL文にはたどり着けるわけですよ。不恰好ですけど。でも、SQLらしい上手なコードを書くことができないのはなぜなんだろう、と思って。お二人と何が違うのだろう。

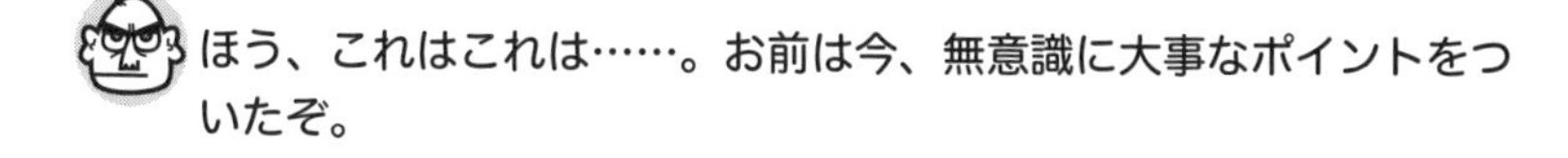

ほう、これはこれは……。お前は今、無意識に大事なポイントをついたぞ。

スキーマ問題ね。

隙間？

スキーマ（schema）。「枠組み」とか「見取り図」という意味よ。パラダイムと言ってもいいわ。

そうだ。ワイリー、お前の疑問に対する答えを一言で言うならば、我々とお前とでは**住んでいる世界**が違うのだ。お前は**手続き型**の世界に住んでいる。そこでは基本単位は「文」（statement）だ。だが、我々は**宣言型**の世界に住んでいる。ここでの基本単位は「式」（expression）だ。関数と言い換えてもいい。2つの世界では、基本的な考え方の枠組み、つまりスキーマが違う。ものの見方を変えなければいけない。

はあ、なるほど……。とうなずいてみたものの、まだよくわからないです。

ふむ。まあすぐにわからんでもいい。どうせ今後もついてまわる問題だ。いずれおまえにもわかる日が来るだろう。

とりあえず、ほかの課題は全部見直しなさい。

うっ、今日も寝れそうにない……。

CASE式はどこに書けるか？

タイトルに対しての答えは、「FROM句以外のすべての句」です。CASE式は式の一種です。ということは式が書ける場所にはどこにでも書けるので、SELECT句やWHERE句以外にも、GROUP BY句、HAVING句、ORDER BY句でも使えます。FROM句はテーブルやビューを記述する場所なので、ここに戻り値がスカラ値となる式を書くことはできません（ただし、結合条件を記述するON句には問題なくCASE式を使えます）。

まとめ

SQLの初心者（時には中級者も）がUNIONによる分岐に頼ってしまう理由は、UNIONによる場合分けが、文ベースの手続き型のスキーマに従うものだからです。実際、UNIONで連結する対象はSELECT「文」です。これは、最初に手続き型言語でプログラミングの練習をする私たちのほとんどにとって、たいへん馴染み深い発想で、誰にでも理解できます。

一方、SQLのスキーマは宣言型です。この世界では、主役は「文」ではなく「式」です。手続き型言語がCASE「文」で分岐させるところを、SQLではCASE「式」によって分岐させます。SQL文の各パート――SELECT、WHERE、GROUP BY、HAVING、ORDER BY――に記述するのは、すべて式です。列名や定数しか記述しない場合でもそうです（列名だけの場合は「たまたま演算子がない式」、定数だけの場合は「たまたま変数も演算子もない式」です）。**SQL文の中には、文は一切記述しない**のです。あるのはただ式（言い換えれば関数）のみです。SQLはどちらかと言うと関数型言語に近いのです。

したがって、手続き型の世界から宣言型の世界へ、勇気を持って跳躍することが、SQL上達の鍵です。最後にSQLの大家であるJ.セルコの言葉を引用しておきます。

> SQL的な観点から考えることを学ぶことは、多くのプログラマにとって一つの飛躍である。きっとあなた方の多くは、そのキャリアの大半を手続き型のコードを書いて過ごしてきたことだろう。そしてある日突然、非-手続き型のコードに取り組まなければならなくなる。そこで肝心なのは順序から集合へ思考パターンを変えることだ。
>
> ――Joe Celko, "Thinking in SQL".
> http://www.dbazine.com/ofinterest/oi-articles/celko5/

演習問題

解答379ページ

演習2-1

CASE式はその条件の中に多彩な関数や述語を記述できます。今、予備校で開催されている講座のマスタ(CourseMaster)と(**リスト2-22**)、どの講座が何月に開催されているかを持つ関連エンティティ(OpenCourses)があるとします(**リスト2-23**)。

リスト2-22 **講座マスタ**

```
CREATE TABLE CourseMaster
(course_id   INTEGER PRIMARY KEY,
 course_name VARCHAR(32) NOT NULL);
```

CourseMaster:講座マスタ course_id:講座ID course_name:講座名

CourseMaster

course_id (講座ID)	course_name (講座名)
1	経理入門
2	財務知識
3	簿記検定
4	税理士

リスト2-23 **開催講座テーブル**

```
CREATE TABLE OpenCourses
(month       CHAR(6) ,
 course_id   INTEGER ,
    CONSTRAINT pk_OpenCourses PRIMARY KEY(month, course_id));
```

OpenCourses:開催講座テーブル month:開催月 course_id:講座ID

OpenCourses

month（開催月）	course_id（講座 ID）
201806	1
201806	3
201806	4
201807	4
201808	2
201808	4

ここから、**図2-29**のような列持ち（ピボット）した結果を求めるクエリを考えてください。

図2-29　**行持ちから列持ちに変換（ピボット）**

```
course_name | 6 月 | 7 月 | 8 月
-------------+------+------+------
経理入門     | ○   | ×   | ×
財務知識     | ×   | ×   | ○
簿記検定     | ○   | ×   | ×
税理士       | ○   | ○   | ○
```

この演習は、拙著『達人に学ぶSQL徹底指南書 第2版』（翔泳社、2018年）「第1章：CASE式のススメ」から取りました。同書をお持ちの方は答えを見てはダメですよ。

演習2-2

RacingResults2テーブル（リスト2-20）から行列変換を行い、**図2-30**のような1着から3着までの入賞回数がわかるフォートマットで結果を出力したい。どのようなクエリが考えられるでしょうか。

図2-30　**実行結果**

```
              horse_name               | prize_1 | prize_2 | prize_3
---------------------------------------+---------+---------+---------
 ソバヤノデマエ                         |       0 |       1 |       0
 ブラザーフッド                         |       0 |       0 |       1
 オカメインコ                           |       1 |       0 |       0
 ヒャクシキ                             |       0 |       0 |       1
 クイーンモナカ                         |       0 |       0 |       1
 サンオーシャン                         |       2 |       0 |       0
```

```
コーラルフルーツ          |      1 |      0 |      1
ガンバレフォックス        |      0 |      1 |      0
ジョニーブレイク          |      1 |      3 |      0
キングイエヤス            |      0 |      1 |      1
ウーバーウィーク          |      1 |      0 |      1
```

第3章

ループ依存症

手続き型の呪縛を打ち破れ！

本章で学ぶ内容

SQLを極端に単純化してアプリケーション側にデータを持ってきて、そちらでループさせてビジネスロジックを組むという手法は、初級者・上級者を問わず広く実施されているコーディングスタイルです。中にはこうすることが規約となっている開発プロジェクトもあるでしょう。しかしこの手法はパフォーマンス的には非常に危険です。遅いのはもちろんのこと、このやり方で遅かった場合にほとんどやれる改善手段がなく「詰んで」しまうからです。現在のSQLは、かつての貧弱だった時代のSQLとはまったくの別物であり、SQL側で複雑な演算をするほうが効率的なことが多々あります。本章ではいかにしてループ依存症からの脱却を図るかを学びます。

SQLを学ぶ上で最も高いハードルとなるのが、順序と手続きではなく、集合と論理の観点から考えることだ。
——J.Celko『Joe Celko's SQL Programming Style』(Morgan Kaufmann、2005年) p.184

ループによる解法

(15:00、手術室。先ほどかつぎ込まれたばかりの患者を前にして、3人が何やら揉めている)

ワイリー、そこをどけ！

いーえ、どきません。僕は、どうしても今回の患者に治療が必要だとは思えないのです。先生は、健康な患者に、功名心のあまり必要のない治療をしようとしていませんか？ 先生は切らなきゃ気がすまないんでしょう！

若僧が、きいた風な口を！ いいからどけっ(ドンッ)

ああっ！(へなへなと崩れ落ちる)

ロバート、ワイリー、三文芝居している時間はないわ。さっさと始めるわよ。

ループは正しい解なのか

カルテ1 アイスクリーム店の店舗ごとの日々の売り上げを記録するSalesIcecreamテーブル(**図3-1**)がある。このテーブルから店舗ごとに売り上げについて現在までの累計を求めたいが、コードのパフォーマンスが悪い(**リスト3-1**、**図3-2**)。

図3-1 **アイスクリーム売上テーブル(再掲)**

SalesIcecream

shop_id (店舗ID)	sale_date (売上日)	sales_amt (売上金額)
A	2024-06-01	67,800
A	2024-06-02	87,000
A	2024-06-05	11,300
A	2024-06-10	9,800
A	2024-06-15	9,800
B	2024-06-02	178,000
B	2024-06-15	18,800
B	2024-06-17	19,850
B	2024-06-20	23,800
B	2024-06-21	18,800
C	2024-06-01	12,500

リスト3-1 **患者1のコード(Java + PostgreSQL)**

```
import java.sql.*;

public class Cumlative {
    public static void main(String[] args) throws Exception {
```

```
/* 1) データベースへの接続情報 */
Connection con = null;
Statement st = null;
ResultSet rs = null;

String url = "jdbc:postgresql://localhost:5432/shop";
String user = "postgres";
String password = "test";

String strResult = null;

/* 2) 変数の初期化 */
String strOldShop = "";
String strCurShop = "";
int intCumlative = 0;   /* 累計 */


/* 3) JDBCドライバの定義 */
Class.forName("org.postgresql.Driver");

/* 4) PostgreSQLへの接続 */
con = DriverManager.getConnection(url, user, password);
st = con.createStatement();

/* 5) SELECT文の実行 */
rs = st.executeQuery("SELECT * FROM SalesIcecream ORDER BY shop_id, sale_date");


/* 6) ヘッダの表示 */
String strHeader = " shop_id | sale_date  | sales_amt | cumlative    " + "\n";
System.out.print(strHeader);

/* 7) 結果セットを1行ずつループ */
while (rs.next()){

    /* 8) 累計を加算 */
    intCumlative = intCumlative + rs.getInt("sales_amt");
    strCurShop = rs.getString("shop_id");

    /* 9) 店舗が異なる場合は累計をリセット */
    if (strOldShop.equals(strCurShop) == false){
        intCumlative = rs.getInt("sales_amt");
        System.out.print("---------+------------+-----------+----------" + "\n");
    }

    /* 10) 結果の画面表示 */
```

```
            strResult =  rs.getString("shop_id") + "     |" + rs.getDate("sale_date") + "  |     "
            + String.format("%6d", rs.getInt("sales_amt")) + "|" + String.format("%10d", intCu
mlative) + "\n";
            System.out.print(strResult);

            strOldShop = strCurShop;

        }

        /* 11) データベースとの接続を切断 */
        rs.close();
        st.close();
        con.close();
    }
}
```

図3-2　**実行結果**

```
 shop_id | sale_date  | sales_amt | cumlative
---------+------------+-----------+----------
A        |2024-06-01  |      67800|     67800
A        |2024-06-02  |      87000|    154800
A        |2024-06-05  |      11300|    166100
A        |2024-06-10  |       9800|    175900
A        |2024-06-15  |       9800|    185700
---------+------------+-----------+----------
B        |2024-06-02  |     178000|    178000
B        |2024-06-15  |      18800|    196800
B        |2024-06-17  |      19850|    216650
B        |2024-06-20  |      23800|    240450
B        |2024-06-21  |      18800|    259250
---------+------------+-----------+----------
C        |2024-06-01  |      12500|     12500
```

※Javaのコードを提示しましたが、便宜的なサンプルとして使っているだけなので、PythonやC#など使い慣れている言語に適宜読み替えてください。本書のダウンロードサイトからはPythonのコードもダウンロードできます。

これ、僕が来た初日に担ぎ込まれた患者と同じですよね。よく覚えてます。そりゃあウィンドウ関数による解法は見事なものでしたよ。でも今回はJavaでちゃんと結果が求められているのに、本当にSQLで書き直す必要があるんですか。僕は非常に疑問を感じます。**ビジネスロジックをJavaとSQLに分断してまで**治療が必要なんでしょうか？ Javaのまま改善することをまずは検討するべきではないんでしょうか。別にSQLで全部やらないといけないって法もないでしょう。

法があるも何も、これ以上パフォーマンス改善しようとしたら大幅にコードを書き直してやるしかないのだ。大手術になるのは承知の上だ。お前が言うようなデメリットは先刻承知の上だ。

問題のパターンとしては、行間比較（複数の異なるレコード間のデータの比較）とコントロールブレーク処理ね[注1]。患者のコードからアルゴリズムを抽出すると、こうなるわ。

❶SalesIcecreamテーブルから全件レコードを取得する。このとき「店舗ID, 売上日」の昇順にソートしておく

❷1レコードずつループを行い、同じ店舗のレコードであるか比較する

❸同じ店舗のレコードであれば、その売り上げと直近の売り上げを合算し、コンソールに出力する

❹店舗が異なる場合は累計の変数（intCumlative）をリセットする

❺上記❷～❹の処理をレコードがなくなるまで続ける

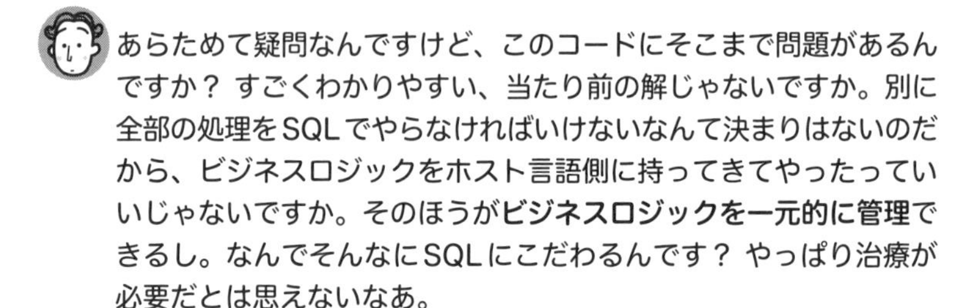

あらためて疑問なんですけど、このコードにそこまで問題があるんですか？ すごくわかりやすい、当たり前の解じゃないですか。別に全部の処理をSQLでやらなければいけないなんて決まりはないのだから、ビジネスロジックをホスト言語側に持ってきてやったっていいじゃないですか。そのほうが**ビジネスロジックを一元的に管理**できるし。なんでそんなにSQLにこだわるんです？ やっぱり治療が必要だとは思えないなあ。

たしかに、手続き型言語としてはオーソドックスな解だ。だがそれを宣言型の世界に持ち込むと、ループ依存症になる。**ループというのは呪いみたいなものだ**。我々の思考を常に規定し、縛ろうとしてくる。何しろプログラマーは皆、手続き型言語を最初に習うからな。関数型言語を最初に学ぶ変わり者はおるまい。
ワシも別にすべての問題をSQLで解くのが正解だとは考えていない。ループの回数が少ない場合や、性能要件を満たせていて問題が出ていないならそれはそれでかまわん。しかしループは処理する行数が多くなったときにオーバーヘッド（ネットワーク伝送、データベ

注1 あるキーについてレコードをまたいで同じ値が継続する間は特定の処理を行い、キーが変わった（ブレークした）ところで処理をリセットして継続するタイプの処理のことです。業務要件として非常にポピュラーなものです。

ースへの接続／切断、SQLのパース……etc.）が大きくなり、パフォーマンスに大きな問題を抱えるのだ。そうしたケースに対処するには、やはりSQL文によるレコードの集合をまとめて処理する方法が有効なのだ。

うーん、そうなのかなあ。

ではためしにこのコードで使われているクエリの実行計画を見てみろ。

SELECT * FROM SalesIcecream ORDER BY shop_id, sale_date; ですね。少々お待ちを……実行計画取れました（図3-3、図3-4）。

図3-3　ループ依存症の実行計画（PostgreSQL）

```
                              QUERY PLAN
-------------------------------------------------------------------
 Sort  (cost=1.30..1.33 rows=11 width=13)
   Sort Key: shop_id, sale_date
   ->  Seq Scan on salesicecream  (cost=0.00..1.11 rows=11 width=13)
```

図3-4　ループ依存症の実行計画（Oracle）

```
------------------------------------------------------------------------------------------
| Id  | Operation                   | Name             | Rows  | Bytes | Cost (%CPU)| Time     |
------------------------------------------------------------------------------------------
|   0 | SELECT STATEMENT            |                  |    11 |   187 |     2   (0)| 00:00:01 |
|   1 |  TABLE ACCESS BY INDEX ROWID| SALESICECREAM    |    11 |   187 |     2   (0)| 00:00:01 |
|   2 |   INDEX FULL SCAN           | PK_SALESICECREAM |    11 |       |     1   (0)| 00:00:01 |
------------------------------------------------------------------------------------------
```

これは……たしかにダメかも。こんなに実行計画が単純では、もう改善の余地がないですね。Javaのコードも単純だからこれ以上治すところがないし。

初日に治療したときの解を覚えている？

はい、このクエリですよね（リスト3-2）。

リスト3-2　**ウィンドウ関数による解（再掲）**

```
SELECT shop_id, sale_date, sales_amt,
       SUM(sales_amt) OVER (PARTITION BY shop_id
                                ORDER BY sale_date) AS cumlative_amt
  FROM SalesIcecream;
```

SQLに処理を寄せることのパフォーマンス上のメリットは、DBサーバという最もリソースの豊富なサーバを最大限に活用できることと、インデックス、パーティション、パラレルクエリ、オンメモリといったDBMSが用意している豊富な高速化の手段が利用できることだ。ホスト言語側で処理しようとすると、どうしてもシーケンシャルに1行ずつ処理していかねばならず（record at a time）、DBMSの進歩による恩恵を受けられない。それにさっきも言ったようにデータが増えれば増えるほど、SQL文や結果セットのネットワーク伝送、データベースへの接続、SQL文のパースといったオーバーヘッドがチリツモでボディーブローのように効いてくる。ワシはかつて1行選択するだけのSELECT文を数百万回ループで繰り返しているプログラムを見たことがある。しかもご丁寧にループの中で毎回データベースへのコネクション接続と切断を行っていた。

なるほど……それはたしかに遅いでしょうね。

遅いコードなら遅いというだけで、ユーザーがそれで満足しているなら問題はない。ループ依存症で最も恐ろしいのは、いざパフォーマンス問題が発生したときに、**ほとんど性能改善の手段が残されていないことだ**。我々救命医ができることは、SQL文でビジネスロジック処理を行うよう書き換えるという大手術だけになる[注2]。こういう性能問題が発生するのは開発も終盤にさしかかってからだから、いまさらSQL主体の解に書き直すことはできないことも多い。だからワシは、SQLを深く知ろうともせず、まるで**テーブルをファイルのように扱い、SQLをカーソルとしてしか考えない**コードが嫌いなのだ。お前がガキのころからワシはそんなコードを嫌というほど見てきた。そして何もしてやれることがなかった。そんなケースを見るのは、もううんざりなのだ。

注2　残る選択肢としては、もし処理を分割可能なキーがあるようであれば、ループを並列化するという手段が考えられますが、ビジネスロジックに大きくメスを入れることになり、可能かどうかは業務要件と利用できるAPサーバのコンピュータリソースの余裕しだいです。

百歩譲って、DBサーバが貧弱で、SQLにもまだウィンドウ関数もCASE式もなく非力な言語だった30年前ならば、アプリケーション側にデータを持ってきて処理をするというやり方にも一定の合理性はあった。だがいつまでもそのころのSQLのイメージを引きずっていてはならん。こんなコードはゴミだ！ ゴミ！

どうどう、そうヒートアップしない。リレーショナルデータベースの生みの親であるコッド博士はこんな言葉を残しているわ。

> 関係操作では、関係全体をまとめて操作の対象とする。**目的は繰返し（ループ）をなくすことである。** いやしくも末端利用者の生産性を考えようというのであれば、この条件を欠くことはできないし、応用プログラマの生産性向上に有益であることも明らかである。（強調は引用者）[注3]
>
> ――E.F.コッド著、赤摂也訳「関係データベース：生産性向上のための実用的基盤」『ACMチューリング賞講演集』共立出版、1989年、p.455

コッド博士、SQLの目的はループをコーディングからなくすことだとはっきり断言してますね。

ループなんか、パフォーマンスは悪いしバグの温床になるし（今も世界中で無限ループするコードが生まれ続けている！）、あっても誰も幸せにならんとコッドは考えたのだ。もう半世紀も前にだ。真の天才と言うべきだな。その先見性には驚くばかりだ。それなのにいまだに1行ずつフェッチしてはループさせるコードが後を絶たん。ワシはお前にもそんなまねをするエンジニアにはなってほしくないのだ。

お話はよくわかりました……でもループの呪いから脱するにはどうすればいいのでしょう？

「レコード」ではなく、「レコードの集合」という観点から考えること。SQLで行間比較を行う手段は何？

ウィンドウ関数ですか。

注3　「関係操作」というのがSQLだと考えてください。「応用プログラマ」はアプリケーションプログラマーのことです。

正解。昔と違ってウィンドウ関数とCASE式がある今のSQLは天下無敵、たいていのビジネスロジックはエレガントに(ここ重要よ！)記述できるわ。次の患者が来たから見てみましょう。

カルテ2 購入明細テーブル(**図3-5**)から、それぞれの顧客IDごとに最も小さい枝番の購入価格を求めたい。求める結果は**図3-6**のようになるが、パフォーマンスが悪い(**リスト3-3**)。改善するにはどのような手段があるだろうか。

図3-5 **購入明細テーブル(再掲)**

Receipts

customer_id (顧客ID)	seq (枝番)	price (購入価格)
A	1	500
A	2	1000
A	3	700
B	5	100
B	6	5000
B	7	300
B	9	200
B	12	1000
C	10	600
C	20	100
C	45	200
C	70	50
D	3	2000

図3-6 **実行結果**

```
customer_id | seq | price
------------+-----+-------
A           |   1 |   500
B           |   5 |   100
C           |  10 |   600
D           |   3 |  2000
```

リスト3-3 **患者2のコード(Java + PostgreSQL)**

```
import java.sql.*;

public class MinSeq {
    public static void main(String[] args) throws Exception {

        /* 1) データベースへの接続情報 */
        Connection con = null;
        Statement st = null;
        ResultSet rs = null;

        String url = "jdbc:postgresql://localhost:5432/shop";
        String user = "postgres";
        String password = "test";

        String strResult = null;

        /* 2) 現在の値と1つ前の値 */
        String strOldCustomer = "";
        String strCurCustomer = "";
        int intPrice = 0;

        int intCurSeq = 0;
        int intOldSeq = 0;

        /* 3) JDBCドライバの定義 */
        Class.forName("org.postgresql.Driver");

        /* 4) PostgreSQLへの接続 */
        con = DriverManager.getConnection(url, user, password);
        st = con.createStatement();

        /* 5) SELECT文の実行 */
        rs = st.executeQuery("SELECT * FROM Receipts ORDER BY customer_id, seq, price");


        /* 6) ヘッダの表示 */
        String strHeader = "customer_id| seq | price   " + "\n";
        System.out.print(strHeader);
        System.out.print("-----------+-----+---------" + "\n");


        /* 7) 結果セットを1行ずつループ */
        while (rs.next()){

            strCurCustomer = rs.getString("customer_id");
```

```
                /* 顧客IDが変わったら、最小の連番を出力 */
                if (strOldCustomer.equals(strCurCustomer) == false){

                    /* 8) 各列の更新 */
                    intCurSeq =  rs.getInt("seq");
                    intPrice = rs.getInt("price");

                    /* 9) 結果の画面表示 */
                   strResult =  strCurCustomer + "         |" + String.format("%3d", intCurSeq) + "  |    "
                          + String.format("%6d", intPrice) + "\n";
                    System.out.print(strResult);


                }

                strOldCustomer = strCurCustomer;


            }

            /* 10) データベースとの接続を切断 */
            rs.close();
            st.close();
            con.close();
        }
    }
```

覚えてる、この患者?

以前(第1章)診療したケースですね。Javaで書いちゃったんだ……。

まったく、SQL文でやってくれていればいくらでも改善の余地はあるのに、なぜわざわざホスト言語側でループさせるかな。これじゃ結局SQL文で書き換える大がかりな治療しか手段がない。こんなコードは淘汰されてしまえばいいのだ!
たかが明細の分析のために大仰なコードを書いたものだ。こんなものはウィンドウ関数で一発で終わる。ワイリー、どうやるか覚えているか? 復習も兼ねてやってみろ。

えっと、顧客ごとに最初のレコードを選ぶわけだから、FIRST_VALUE関数を使って、パーティションは顧客IDでカットすればいいから……できました!(**リスト3-4**)

リスト3-4 **SQLによる解：ウィンドウ関数(再掲)**

```
SELECT *
  FROM (SELECT customer_id, seq, price,
               FIRST_VALUE(seq) OVER (PARTITION BY customer_id
                                          ORDER BY seq) AS min_seq
          FROM Receipts) TMP
 WHERE seq = min_seq;
```

よくできました。確実に成長しているわね！

うーん……。

なんだ正解出したのに微妙な表情しおって。まだ文句があるのか。

いや、お二人の言うことはよくわかりました。ただ、少し奇妙だなと思ったんです。先ほどのSQLはループを消去するために作られたという話がひっかかってて。たしかにSQLを使うことで僕らはループから解き放たれたわけですけど、ウィンドウ関数のソートも、結合のNested Loopsでも、**実行計画のレベルではループを使っている**わけじゃないですか。ということは、SQLって別にループをなくしたんじゃなくて、見せたくない内部動作を隠蔽しただけなんじゃないか、という気がして。そもそもDBMSって手続き型言語で書かれてるんですよね。PostgreSQLはC言語で、MySQLはCとC++で書かれていると聞いたことがあります(**図3-7**)。

図3-7 **SQLのサンドイッチ：SQLは手続き型に挟まれている**

アプリケーション (手続き型)
SQL (宣言型)
DBMS内部 (手続き型)

うまいことを言うようになったな。お前の指摘はSQLの微妙な立場をうまく言い当てている。たしかにもともと、SQLはループに代表される「手続き」を隠蔽するために考え出された言語だった。その意

味で、SQLそのものが手続き型言語を隠蔽する一種の**ラッパー**の役割を果たしているわけだ。ところが皮肉なことに、SQLの上位でさらに手続き型言語を使って、**SQLを隠蔽**しようとするコードが後を絶たん。フレームワークやO/Rマッパーを使うと、問答無用でこういうループに置き換えられることもある。**N+1問題**が代表的だ。

先生はフレームワーク否定派ですか？

別に否定も肯定もせんよ。一長一短さ。フレームワークにも処理の隠蔽による開発効率改善や共通化による保守性向上、バグ削減など、メリットはある。ただ、**何事にもトレードオフはある**というだけだ。

あれ、意外にリベラルですね。僕はまたてっきり「スクラッチ以外の選択肢などありえん！」と言うかと思っていました。

お前、ワシをただの偏屈オヤジだと思っているんじゃないだろうな？

ぎくっ！

ループからの脱出

更新におけるループ依存症

と、ところで、今まで見た患者はテーブルからSELECTする処理でしたけど、これが更新だったらどうなるんでしょう。

ではUPDATE文をループさせる最低なコードを見てみるか。ちょうどいい好例がやってきたぞ。

カルテ3 株価履歴テーブル(**図3-8**)に対して、同じ会社の終値(`closing_price`)が直前の日付の終値より上がっていれば`1`、下がっていれば`-1`、同じであれば`0`で`trend`列を更新したい。直前の日付が存在しない最初のレコードは0で更新するものとする。

図3-8 **株価履歴テーブル(再掲)**

StockHistory

ticker_symbol (ティッカーシンボル)	sale_date (売買日)	closing_price (終値)	trend (トレンド)
A社	2024-04-01	100	
A社	2024-04-02	200	
A社	2024-04-03	199	
A社	2024-04-04	199	
B商事	2024-10-10	10	
B商事	2024-04-14	20	
B商事	2024-04-20	5	
C鉄鋼	2024-05-01	156	
C鉄鋼	2024-05-03	182	
C鉄鋼	2024-05-05	182	

これも第1章で見た症例ですね。

うむ。これを手続き型の考え方で解くとこんなひどいコードができあがる(**リスト3-5**)。

リスト3-5 **患者3:データベースの更新処理(Java+PostgreSQL)**

```
import java.sql.*;

public class StockTrend {
    public static void main(String[] args) throws Exception {

        /* 1) データベースへの接続情報 */
        Connection con = null;
        Statement st = null;
        Statement stUpdate = null;
```

```
ResultSet rs = null;

String url = "jdbc:postgresql://localhost:5432/shop";
String user = "postgres";
String password = "test";

String strResult = null;
String strUpdate = null;

/* 2) 株価の初期化 */
String strOldTicker = "";
String strCurTicker = "";
int intOldPrice = 0;
int intCurPrice = 0;
int intTrend = 0;

/* 3) JDBCドライバの定義 */
Class.forName("org.postgresql.Driver");

/* 4) PostgreSQLへの接続 */
con = DriverManager.getConnection(url, user, password);
st = con.createStatement();
stUpdate = con.createStatement();

/* 5) SELECT文の実行 */
rs = st.executeQuery("SELECT * FROM StockHistory ORDER BY ticker_symbol, sale_date");


/* 6) 結果セットを1行ずつループ */
while (rs.next()){

    /* 7) 現在の企業を取得 */
    strCurTicker = rs.getString("ticker_symbol");

    intCurPrice = rs.getInt("closing_price");


    /* 8) 企業が同じ場合は株価を比較してtrendを計算 */
    if (strOldTicker.equals(strCurTicker)){
        if (intCurPrice > intOldPrice) {
            intTrend = 1;
        } else if (intOldPrice == intCurPrice){
            intTrend = 0;
        } else {
            intTrend = -1;
        }
    } else {
        intTrend = 0;
```

```
            }

            /* トランザクション開始 */
            con.setAutoCommit(false);

                /* 9) UPDATE文を実行 */
                strUpdate = "UPDATE StockHistory " +
                                "SET trend = " + intTrend + " " +
                              "WHERE ticker_symbol = '" + rs.getString("ticker_symbol") + "' " +
                                "AND sale_date = '" + rs.getDate("sale_date") + "'";



                stUpdate.executeUpdate(strUpdate);

                /* コミット */
                con.commit();

                intOldPrice = intCurPrice;
                strOldTicker = strCurTicker;

            }

            /* 10) データベースとの接続を切断 */
            rs.close();
            st.close();
            stUpdate.close();
            con.close();
    }
}
```

まったく、見るに堪えんよ。1行ずつのUPDATE文をループで回して、あまつさえCOMMITまでループの中でやっている。これでは遅くしてくださいと言っているようなものだ（**リスト3-6**）。

リスト3-6　**患者のコードから実行されるUPDATE文（1回目）**

```
UPDATE StockHistory
   SET trend = 0
 WHERE ticker_symbol = 'A社    '
   AND sale_date = '2024-04-01';
```

このUPDATEにはもうパフォーマンス改善の余地はないのでしょうか。

実行計画を見てみろ。これ以上どうしようもないのがわかるぞ。

えっと、じゃあ1回目のループのUPDATE文を抜き出して……（図3-9、図3-10）

図3-9　患者のUPDATE文の実行計画（PostgreSQL）

```
                              QUERY PLAN
-------------------------------------------------------------------
 Update on stockhistory  (cost=0.00..1.15 rows=0 width=0)
   ->  Seq Scan on stockhistory  (cost=0.00..1.15 rows=1 width=10)
         Filter: ((ticker_symbol = 'A社    '::bpchar)
              AND (sale_date = '2024-04-01'::date))
```

図3-10　患者のUPDATE文の実行計画（Oracle）

```
-----------------------------------------------------------------------------
| Id  | Operation          | Name           | Rows  | Bytes | Cost (%CPU)| Time     |
-----------------------------------------------------------------------------
|   0 | UPDATE STATEMENT   |                |     1 |    32 |     1   (0)| 00:00:01 |
|   1 |  UPDATE            | STOCKHISTORY   |       |       |            |          |
|*  2 |   INDEX UNIQUE SCAN| PK_STOCKHISTORY |     1 |    32 |     1   (0)| 00:00:01 |
-----------------------------------------------------------------------------

Predicate Information (identified by operation id):
---------------------------------------------------

   2 - access("TICKER_SYMBOL"='A社    ' AND "SALE_DATE"='2024-04-01')
```

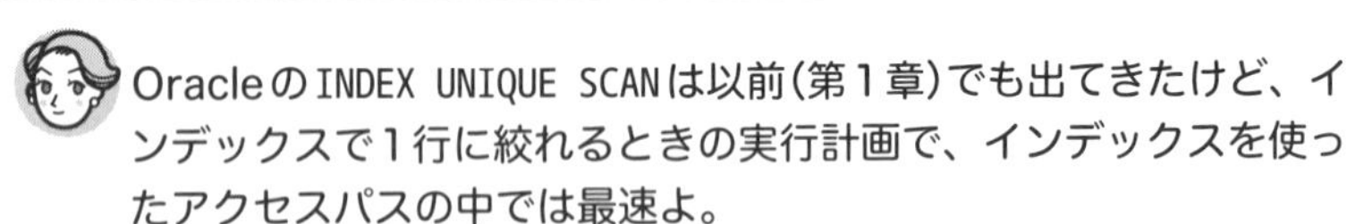
Oracleの`INDEX UNIQUE SCAN`は以前（第1章）でも出てきたけど、インデックスで1行に絞れるときの実行計画で、インデックスを使ったアクセスパスの中では最速よ。

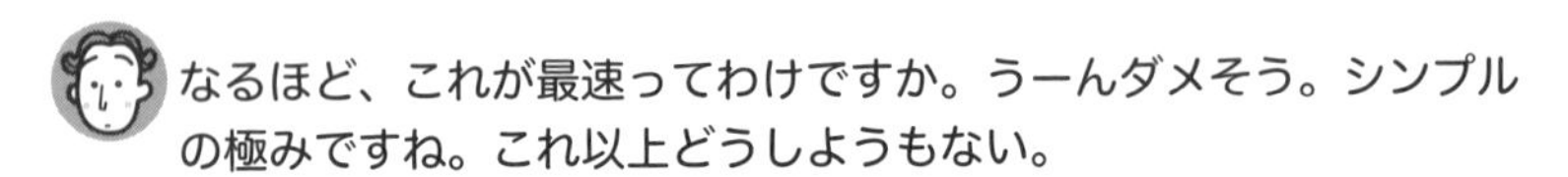
なるほど、これが最速ってわけですか。うーんダメそう。シンプルの極みですね。これ以上どうしようもない。

な？ ワシの言うことがわかるだろう。

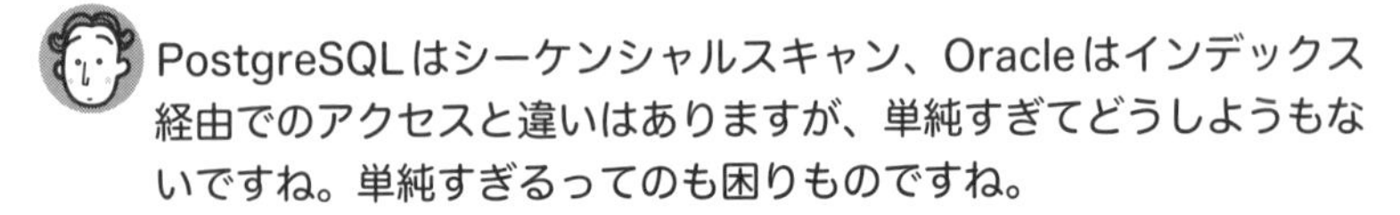
PostgreSQLはシーケンシャルスキャン、Oracleはインデックス経由でのアクセスと違いはありますが、単純すぎてどうしようもないですね。単純すぎるってのも困りものですね。

そうだ。実は高度なSQLのほうが高速化の選択肢は多いのだ。とりあえずテーブルをオンメモリ化してしまうとか、パラレルクエリを使うとか、何も考えずにリソースで殴るような脳死チューニングだってその気になれば可能だ。ワシはそういうリソース頼みの力業をチューニングとは呼びたくないが、とにかく打つ手は残されている。だが実行計画が単純なクエリをループさせているともう打つ手がない。（バンザイしながら）お手上げ、お手上げさ。

WALのしくみとコミットの危険性

ところでCOMMITをループの中に書くのってそんなに駄目なんですか？

COMMITの発行はトランザクションログに対する書き込みを発生させるから、その書き込み処理に対する待機を発生させやすいの注4。そうするとこのコードみたいにループさせたり、複数のトランザクションから多数のCOMMITが実行されたりすると、遅延の原因になるのよ注5。あなた大学でWAL（*Write-Ahead Logging*：ログ先行書き込み）のしくみは習った？

はあ、一応。SQLで更新が発生すると、いきなりデータファイルへ書き込みにいくのではなく、一度メモリ上のログバッファに貯めたあと、まずはトランザクションログファイルに書き込みを行うんですよね（図3-11）。

注4　トランザクションログはOracleとMySQLでは**REDOログ**と呼ばれます。PostgreSQLではWALログと呼ばれることもあります。ログファイルへの書き込みはさまざまなタイミングで行われますが、コミットの発行が最も一般的です。

注5　たとえばOracleではREDOログファイルへの書き込み待機時間は、`log file sync`という待機イベントとして上位に上がってきます。上位の待機イベントはAWRやStatspackのレポートで確認できます。

図3-11 WALのしくみ

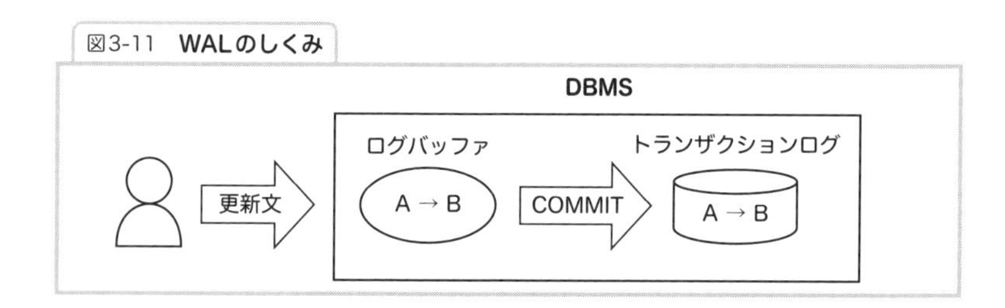

そう。この動作はすべてのDBMS共通よ。患者のコードはWALで使うトランザクションログのI/O競合を発生させる危険なものなわけ。しかも自分だけでなくほかのトランザクションにも迷惑をかけるからやっかいよ。関係ない更新処理が巻き込まれていきなり遅くなったりするからね。いざ遅延が起きたとき、その巻き込まれたほうの処理自体が原因ではなくそっちはただの被害者で、ループ依存症のほうが原因なこともあるから、問題の原因箇所を特定しづらいの。

その場合は何か回避方法はあるのでしょうか。

WALはDBMSの仕様に基づく動作だから、正直なかなか難しいのだけど、まずは応急処置としてCOMMITをループの外に出してコミット間隔を空けることね。これでだいぶI/O負荷は軽減されるはずよ。ただ、コミットの件数をカウントしてログに記録するという業務要件があったりすると、それも難しいときがあるわ。

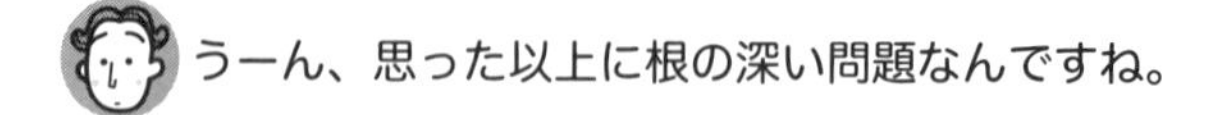
うーん、思った以上に根の深い問題なんですね。

SQLはその名のとおり問い合わせ、すなわちSELECTに主眼が置かれている言語だ。そのため検索を速くする手段は豊富に用意されているが、**更新を速くする手段は乏しい**のだ。せいぜいストレージにI/O性能の良いSSDを使うくらいだな。この点は意外に盲点で、性能設計時点で見過ごされがちだ。特にループ依存症で**大量更新するバッチ処理**があるような業務の場合は要注意だな。みんな性能というとすぐに検索にばかり目を向けがちだが、更新の性能劣化も侮れん。

ストレージを変更するのは、プロジェクト後半になってからでは手遅れですね……あ、クラウドならできないこともないのかな。

クラウドでのストレージのスケールアップだって、タダじゃないからな。(指で円を作りながら)ジェニがかかるんだよ、ジェニが[注6]。エンジニアも金勘定は大事だぞ。コードを書いていればいいだけじゃない。

う、そうか。

ループを使うのは悪いことか

もし、テーブルがファイルで、データがCSV形式で格納されていたとします。その場合、今回考えたような処理を実現するには、ループはほとんど唯一の選択肢です。しかし、RDBにおけるテーブルはファイルではありません。それはむしろ、**雑多なコインが入った財布**みたいなもので、財布の中ではコインは順序付けられて格納されていません。テーブルのレコードには順序がないためです(実際の物理的な格納方法がどうであるかは実装によりますが、少なくともSQLは建前上そういう前提で動作します)。したがって、SQLでは手続き型言語においては基本の考え方である「1レコードずつ順次アクセスする」(**record at a time**)という発想がありません。常に、複数のレコードをまとめて処理しようとします(**set at a time**)。

しかし、SQLのこのような考え方は、手続き型言語のスキーマで育ったエンジニアには特異に感じられます。したがって、SQLをレコードの読み出しに単純化して手続き型言語の側に処理を寄せようとする発想は、自然なものです。そしてこの考えは、一概に悪いものではありません。ロバートが言うように、どちらにも一長一短あるため、よく考える必要があります。それぞれのメリット・デメリットを比較してみましょう。

手続き型言語的な書き方(ループ)のメリット

これまでループに伴うデメリットを見てきましたが、ループ依存症には

注6　クラウドのストレージの料金は、たとえばAWSのサイトを参照。I/O性能が良くなるほど料金も高くなります。
「Amazon EBS の料金」
https://aws.amazon.com/jp/ebs/pricing/

メリットはないのでしょうか。実はいくつかメリットが存在します。それを見てみましょう。

開発メンバーに高度なSQLスキルを要求しない

まず、手続き型言語に業務ロジックを寄せてSQLを簡素にする方法のメリットは、手続き型言語のコーディングさえできれば、誰でもコーディングできることです。開発メンバーにSQLに詳しい人間がいなくても、アプリケーションの品質を担保できます。ループ依存症は、性能問題さえ起きなければ、非常に安上がりで便利な選択肢なのです。扱うデータ量が少ないスモールプロジェクトであれば、問題が顕在化することなく終わるでしょう。

性能が安定する

ループ依存症においては、SQL文が極度に単純化されます。ということは実行計画も単純化されるということです。患者3のコード(リスト3-5)で見たとおりです。すると、実行計画の変動リスクがなくなり、データ量が増えたときにも突然実行計画が変わって大規模な遅延が起きるリスクをほぼゼロにできます。

性能の予測が簡単

実行計画が安定するということは、データ量が増えたときでも実行時間が線形に伸びていくということです。そのため、データ量がどの程度になったらどの程度の実行時間がかかるのかを見積もることが簡単になります。「1回あたり実行時間×ループ回数」で割り出せるからです。

トランザクションを細かく制御できる

患者3のコードではコミットもループの中で行っていました。これの利点は、たとえばバッチ処理が途中でエラーになった場合でも、それまでの更新は完了していることから、途中から処理を再開させられることです。SQL文一発で行う場合はそうはいかず、最初から処理をやり直す必要があります。**オールオアナッシング**です。このような細かいトランザクション制御や、何行まで処理が終わったかをログファイルに書き出すような要件が求められる場合には、ループ依存症も有効な解になります。

手続き型言語的な書き方(ループ)のデメリット

一方、ループ依存症のデメリットは、性能が出ないことに尽きます。本章で見たように、手続き型言語のレイヤを重ねるわけですから、オーバーヘッドが出てしまうことは避けられませんし、SQLを単純化すると、チューニングの手段が非常に限られます。たとえば、患者3のUPDATE文のように単純な更新文というのは、それ自体をチューニングする選択肢はほとんどありません(コミット回数の調節とループのパラレル化ぐらいです)。チューニングの余地がないのは、患者1(リスト3-1)や患者2(リスト3-3)のSQLでも同様です。ループ依存症において、テーブルは巨大なファイルに過ぎず、SQL文はそこから1行ずつ読み出すカーソルに過ぎないのです(**図3-12**)。

図3-12　**テーブルはファイルではない**

company (会社)	year (年)	sale (売上：億)
A	2002	50
A	2003	52
A	2004	55
A	2007	55
B	2001	27
B	2005	28
B	2006	28
B	2009	30
C	2001	40
C	2005	39
C	2006	38
C	2010	35

≠

```
company, year, sale
A, 2002, 50
A, 2003, 52
A, 2004, 55
A, 2007, 55
B, 2001, 27
B, 2005, 28
......
```

ということは、ループ処理が遅延するケースというのは、1回あたりの処理時間は短い処理が積もり積もって遅くなる「チリツモ」型がほとんどであり、これを高速化するにはアプリケーションのロジックに踏み込まなければならないということです。また、アプリケーション層で多くのループを行う場合、実装にもよりますが、アプリケーションサーバのリソースを多く消費することになるでしょう。一般的に、アプリケーションサーバはデータベースサーバよりも貧弱なリソースしか持っていないことが多いため、システムの中の「弱い環」に高い負荷をかけてしまうことになりがちで、リソース上限にあたって性能が頭打ちになることがあります。これもループ依存症の欠点の一つです[注7]。

SQLにビジネスロジックを寄せる場合のメリット・デメリット

一方、SQLに業務ロジックを寄せる場合は、その長所短所は裏返しです。SQLで記述することのメリットはパフォーマンスにあります。手続き型言語でビジネスロジックを実装する場合よりもレイヤが1つ少ない分、オーバーヘッドが減りますし、SQLはチューニングポテンシャルの高い言語で、性能改善の選択肢が豊富です。DBMSの進歩は日進月歩で、せっかくベンダーが日夜取り組んでいるSQL高速化の恩恵をあえて受けないというのも、損な話です。

デメリットは、複雑な処理をSQL単体で実現しようとすると、時にSQLがたいへん長大で読みにくいものになることです。SQLは手続き型言語と違って**モジュール分割はできません**。たとえば32段の分岐を持ったSQLというのは、読むに堪えない代物になるでしょう。また、SQLというのはコーディングする人間のレベル差がかなり顕著に出る言語です。SQLにビジネスロジックを組み込むと、品質水準にバラつきが生じるリスクを負うことになります。残念なことに、SQLはコッドが期待したほど誰もが話せる言語にはならなかったのです（本書の目的は少しでもその間隙を埋めることにあるのですが）。

注7 OracleのPL/SQLのようなストアドプロシージャでループ処理をする場合は、データベースサーバのCPUやメモリを使用し、SQL文のネットワーク転送オーバーヘッドもなくなるため、アプリケーションサーバでの実行に比べれば、性能的なリスクは軽減されます。しかしJavaやPythonなどに比べると開発環境が貧弱だったりデバッグが難しかったり、ビジネスロジックを分散させることによって見通しが悪くなったり、構文がバラバラなためマイグレーション時にロックイン問題を引き起こしたりといろいろデメリットがあるため、あまり利用されることはありません。この点は第5章で再度検討します。

トレードオフを考える

このように、業務ロジックをアプリケーションとSQLのどちらにどのように配分するか、という問題には常にトレードオフが存在しており、最適解はそれぞれの開発プロジェクトの事情によって変わってきます。冒頭でワイリーが体を張って(?)、治療を止めようとしていましたが、ループ依存症が正解になるケースもあるのです。

ただ、一つ言えることは、**武器は多いほうが良い**ということです。どちらか一方しか選択できない場合、それがダメだった場合に進退窮まります。状況に応じて選択肢を切り替えられる引き出しの多さとアタマの柔軟さ、そして決断する勇気が、優れたエンジニアに求められる資質ではないでしょうか。

金槌しか持たない者にはすべての問題が釘に見えてくる。
——アブラハム・ハロルド・マズロー(アメリカの心理学者)

N+1問題

ループ依存症と切っても切り離せないのが「N+1問題」と呼ばれているものです。これは、O/Rマッパーやフレームワーク(PHPのLaravelなど)を使ったときに起きる現象で、

- まずひとつのテーブルから対象となるN件のレコードを読み出す(1回)
- 別のテーブルから先ほど読み出したN件のレコードに紐付くレコードを1行ずつ読み出す

というやり方で、結合を代用する処理方式のことです。全部でN+1回のSQLを実行することから付いた名前で、1+N問題と書いたほうがわかりやすいかもしれません。SQL側で結合してしまえば圧倒的に高速なのですが、手続き型言語のrecord at a timeの考え方で実装するとこういう処理方式になってしまいます。データ件数が少ないうちは遅延もなく気付かれないのですが、データ量に比例して遅延していくため、運用中にデータが溜まっていくと徐々に遅延が明らかになっていきます。ループ依存症の亜種ともいうべき、非常にやっかいな問題です。

解決方法は、一つはSQL側に処理を寄せること、もう一つはEager Loadingといって結合する必要のあるデータを最初に複数のテーブルから取得してアプリケーション側で結合処理を行うというものです。パフォーマンス的には前者が優れているのですが、どちらを採用するかはプロジェクト事情にもよるでしょう。

まとめ

- テーブルをファイルに見立てて1行ずつホスト言語でループさせる処理をループ依存症という
- ループ依存症はパフォーマンスにおいてSQL一発で実行する処理方式にまったく敵わない
- SQLを使うときは常にレコードの集合という観点からコーディングを行うべき
- ただしループにビジネスロジックを寄せる書き方にも利点はあり、特に性能が安定するのは大きなメリットでもある。扱うデータ量が少ない場合はSQLをループさせても問題が顕在化しないこともあり、常にトレードオフを考慮したケースバイケースの設計が重要となる

演習問題

解答382ページ

演習3-1

SQLにビジネスロジックを寄せた場合のコードでは、DBMSのさまざまなパフォーマンス改善手段の恩恵を受けることができます。その一つであるパラレルクエリについて、Oracle、SQL Server、Db2、MySQL、PostgreSQLにおけるサポート状況を調べてください。

演習3-2

もう一つのパフォーマンス改善手段であるパーティションについて、Oracle、SQL Server、Db2、MySQL、PostgreSQLにおけるサポート状況を調べてください。

第4章

スーパーソルジャー病

すべての問題をやみくもに
コーディングで解くべからず

本章で学ぶ内容

SQLに慣れてきてCASE式やウィンドウ関数の使い方を覚えると、なんでもSQLでできるような気がしてきてコーディングが楽しくなってきます。難しい問題を高度な機能を駆使して解くのはそれ自体楽しい作業で、プログラマーとしての充実感を得られる体験ですが、ともすると何でもかんでもSQLで解きたくなり、全体最適を損ねてしまう場合があります。本章では、そのようなコーディング中毒に陥らないようにどこに気を付ければよいかポイントを学習します。

Keep It Simple, Stupid.（シンプルにしておけ、この馬鹿）

——KISSの原則

（11:00 休憩室。ワイリーとヘレンが話している）

（写真を見ながら）ほ、ほんとうだ。毛がある。フサフサだ。生まれてからずっとあのいかめしい顔だと思ってたのに！

どんな人間よ、それ。ロバートにだってピーピー泣いてた子ども時代があるわ。噂じゃ、若いころはけっこう線が細くて大人しかったそうよ。あなたみたいに。

縁起でもないこと言わないでください。僕は禿げません。絶対に。毎日ちゃんとケアしてますから。

いやー、あなたの髪質細いから案外年とったらロバートみたいに……。

（ロバートが休憩室のドアを開けて首を出す）

おい、ここにいたのか。本日1人目の患者が到着したぞ。早く支度しろ。

ああ、はい。エヘヘ。

はいはい、ウフフ。

なんだ……？ 気味の悪い連中だな。人の顔じろじろ見て。

（ロバートの肩を押しながら）いえ、何でもありません。ささ、早く行きましょ。患者を待たせちゃ失礼ですよ。

SQLで解くか否か、それが問題だ。

これがカルテです。

カルテ1 **リスト4-1**、**リスト4-2**のような2つのテーブルOrders（注文）とOrderReceipts（注文明細）を考える。この2つのテーブルは、お中元の受け付けと配送を管理するためのものである。Ordersテーブルの1レコードが注文1件に対応し、OrderReceiptsはその注文内の商品単位で1レコードになっている。したがって、OrdersとOrderReceiptsは一対多の関係にある。

今、注文ごとに受付日（order_date）と商品の配送予定日（delivery_date）の差を求めて、それが**3日**以上ある場合は注文者に遅くなる旨の連絡を送りたい。さて、どの注文番号が該当するか、求めてほしい。

リスト4-1　**注文テーブル**

```
CREATE TABLE Orders
( order_id   INTEGER     NOT NULL,
  order_shop VARCHAR(32) NOT NULL,
  order_name VARCHAR(32) NOT NULL,
  order_date DATE,
    CONSTRAINT pk_Orders PRIMARY KEY (order_id));
```

Orders:注文テーブル　order_id:注文番号　order_shop:受付店舗　order_name:注文者名義　order_date受付日

リスト4-2 **注文明細テーブル**

```
CREATE TABLE OrderReceipts
( order_id          INTEGER     NOT NULL,
  order_receipt_id  INTEGER     NOT NULL,
  item_group        VARCHAR(32) NOT NULL,
  delivery_date     DATE        NOT NULL,
    CONSTRAINT pk_OrderReceipts PRIMARY KEY (order_id, order_receipt_id),
    CONSTRAINT fk_OrderReceipts FOREIGN KEY (order_id)
                                REFERENCES Orders(order_id));
```

OrderReceipts:注文明細テーブル order_id:注文番号 order_receipt_id:注文明細番号
item_group:品目 delivery_date:配送予定日

Orders

order_id (注文番号)	order_shop (受付店舗)	order_name (注文者名義)	order_date (受付日)
10000	東京	後藤信二	2024-08-22
10001	埼玉	佐原商店	2024-09-01
10002	千葉	水原陽子	2024-09-20
10003	山形	加地健太郎	2024-08-05
10004	青森	相原酒店	2024-08-22
10005	長野	宮元雄介	2024-08-29

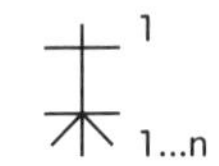

OrderReceipts

order_id (注文番号)	order_receipt_id (注文明細番号)	item_group (品目)	delivery_date (配送予定日)
10000	1	食器	2024-08-24
10000	2	菓子詰め合わせ	2024-08-25
10000	3	牛肉	2024-08-26
10001	1	魚介類	2024-09-04
10002	1	菓子詰め合わせ	2024-09-22
10002	2	調味料セット	2024-09-22
10003	1	米	2024-08-06
10003	2	牛肉	2024-08-10
10003	3	食器	2024-08-10
10004	1	野菜	2024-08-23
10005	1	飲料水	2024-08-30
10005	2	菓子詰め合わせ	2024-08-30

レベルの異なる情報を結合する方法

1つの注文に複数の商品が含まれる可能性があるから、Ordersテーブルと OrderReceiptsテーブルは一対多の関係になっているわけですね。今、受付日(order_date)と配送予定日(delivery_date)の関係を知りたいのだけど、それぞれ別のテーブルの列だから、結合を使わざるを得ないですね。

基本的な考え方はそれでいいわ。結合すれば、商品単位で受付日と配送予定日を表すレコードが得られる。そのあとはどうするかしら？

あとは、受付日と配送予定日の差を求めればいいから。あれ、エラーになった(**リスト4-3、図4-1**)[注1]。

リスト4-3　**ワイリーの解：WHERE句に間違いあり**

```
SELECT O.order_id,
       O.order_name,
       ORC.delivery_date - O.order_date AS diff_days
  FROM Orders O
       INNER JOIN OrderReceipts ORC
          ON O.order_id = ORC.order_id
 WHERE diff_days >= 3;
```

図4-1　**エラー(PostgreSQL)**

```
列"diff_days"は存在しません。行 7:  WHERE diff_days >= 3;
```

……。

おっかしいなあ。このDBMSバグってませんか？

思いどおりにいかないと道具のせいにするのは素人の常だが、現実にはプログラマーの頭がバグっている可能性のほうがはるかに高い。これは統計学的に証明されている。**疑うのなら自分の頭を先に疑え。**

注1　このエラーメッセージはPostgreSQLのものですが、ほかのDBMSでもこのSELECT文は同様のエラーになります。

SQL文の解釈順序にご注意

このSQL文は、どんなDBMSでもエラーになります。理由は、SELECT句はSQL文の中で最後のほうで評価される句であるため、WHERE句の評価時にはまだ`diff_days`という列名は存在していないからです。この列名が存在しはじめるのは、SQLの評価における最後の段階においてです。

SQL文の各句が評価される順序を次に示します。

- FROM→WHERE→GROUP BY→HAVING→SELECT→ORDER BY

このように、WHERE句はSELECT句より先に評価が行われるため、SELECT句で付けられた列の別名を参照できません。これと同様のことが、GROUP BY句やHAVING句とSELECT句との間にも成立します。GROUP BY句やHAVING句もSELECT句より前に評価が行われるため、やはりSELECT句で付けられた列の別名を参照できないのです[注2]。

集約の単位には気を付けよう

ああ、本当だ。こう直したら動きました(リスト4-4、図4-2)[注3]。

リスト4-4　**ワイリーの解：修正版**

```
SELECT O.order_id,
       O.order_name,
       ORC.delivery_date - O.order_date AS diff_days
  FROM Orders O
       INNER JOIN OrderReceipts ORC
          ON O.order_id = ORC.order_id
 WHERE ORC.delivery_date - O.order_date >= 3;
```

注2　PostgreSQLとMySQLとOracleは独自実装によって、SELECT句で付けた列の別名をGROUP BY句、HAVING句で参照できます。これを利用したテクニックが序章で見たCASE式の列をSELECT句で作るものです(19ページ参照)。

注3　かなり細かい話ですが、修正したSQLのWHERE句の条件は`ORC.delivery_date - O.order_date >= 3`よりも`ORC.delivery_date >= O.order_date + 3`のほうが意味は同じですが性能的には優れています。理由は`delivery_date`列にインデックスがある場合に利用できるからです。

図4-2 **実行結果**

```
order_id | order_name | diff_days
----------+------------+----------
    10000 | 後藤信二   |         3
    10000 | 後藤信二   |         4
    10001 | 佐原商店   |         3
    10003 | 加地健太郎 |         5
    10003 | 加地健太郎 |         5
```

これでOKね。ちょっと細かい補足をすると、SQL Serverでは日付に対してマイナス演算子が使えないから、DATEDIFF関数を使って以下のように書く必要があるわ(**リスト4-5**)。

リスト4-5 **SQL Serverでの日付の減算**

```
SELECT O.order_id,
       O.order_name,
       DATEDIFF(DAY, O.order_date, ORC.delivery_date) AS diff_days
  FROM Orders O
       INNER JOIN OrderReceipts ORC
          ON O.order_id = ORC.order_id
 WHERE CAST(DATEDIFF(DAY, O.order_date, ORC.delivery_date) AS INTEGER) >=  3;
```

もしここから注文番号ごとの最大の遅延日数に絞り込みたければ、注文番号ごとに集約すればいいわ。

でもそれをやると、せっかく今は結果に含められている注文者名義の列を外さなくてはならないのでは？

もし注文番号と注文者名義が一対一に対応しないのならそのとおりよ。でも一対一に対応する場合は、注文者名義にも集約関数を使うことで結果に残すことができるわ(**リスト4-6、図4-3**)。

リスト4-6 **ヘレンの解：MAX関数を使う**

```
SELECT O.order_id,
       MAX(O.order_name),
       MAX(ORC.delivery_date - O.order_date) AS max_diff_days
  FROM Orders O
       INNER JOIN OrderReceipts ORC
          ON O.order_id = ORC.order_id
 WHERE ORC.delivery_date - O.order_date >= 3
 GROUP BY O.order_id;
```

図4-3 実行結果

```
order_id |     max      | max_diff_days
---------+-------------+--------------
   10000 | 後藤信二    |             4
   10001 | 佐原商店    |             3
   10003 | 加地健太郎  |             5
```

GROUP BY句を使った場合、SELECT句に書くことのできる要素は次の3つに限られます。

- 定数
- GROUP BY句で使用されている集約キー
- 集約関数(SUM、AVG、MAX/MINなど)

今、order_name列はもちろん定数ではありませんし、GROUP BY句でも使われていません。そのため、そのままこれをSELECT句に書いてしまうとエラーになります。それを防ぐためには、3番目の選択肢である「集約関数」の形で書いてやればよい、ということになります。ここでのMAX関数は別に最大値を求めるために使っているわけではなく、ある意味で、エラーを防ぐための便宜的措置です。MAX/MIN関数は数値型に限らず**順序のあるあらゆるデータ型**に適用できるため、こういうときに重宝します。

なお、order_idとorder_nameが結局のところ一対一に対応する、という点から考えれば、GROUP BY句にorder_name列を含めてGROUP BY order_id, order_nameとする解決策もあります。こうすれば、order_nameは「GROUP BY句で使用されている集約キー」のカテゴリに入るため、MAX関数なしで裸でSELECT句に書くことができます。

モデル変更で解く方法

うむ。これでいいだろう。今考えたSQLがこの問題に対する解の一つだ。だがこれが、この問題に対する最適解かどうかには疑問がある。

もっとうまいSQL文の書き方があるってことですか？

いいや。この問題は「**SQLに頼らない**」ことが解になる可能性がある、

ということだ。お前の考えた解は、現状のテーブル構成は変更不可能であることを前提として、SQLで解決する方法だ。しかし、このやり方を採ろうとすると、結合や集約を含んだSQLになり、検索処理にかかるコストが高くなりがちだ。結合は実行計画の変動リスクを負うことで、性能を不安定にさせる要因でもある[注4]。論より証拠、先ほどのクエリの実行計画を見てみよう。

はい、ただいま(図4-4、図4-5)。

図4-4　ヘレンの解の実行計画(PostgreSQL)

```
                              QUERY PLAN
--------------------------------------------------------------
HashAggregate  (cost=2.34..2.38 rows=4 width=40)
  Group Key: o.order_id
  ->  Hash Join  (cost=1.14..2.30 rows=4 width=25)
        Hash Cond: (orc.order_id = o.order_id)
        Join Filter: ((orc.delivery_date - o.order_date) >= 3)
        ->  Seq Scan on orderreceipts orc
             (cost=0.00..1.12 rows=12 width=8)
        ->  Hash  (cost=1.06..1.06 rows=6 width=21)
              ->  Seq Scan on orders o
                   (cost=0.00..1.06 rows=6 width=21)
```

図4-5　ヘレンの解の実行計画(Oracle)

```
-----------------------------------------------------------------------------------
| Id  | Operation           | Name          | Rows  | Bytes | Cost (%CPU)| Time     |
-----------------------------------------------------------------------------------
|   0 | SELECT STATEMENT    |               |     1 |    46 |     5  (20)| 00:00:01 |
|   1 |  HASH GROUP BY      |               |     1 |    46 |     5  (20)| 00:00:01 |
|*  2 |   HASH JOIN         |               |     1 |    46 |     4   (0)| 00:00:01 |
|   3 |    TABLE ACCESS FULL| ORDERS        |     6 |   192 |     2   (0)| 00:00:01 |
|   4 |    TABLE ACCESS FULL| ORDERRECEIPTS |    12 |   168 |     2   (0)| 00:00:01 |
-----------------------------------------------------------------------------------

Predicate Information (identified by operation id):
---------------------------------------------------

   2 - access("O"."ORDER_ID"="ORC"."ORDER_ID")
       filter("ORC"."DELIVERY_DATE"-"O"."ORDER_DATE">=3)
```

注4　結合のアルゴリズムにはNested Loops、Hash、Sort Mergeの3つがあり、データ量やインデックスの有無をもとに決定されます。したがってデータ量が増えると結合アルゴリズムが変わって突如性能が劣化することがあります。

どちらもハッシュ結合とそれに伴うテーブルスキャンが2回発生していますね。

うむ。テーブルが大きくなってくるとこれがコスト高の要因となる。だが次のように、配送が遅れる可能性のある注文のレコードに対してフラグを立てる列を`Orders`テーブルに追加すれば、検索クエリはこのフラグだけを条件にすることが可能になるためずっとシンプルになる（図4-6）。フラグが`1`なら配送遅延あり、`0`なら遅延なしを意味する。

図4-6 Ordersテーブルに配送遅延フラグを追加

Orders

フラグ列の追加

order_id（注文番号）	order_shop（受付店舗）	order_name（注文者名義）	order_date（受付日）	del_late_flg（配送遅延フラグ）
10000	東京	後藤信二	2024-08-22	1
10001	埼玉	佐原商店	2024-09-01	1
10002	千葉	水原陽子	2024-09-20	0
10003	山形	加地健太郎	2024-08-05	1
10004	青森	相原酒店	2024-08-22	0
10005	長野	宮元雄介	2024-08-29	0

（手をたたきながら）これはコロンブスの卵ですね。たしかにこのフラグがあれば、検索のSQL文も簡単で、全然悩む必要がなくなる。

お前はこの患者を見たとき、ほとんど反射的にSELECT文を考え始めたな。だがそれは性急過ぎる態度だ。問題を解決する手段はコーディングだけではないのに、プログラマーはともすると、常に一つの方法に頼ろうとする。ワシはこれを**スーパーソルジャー病**と名付けた。視野狭窄の一種だ。

耳の痛い言葉です……。最近ちょっとSQLが書けるようになってきて、問題を解くのが楽しくなってきたところだったんです。

それはあなたの成長でもあるから、けっして悪いことではないわ。

でも、そろそろもう一歩高い視点から見るようになっていいころね。

モデルを変更するときの注意点

複雑なクエリに頭をひねらなくてよいという点で、たしかにモデル変更は優れた解決策です。ただし、その注意点を3つ解説しておきましょう。採用するか否かを検討する際の観点として利用してください。

更新コストが高まる

この方法では、当然のことですがOrdersテーブルの配送遅延フラグ列に値を入れる処理が必要になるため、**検索の負荷を更新に押し付ける**格好になります。

もし、Ordersテーブルへのレコード登録時にすでにフラグの値が決まっているのならば、INSERT処理の中に吸収できるので更新コストはほとんど上がりません。しかし、登録時にはまだ個別の商品の配送予定日が決まっていないこともあるでしょう(現実の業務を考えると、むしろそのほうが多いかもしれません)。そういうケースでは、あとでフラグ列をUPDATEする必要があるため、更新コストが高くなります。

更新までのタイムラグが発生する

この方法には、データの**リアルタイム性**という問題が発生します。配送予定日が注文の登録後に更新されるケースでは、Ordersテーブルの配送遅延フラグ列と、OrderReceiptsテーブルの配送予定日の列との間で同期が取れていない時間帯が生まれます(**図4-7**)。特に夜間バッチ更新などでフラグ列を一括更新するような非同期処理では、タイムラグが大きくなります。このタイムラグをどの程度許容できるかどうか、やはり業務要件と付き合わせて検討する必要があります。

図4-7　更新のタイムラグ

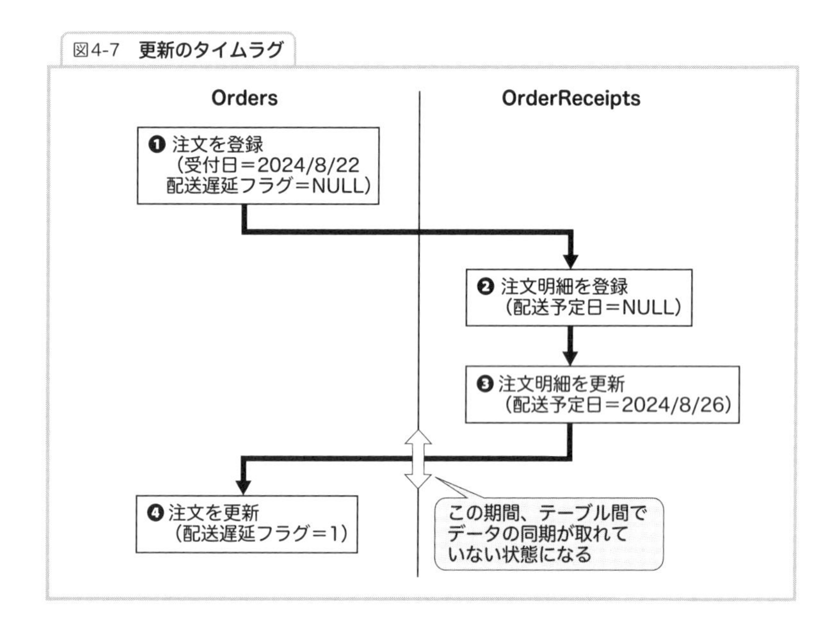

モデル変更のコストが発生する

データモデルの変更は、コードベースの修正に比べて手戻りが大きくなります。変更対象のテーブルを使用するほかの処理に対する副作用も発生する可能性があるため、開発の後半に入ってからのモデル変更は大きなリスクがあります。モデリングというのは事前にあらゆる要因を想定しておかないと、あとになってから問題を引き起こすことが多いのです。

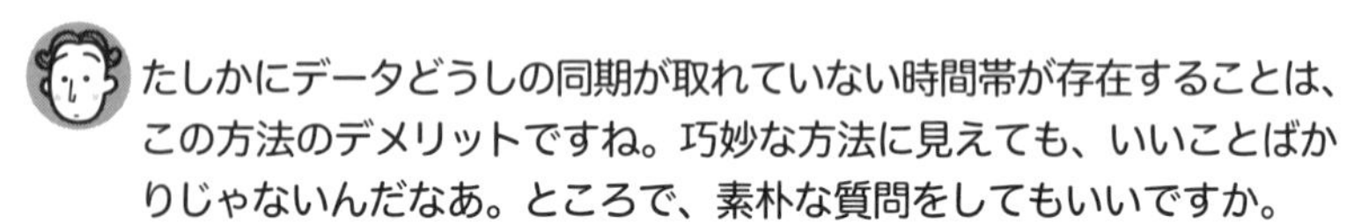

たしかにデータどうしの同期が取れていない時間帯が存在することは、この方法のデメリットですね。巧妙な方法に見えても、いいことばかりじゃないんだなあ。ところで、素朴な質問をしてもいいですか。

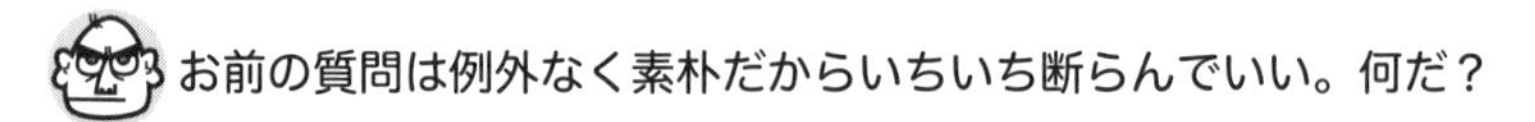

お前の質問は例外なく素朴だからいちいち断らんでいい。何だ？

どうも……。いや、図4-7のシーケンス図における「❸明細更新」と「❹注文更新」の間隔をどんどん短くしたら、このデータ不整合の問題は解決しないのでしょうか。極端な話、❸と❹を同一トランザクションで処理するようにしたらいいんじゃないかな、と。

解決するさ。トランザクションというのはそのように処理の同期を取りたい単位で設定するものだからな。しかし、それはさっきも言ったように性能とのトレードオフ、交換条件だ。❹の更新処理がオンライン中にジャンジャン発生しても性能要件を満たせるのならその方法もありだし、そのせいでオンラインの処理が遅延するようでは話にならん。すべてはバランスしだいだな。

あちらを立てればこちらが立たず、というやつですね。

あちらとこちらが両立するような平衡点を探すのが、エンジニアの本当の仕事よ。コーディングや設計は、そのための実現手段に過ぎないわ。

うーむ。ヘレン先生の言葉にはいつもながら含蓄がありますね。

ワシの言葉にはないのか、ん？

（手を振りながら）いやもちろん先生の言葉にも感服してますです、はい。

注文ごとの件数を求める

もう一つ、スーパーソルジャー病にかかりやすいケースを類題で見ておくとしよう。次のような患者がいると想定する。

カルテ2　先ほどの２つのテーブル`Orders`（注文）と`OrderReceipts`（注文明細）を再び利用する（**図4-8**）。今度は、注文番号ごとに何品注文されているかを取得したい。結果に含める列は次のとおりとする。

{注文番号, 注文者名義, 受付日, 商品数}

図4-8　注文明細テーブル(再掲)

Orders

order_id (注文番号)	order_shop (受付店舗)	order_name (注文者名義)	order_date (受付日)
10000	東京	後藤信二	2024-08-22
10001	埼玉	佐原商店	2024-09-01
10002	千葉	水原陽子	2024-09-20
10003	山形	加地健太郎	2024-08-05
10004	青森	相原酒店	2024-08-22
10005	長野	宮元雄介	2024-08-29

1

1...n

OrderReceipts

order_id (注文番号)	order_receipt_id (注文明細番号)	item_group (品目)	delivery_date (配送予定日)
10000	1	食器	2024-08-24
10000	2	菓子詰め合わせ	2024-08-25
10000	3	牛肉	2024-08-26
10001	1	魚介類	2024-09-04
10002	1	菓子詰め合わせ	2024-09-22
10002	2	調味料セット	2024-09-22
10003	1	米	2024-08-06
10003	2	牛肉	2024-08-10
10003	3	食器	2024-08-10
10004	1	野菜	2024-08-23
10005	1	飲料水	2024-08-30
10005	2	菓子詰め合わせ	2024-08-30

再び、SQLで解くなら

商品の数はOrderReceiptsテーブルのほうを注文番号別にカウントする必要がある。一方で注文者名義や受付日はOrdersテーブルを

参照しなければならない。これもやはり素直に解くのなら、結合と集約が必要になりますね。

集約について注意が必要なのは、注文番号をキーにGROUP BY句を使うと、結果のレコードが注文番号単位に集約されるので、注文者名義などの情報は結果に含められないことよ。こういう場合はどうするんだった？

……わかった！ さっきと同じで、MAX関数をかぶせればいいんですね（**リスト4-7**、**図4-9**）。

リスト4-7 **ワイリーの解：MAX関数を使う**

```
SELECT O.order_id,
       MAX(O.order_name) AS order_name,
       MAX(O.order_date) AS order_date,
       COUNT(*) AS item_count
  FROM Orders O
       INNER JOIN OrderReceipts ORC
       ON O.order_id = ORC.order_id
GROUP BY O.order_id;
```

図4-9 **実行結果**

```
 order_id | order_name | order_date | item_count
----------+------------+------------+------------
    10000 | 後藤信二   | 2011-08-22 |          3
    10001 | 佐原商店   | 2011-09-01 |          1
    10002 | 水原陽子   | 2011-09-20 |          2
    10003 | 加地健太郎 | 2011-08-05 |          3
    10004 | 相原酒店   | 2011-08-22 |          1
    10005 | 宮元雄介   | 2011-08-29 |          2
```

それでいいわ。もう一つのやり方としては、ウィンドウ関数を使うものもあるわ（**リスト4-8**、**図4-10**）。

リスト4-8 **ヘレンの解：ウィンドウ関数を使う**

```
SELECT DISTINCT O.order_id, O.order_name, O.order_date,
       COUNT(*) OVER (PARTITION BY O.order_id) AS item_count
  FROM Orders O
       INNER JOIN OrderReceipts ORC
       ON O.order_id = ORC.order_id;
```

図4-10 実行結果

```
order_id | order_name | order_date | item_count
----------+-----------+-----------+------------
   10000 | 後藤信二   | 2011-08-22 |          3
   10001 | 佐原商店   | 2011-09-01 |          1
   10002 | 水原陽子   | 2011-09-20 |          2
   10003 | 加地健太郎 | 2011-08-05 |          3
   10004 | 相原酒店   | 2011-08-22 |          1
   10005 | 宮元雄介   | 2011-08-29 |          2
```

そっか、ウィンドウの定義でPARTITION BY句だけ使うというのもありなんですね。必ずしもORDER BY句はいらないんだっけ。

そうね、構文上は別になくてもいいわ。何ならPARTITION BYだってオプション扱いだから、OVER () なんてウィンドウも定義できるわ。この場合は、テーブル全体が一つのパーティションという扱いになるの。GROUP BY句のない集約と同じね。

あとは実行計画の違いか。よし調べてみよう(図4-11、図4-12)。

図4-11 集約関数の実行計画(PostgreSQL)

```
                    QUERY PLAN
---------------------------------------------------------
 HashAggregate  (cost=2.43..2.49 rows=6 width=48)
   Group Key: o.order_id
   ->  Hash Join  (cost=1.14..2.31 rows=12 width=21)
         Hash Cond: (orc.order_id = o.order_id)
         ->  Seq Scan on orderreceipts orc
                (cost=0.00..1.12 rows=12 width=4)
         ->  Hash  (cost=1.06..1.06 rows=6 width=21)
               ->  Seq Scan on orders o
                      (cost=0.00..1.06 rows=6 width=21)
```

図4-12 集約関数の実行計画(Oracle)

```
--------------------------------------------------------------------------------------
| Id  | Operation            | Name          | Rows  | Bytes | Cost (%CPU)| Time     |
--------------------------------------------------------------------------------------
|   0 | SELECT STATEMENT     |               |     6 |   348 |     5  (20)| 00:00:01 |
|*  1 |  HASH JOIN           |               |     6 |   348 |     5  (20)| 00:00:01 |
|   2 |   VIEW               | VW_GBF_5      |     6 |   156 |     3  (34)| 00:00:01 |
|   3 |    HASH GROUP BY     |               |     6 |    30 |     3  (34)| 00:00:01 |
|   4 |     TABLE ACCESS FULL| ORDERRECEIPTS |    12 |    60 |     2   (0)| 00:00:01 |
```

```
|   5 |   TABLE ACCESS FULL  | ORDERS        |     6 |   192 |     2   (0)| 00:00:01 |
--------------------------------------------------------------------------------------

Predicate Information (identified by operation id):
---------------------------------------------------

   1 - access("O"."ORDER_ID"="ITEM_1")
```

PostgreSQLとOracle、両方ともハッシュ結合ですね。テーブルサイズが小さいから今は気にするほどではないですけど、OrderReceiptsテーブルサイズが大きくなったらどうなりますかね？

おそらく主キーorder_idのインデックスを使ったNested Loopsになると思うわ。それもけっして遅いプランではないわ。

ウィンドウ関数のほうはどんな実行計画だろう(図4-13、図4-14)。

図4-13　ウィンドウ関数の実行計画(PostgreSQL)

```
                              QUERY PLAN
--------------------------------------------------------------------------------
 HashAggregate  (cost=2.85..2.91 rows=6 width=29)
   Group Key: o.order_id, o.order_name, o.order_date, count(*) OVER (?)
   ->  WindowAgg  (cost=2.52..2.73 rows=12 width=29)
         ->  Sort  (cost=2.52..2.55 rows=12 width=21)
               Sort Key: o.order_id
               ->  Hash Join  (cost=1.14..2.31 rows=12 width=21)
                     Hash Cond: (orc.order_id = o.order_id)
                     ->  Seq Scan on orderreceipts orc
                            (cost=0.00..1.12 rows=12 width=4)
                     ->  Hash  (cost=1.06..1.06 rows=6 width=21)
                           ->  Seq Scan on orders o
                                  (cost=0.00..1.06 rows=6 width=21)
```

図4-14　ウィンドウ関数の実行計画(Oracle)

```
--------------------------------------------------------------------------------------
| Id  | Operation            | Name          | Rows  | Bytes | Cost (%CPU)| Time     |
--------------------------------------------------------------------------------------
|   0 | SELECT STATEMENT     |               |     6 |   222 |     6  (34)| 00:00:01 |
|   1 |  HASH UNIQUE         |               |     6 |   222 |     6  (34)| 00:00:01 |
|   2 |   WINDOW SORT        |               |     6 |   222 |     6  (34)| 00:00:01 |
|*  3 |    HASH JOIN         |               |    12 |   444 |     4   (0)| 00:00:01 |
|   4 |     TABLE ACCESS FULL| ORDERS        |     6 |   192 |     2   (0)| 00:00:01 |
|   5 |     TABLE ACCESS FULL| ORDERRECEIPTS |    12 |    60 |     2   (0)| 00:00:01 |
```

```
--------------------------------------------------------------------------------

Predicate Information (identified by operation id):
---------------------------------------------------

   3 - access("O"."ORDER_ID"="ORC"."ORDER_ID")
```

ウィンドウ関数のほうは、ハッシュ結合とソートか。集約とウィンドウ関数とで大した違いはなさそうですね。

ワイリーの解(集約関数)とヘレンの解(ウィンドウ関数)は、どちらも実行コストはほとんど同じです。実行計画も非常に近いものになりました。そのため、どちらのほうがより優れたコードかは、別の観点から判断する必要があります。この場合、ウィンドウ関数のほうが、よりやりたいことを素直に表現している(可読性)ことと、注文番号ではなく商品別に結果を出力したい場合にも対応できる(拡張性)ことの2点から、より好ましいと言えるでしょう。

モデル変更で解く方法

SQLによる解はこのぐらいでいいだろう。ではさっきと同じように、一歩身を引いて考えてみるとしよう。ソルジャーではなく指揮官になれ。コーディングから距離を取ると、どのような別解がある？

そうですね……やはりOrdersテーブルに「商品数」の情報を列として持つよう、モデルを変更するのがいいと思います(図4-15)。商品数は、普通は注文の登録時に判明しているはずです。だから、Ordersテーブルへの INSERT 文で吸収することが可能だと思います。

図4-15　Ordersテーブルのレイアウト変更

Orders（商品数を追加）

商品数は登録時にわかる

order_id（注文番号）	order_shop（受付店舗）	order_name（注文者名義）	order_date（受付日）	item_count（商品数）
10000	東京	後藤信二	2024-08-22	3
10001	埼玉	佐原商店	2024-09-01	1
10002	千葉	水原陽子	2024-09-20	2
10003	山形	加地健太郎	2024-08-05	3
10004	青森	相原酒店	2024-08-22	1
10005	長野	宮元雄介	2024-08-29	2

うむ。Ordersテーブルが最初からこういう定義であったなら、SQLで迷う者はおるまい。まさにバカに優しい設計、フールプルーフだな。

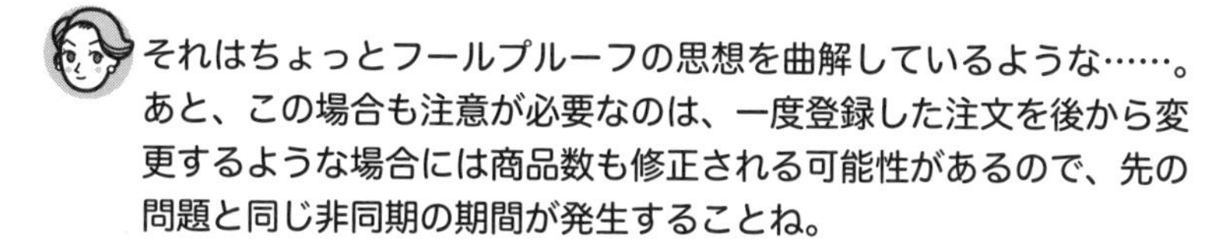

それはちょっとフールプルーフの思想を曲解しているような……。あと、この場合も注意が必要なのは、一度登録した注文を後から変更するような場合には商品数も修正される可能性があるので、先の問題と同じ非同期の期間が発生することね。

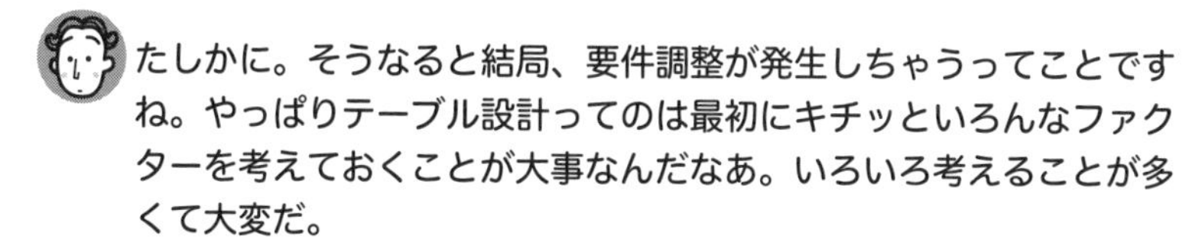

たしかに。そうなると結局、要件調整が発生しちゃうってことですね。やっぱりテーブル設計ってのは最初にキチッといろんなファクターを考えておくことが大事なんだなあ。いろいろ考えることが多くて大変だ。

さまざまな業務要件を調整しながらきれいなモデルを作ることのできるエンジニアはとても希少だから、どこでも重宝されるわ。あなたもSQLだけじゃなくモデリングもよく勉強しておくことね。コーディングだけが能じゃない。リレーショナルデータベースが存在する限り、一生の武器になるわ。

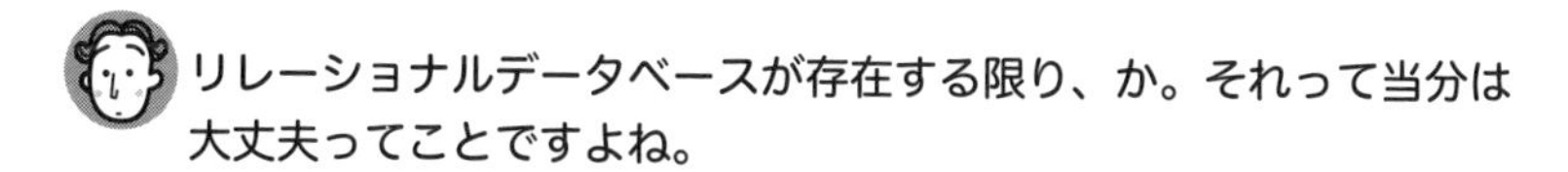

リレーショナルデータベースが存在する限り、か。それって当分は大丈夫ってことですよね。

まあリレーショナルデータベースの牙城を脅かすような代替のデー

タベースは今のところ見えないわね。過去にはいろいろなデータベースからの挑戦を受けたのだけど、結局リレーショナルデータベースを置き換えるようなものはなかったわ[注5]。むしろ最近では**NewSQL**といって、SQLインタフェースを持ちながら従来難しかったスケールアウトも可能なRDBの製品にも有力なものが出てきて、ますますいろいろな領域で使われる可能性が広がりつつあるわ[注6]。

属性を見抜く力

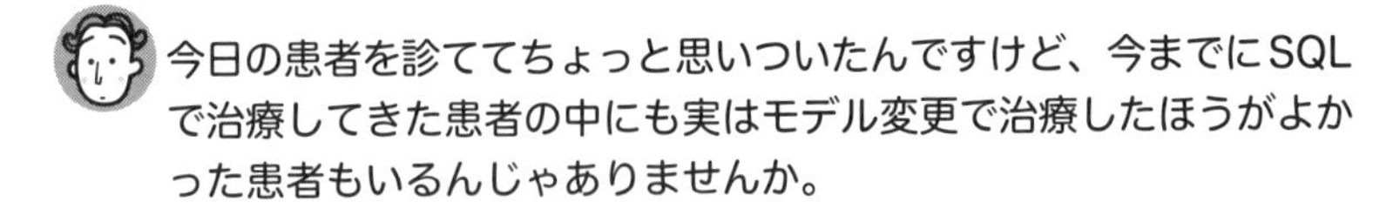
今日の患者を診ててちょっと思いついたんですけど、今までにSQLで治療してきた患者の中にも実はモデル変更で治療したほうがよかった患者もいるんじゃありませんか。

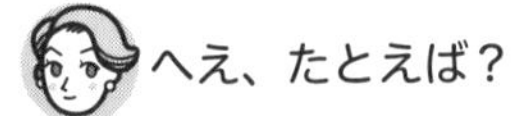
へえ、たとえば？

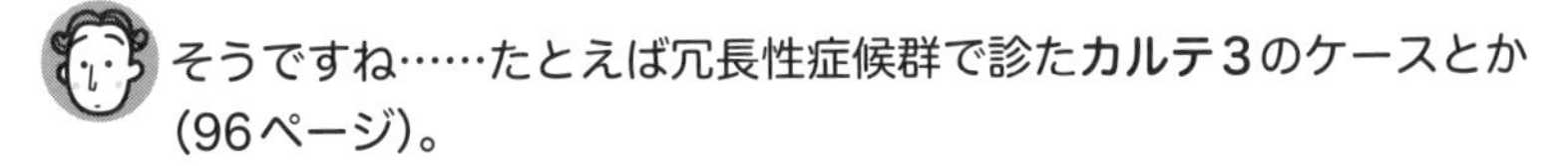
そうですね……たとえば冗長性症候群で診た**カルテ3**のケースとか(96ページ)。

カルテ3 **(再掲)** 社員とその役職を示すテーブルRolesがある(**図4-16**)。このテーブルから、社員が役職を兼務しているかを調べたい。兼務している場合はBothという文字列を表示する。

注5 リレーショナルデータベースは、かつてはオブジェクト指向データベースやXMLデータベース、最近では種々のNoSQL群からの挑戦を受けましたが、いまだメインストリームの座を譲ってはいません。

注6 NewSQLにはGoogle SpannerやYugabyteDB、CockroachDBといった実装があり注目を集めています。

図4-16　役職テーブル(再掲)

Roles

person (社員)	role (役職)
Smith	Officer
Smith	Director
Jones	Officer
White	Director
Brown	Worker
Kim	Officer
Kim	Worker

このRolesテーブルがあるということは、社員マスタ的なテーブルも存在しているのが自然だと思うんです。そこに兼務フラグの列を作ってやれば、もうこの問題は解決したも同然じゃありませんか(図4-17)。もちろんフラグの更新処理をどう設計するかの問題はありますが。

図4-17　社員マスタ

この列があれば簡単に解ける

emp_id (社員 ID)	person (社員)	both_flg (兼務フラグ)
1	Brown	0
2	Jones	0
3	Kim	1
4	Smith	1
5	White	0

ほう、これはこれは、お前の口からそんな気の利いた別解が出てくるとはな。これもワシの教育の賜物だな、ワハハ。

なんでもそうやって我田引水しない。でもワイリーの解は悪くない

わ。モデル変更が可能な条件が整っている場合はたしかに検討に値するわね。

うむ。我々は別にゲームの縛りプレイ[注7]をしているわけではないからな。なんでもかんでもSQLで解くだけが能じゃない。まあ実際問題パフォーマンス試験が行われるプロジェクト終盤でモデル変更が許されるかは別問題だが……。結局、我々がやっているような、ときにアクロバティックに見えるSQLの書き方というのは、設計の失敗をプログラミングで取り返そうとしているようなところがあるからな。

そこが泣き所よねえ。**戦略の失敗を戦術で取り返すのは至難の業**だからね。

すべてをSQLで解くべきか

初級者よりも中級者がご用心

スーパーソルジャー病は、SQLに限らずプログラミング全般で発症します。その意味では、DBエンジニア以外の人にとっても本稿の教訓は適用できるものです。

この病気を特に発症しやすいステージが、初級者レベルを抜け出して、一通りのプログラミングができるようになったあたり、つまり中級者の入口ぐらいです。このステージに達すると、自分がプログラミングでできることの幅も広がって、ちょっと難しい問題やひねりの効いた問題をプログラミングで解くのが楽しくなってくるころです。

それ自体はプログラマーとしての成長と喜んでよいのですが、ともすると、難しい問題を難しいままの状態で解こうとしてしまう傾向につながります。本人にとってはパズルを解く楽しさがあるかもしれませんが、放っ

注7　ゲーマー用語で、上級者の人たちがそのままプレイすると簡単すぎてつまらないので、あえて独自ルールを設けて厳しい制限下でプレイするというプレイスタイルを指します。

ておくと無駄に複雑なプログラムができあがることになって、システム全体の観点では非効率で全体最適を損なう結果に陥りかねません。

データモデルを制す者はシステムを制す

本稿で見たように、特にデータベースにおいてはデータモデルのレベルで変更したほうがずっとシンプルかつ全体最適な解を達成できる問題は多くあります。こういうとき、テーブル構成に手をつけず、コーディングで何とかしようとするのは、無駄な労力を注ぎ込むのと同じです。データモデルの変更かどうかはそのときの条件しだいの部分はあるものの、問題解決の一手段として持っておいて損はありません。

米国のプログラマーであるEric Steven Raymondはエッセイ「伽藍とバザール」の中で、「**賢いデータ構造と間抜けなコードのほうが、その逆よりずっとまし**」[注8]という名言を吐きました。また、Frederick Phillips Brooks, Jr.も『人月の神話』で「私にフローチャートだけを見せて、テーブルは見せないとしたら、私はずっと煙に巻かれたままになるだろう。逆にテーブルが見せてもらえるなら、フローチャートはたいてい必要なくなる。それだけで、みんな明白に分かってしまうからだ」[注9]と言いました。

2人に共通している認識は、データモデルがコードを決めるのであってその逆ではない、ということです。だから、間違ったデータモデルから出発してしまうと、その間違いをコーディングによって正すことは困難です。コーディングに長けているだけでは、優れた戦術を駆使する兵士に過ぎません。コーディングは、あくまでシステムを作り上げる手段であって、目的ではありません。

注8　Eric Steven Raymond著、山形浩生訳「伽藍とバザール」
http://cruel.org/freeware/cathedral.html。レイモンドが念頭に置いているのはC言語ですが、この格言はすべての言語とデータに一般化できます。

注9　Frederick Phillips Brooks, Jr.著、滝沢徹、牧野祐子、富澤昇訳『人月の神話 新装版』丸善出版、2010年、p.95

戦術より戦略

スーパーソルジャーって、格好いい印象があるじゃないですか。視野を狭くするのはいけないとわかってはいても、心理的な誘惑がありますね。

戦略的失敗を一人の戦術的活躍でひっくり返すスーパーソルジャーは、見た目の活躍が華々しいから映画やドラマでは好んで描かれるキャラクターよ。でも現実には、一人のソルジャーがどれだけ頑張ってもダメな設計を挽回することはできないわ。仮に奇跡的に一度はそれができたとしても、次のプロジェクトで同じ戦略上の失敗を繰り返して、不毛な戦いが継続されるだけ。

そうだ。我々が目指すべきは、スーパーソルジャーではなく**スーパーエンジニア**だ。その仕事は、戦略の失敗を挽回する戦術を探すことではない。正しい戦略を選択することだ。

……先生、やっぱり僕は、先生のようになってもいいと思いました。

……やっぱり今日のお前、気味悪いぞ。

(写真をポケットに押し込みながら)やあねえ。素直に感心しているだけよ。若い子って素直でいいじゃない。オホホホ。

本章の関連図書

- Gerald Marvin Weinberg著、木村泉訳『スーパーエンジニアへの道』共立出版、1991年
  30年前に書かれた本ですが、スーパーエンジニアは「スーパーソルジャー」でも「スーパープログラマー」でもないという、時代を超えて通じる真実を教えてくれる本です。

データ同期の難しさ

複数のテーブルに保持されるデータの整合性を取るために、複数テーブルを更新する方法には何通りかのやり方があります。

「データの更新」の観点

まずは、「データ更新の同期を取るかどうか」という観点から、同期更新と非同期更新に分類できます。この両者の利点と欠点は、本稿でワイリーとロバートが話していたとおりです。データ間の整合性を完璧に保持するには同一トランザクション内で同期処理を行うしかありませんが、オンライントランザクションのパフォーマンス上の負荷が増えます。

非同期処理の場合は処理のスケジューリング自由度が高く、負荷の低いときにバッチ的に一括更新を行うことでシステム全体の負荷を下げられます。一方で、データ間にリアルタイムの整合性が求められる場合は、データ鮮度の落ちる非同期処理は向きません。また障害時にもデータ不整合の状態が長引くことになります。

「データの所在」の観点

もう一つの分類観点としては、データの所在があります。つまり、「データが同一のデータベースに保持されているか」「分散データベースに分かれて保持されているか」ということです。同一のデータベースに保持されている場合は特に問題ないのですが、分散データベース間のデータ更新は複雑です。

この場合も、同期処理と非同期処理に分けられますが、同期処理の場合は2相コミットのようなトランザクション制御や、OracleのDATABASE LINKのような実装依存の機能を使うことになり、構築の難易度と性能リスクが増します。非同期処理の場合は、バッチによる一括更新やメッセージ連携のような方法が考えられますが、同一データベース内での更新に比べればやはり複雑になるのは避けられません。

こうしたデータ同期の方法論は、近年特に分散データベースの実用化が進んでいることから、非常に重要な分野になってきています。それだけエンジニアにとっても、難しい判断を要求される部分でもあります。

まとめ

- プログラミングがある程度上達してくると、一つの言語や一つの方法論ですべての問題を解きたくなってきて、視野狭窄に陥る。これをスーパーソルジャー病と呼ぶ
- SQLにおいても、複雑なSQLを駆使して問題を解こうとすると複雑でパフォーマンスの悪いSQL文ができあがってしまうことがある
- テーブルのモデル変更によってより簡単に問題を解くことができる場合も多い
- しかしモデル変更は一般に開発や保守のコストが高い方法であるため、それが本当に見合う成果を得られるかは十分な吟味が必要

演習問題

解答387ページ

演習4-1

リスト4-9の部署テーブル(Departments)から、課のセキュリティチェックがすべて終わっている(check_flagがすべて「完了」)部署を選択したい。答えは「研究開発部」と「総務部」の2つになります。

リスト4-9 **部署テーブル**

```
CREATE TABLE Departments
(department  CHAR(16) NOT NULL,
 division    CHAR(16) NOT NULL,
 check_flag       CHAR(8)  NOT NULL,
   CONSTRAINT pk_Departments PRIMARY KEY (department, division));
```

Departments: 部署テーブル　department: 部署名　division: 課名　check_flag: チェックフラグ

Departments

department (部署名)	division (課名)	check_flag (チェックフラグ)
営業部	一課	完了
営業部	二課	完了
営業部	三課	未完
研究開発部	基礎理論課	完了
研究開発部	応用技術課	完了
総務部	一課	完了
人事部	採用課	未完

SQLで解こうとすると、少しひねったテクニックが必要になります(重要なテクニックではあるので、第8章で詳説します)。しかし、これをモデル変更によって簡単に求められるようにしてください。

演習4-2

序章で見た都市テーブル(**図4-18**)を再び使います。序章では**カルテ5**(19ページ)の問題を、一時的な集約キーをクエリで生成して解きましたが、これをモデル変更によって解いてください。

図4-18 **都市テーブル(再掲)**

City

city (都市名)	population (人口)
New York	8,460,000
Los Angels	3,840,000
San Francisco	815,000
New Orleans	377,000

カルテ5のCityテーブルから都市が存在する地域によって人口を集計したい。たとえば、New YorkとNew OrleansはEast Coast、San FranciscoとLos AngelsはWest Coastにまとめて人口を集計したい。

第5章

時代錯誤症候群

進化し続けるSQLに取り残されるな！

本章で学ぶ内容

SQLは数年おきに標準の改訂が行われており、新たな機能が追加されていっています。それに歩調を合わせてDBMSベンダーも機能拡張を行っているため、数年に一度くらいの頻度で大きな仕様変更が入ります。本書で頻繁に使用しているCASE式はSQL:1992、ウィンドウ関数はSQL:2003でそれぞれ標準化された機能です。それ以外にも共通表式や行式など、SQLプログラミングをエレガントかつパフォーマンス向上させられる機能がたくさん標準化されています。本章ではそうした気の利いたSQLの機能を取り上げます（第7章「グレーノウハウ」で登場する再帰共通表式も重要な新機能です）。

美しさと正しさが等しくあると疑わないで居られるのは若さ故なんだ

——椎名林檎

（PM3:00、休憩室。ロバート、ヘレン、ワイリーがそろって談笑している）

そろそろ専門の希望を出す時期ね。もうどこにするか考えた？

はい。救急救命に決めました。やりがいありますし。

?!

そ、そうだな。まあおもしろい仕事ではあるな。だが専門を選ぶときは慎重に自分の適性を見極めなければならんぞ、うむ。

はい。体力には自信があります。救急救命は最もタフな専門ですから、自分の力を試したくて。

（このオタンコナスが……。）

（ロバートの下で潰れなかった初めての学生だからタフなのは認める

けど……。)大事な選択よ。ほかの選択肢もよく吟味して決めたほうがいいんじゃない？

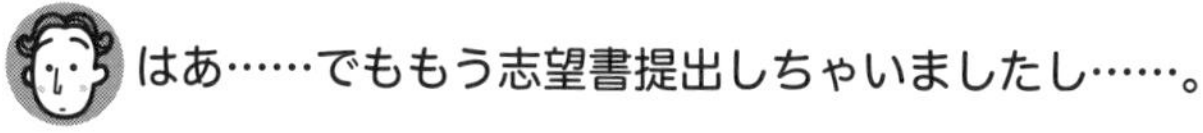
はあ……でももう志望書提出しちゃいましたし……。

(゜д゜)

あ、救急車来たみたいですよ。手術室に行きましょう。

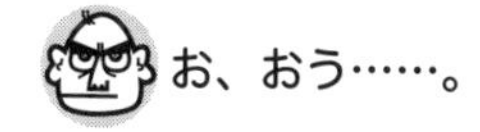
お、おう……。

そうね……。

いやー楽しみだなあ。来年も頑張るぞー。

ふう……。

カルテ1　ある部品の供給業者の一覧を管理する供給業者テーブル(Suppliers)テーブル(**リスト5-1**)を考える。今、各供給業者の出荷品数の影響度を都市(city)別に調べたい。そのため、出荷が可能か不可能かに応じて、それぞれの都市からの出荷品数の50%以上を占める供給業者を選択したい(**図5-1**)。

リスト5-1　**供給業者テーブル**

```
CREATE TABLE Suppliers
( sup       CHAR(1)     NOT NULL,
  city      VARCHAR(16) NOT NULL,
  area      VARCHAR(16) NOT NULL,
  ship_flg  VARCHAR(16) NOT NULL,
  item_cnt  INTEGER     NOT NULL,
    CONSTRAINT pk_Suppliers PRIMARY KEY (sup));
```

Suppliers: 供給業者テーブル　sup: 供給業者　city: 都市　area: 地区　ship_flg: 出荷可能フラグ　item_cnt: 商品数

Suppliers

sup (供給業者)	city (都市)	area (地区)	ship_flg (出荷可能フラグ)	item_cnt (商品数)
A	東京	北区	可	20
B	東京	大田区	不可	30
C	東京	荒川区	可	40
D	東京	三鷹市	可	10
E	大阪	淀川区	不可	40
F	大阪	堺区	不可	20
G	大阪	北区	可	10
H	大阪	福島区	不可	20
I	大阪	東淀川区	可	30

図5-1 **求める結果**

```
 sup | city | ship_flg | item_cnt
-----+------+----------+---------
 B   | 東京 | 不可     |       30
 C   | 東京 | 可       |       40
 E   | 大阪 | 不可     |       40
 I   | 大阪 | 可       |       30
```

繰り返されるサブクエリ

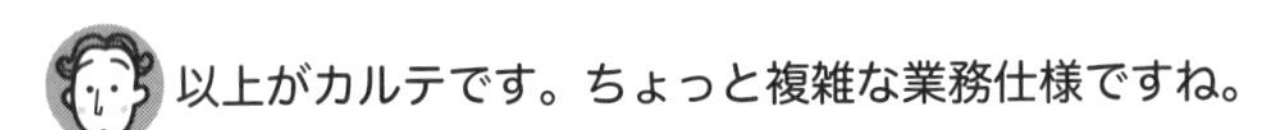

以上がカルテです。ちょっと複雑な業務仕様ですね。

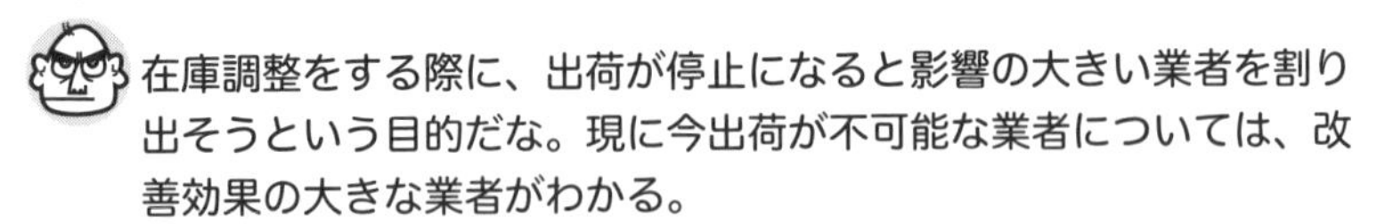

在庫調整をする際に、出荷が停止になると影響の大きい業者を割り出そうという目的だな。現に今出荷が不可能な業者については、改善効果の大きな業者がわかる。

都市別の出荷可能品数と不可能品数は、それぞれの業者の取り扱い品数を合計すればよいから、次のように整理できるわね(図5-2)。

図5-2 **都市別の出荷可能品数と不可能品数**

所在地	出荷可能品数	出荷不可能品数
東京	70	30
大阪	40	80

……(黙々と何か書いている)できました！ これはなかなか難しかった！

え、もう？(**リスト5-2**)

リスト5-2 **ワイリーの解**

```
SELECT SP.sup, SP.city, SP.ship_flg, SP.item_cnt -- 出荷可能業者のパート
  FROM Suppliers SP
       INNER JOIN
          (SELECT city,
                  SUM(item_cnt) AS able_cnt
             FROM Suppliers
            WHERE ship_flg = '可'
            GROUP BY city) SUM_ITEM
         ON SP.city = SUM_ITEM.city
        AND SP.item_cnt >= (SUM_ITEM.able_cnt * 0.5)
 WHERE SP.ship_flg = '可'
UNION ALL
SELECT SP.sup, SP.city, SP.ship_flg, SP.item_cnt -- 出荷不可能業者のパート
  FROM Suppliers SP
       INNER JOIN
          (SELECT city,
                  SUM(item_cnt) AS disable_cnt
             FROM Suppliers
            WHERE ship_flg = '不可'
            GROUP BY city) SUM_ITEM
         ON SP.city = SUM_ITEM.city
        AND SP.item_cnt >= (SUM_ITEM.disable_cnt * 0.5)
 WHERE SP.ship_flg = '不可';
```

お前の解はいつも期待を裏切らないな。

先生にそう言っていただけると。はい。

誉めとらんわ！ だいたいこの程度のことをするのにこのコードは長

過ぎるぞ。美的センスのカケラもない。

先生にセンスのことでとやかく言われたくないですね。見た目が不恰好でも良いコードだってあるでしょう。

ない。SQLにおいて見た目は大事だ。**美しさは正義であり力だ。**

おおっ、なんか芸術家のようなセリフ……。

実行計画を見てみろ、惨憺たるものだぞ。あきれて見る気も起きんわ（図5-3、図5-4）。

図5-3　ワイリーの解の実行計画（PostgreSQL）

```
                              QUERY PLAN
-----------------------------------------------------------------------------
 Append  (cost=1.18..4.67 rows=3 width=18)
   ->  Hash Join  (cost=1.18..2.33 rows=2 width=18)
         Hash Cond: ((sp.city)::text = (suppliers.city)::text)
         Join Filter: ((sp.item_cnt)::numeric >=
                       (((sum(suppliers.item_cnt)))::numeric * 0.5))
         ->  Seq Scan on suppliers sp  (cost=0.00..1.11 rows=5 width=18)
               Filter: ((ship_flg)::text = '可'::text)
         ->  Hash  (cost=1.16..1.16 rows=2 width=15)
               ->  HashAggregate  (cost=1.14..1.16 rows=2 width=15)
                     Group Key: suppliers.city
                     ->  Seq Scan on suppliers
                           (cost=0.00..1.11 rows=5 width=11)
                         Filter: ((ship_flg)::text = '可'::text)
   ->  Hash Join  (cost=1.18..2.32 rows=1 width=18)
         Hash Cond: ((sp_1.city)::text = (suppliers_1.city)::text)
         Join Filter: ((sp_1.item_cnt)::numeric >=
                       (((sum(suppliers_1.item_cnt)))::numeric * 0.5))
         ->  Seq Scan on suppliers sp_1
               (cost=0.00..1.11 rows=4 width=18)
               Filter: ((ship_flg)::text = '不可'::text)
         ->  Hash  (cost=1.15..1.15 rows=2 width=15)
               ->  HashAggregate  (cost=1.13..1.15 rows=2 width=15)
                     Group Key: suppliers_1.city
                     ->  Seq Scan on suppliers suppliers_1
                           (cost=0.00..1.11 rows=4 width=11)
                         Filter: ((ship_flg)::text = '不可'::text)
```

図5-4　ワイリーの解の実行計画(Oracle)

```
-------------------------------------------------------------------------------------
| Id  | Operation              | Name      | Rows  | Bytes | Cost (%CPU)| Time     |
-------------------------------------------------------------------------------------
|   0 | SELECT STATEMENT       |           |     2 |   118 |    10  (20)| 00:00:01 |
|   1 |  UNION-ALL             |           |       |       |            |          |
|*  2 |   HASH JOIN            |           |     1 |    59 |     5  (20)| 00:00:01 |
|*  3 |    TABLE ACCESS FULL   | SUPPLIERS |     1 |    36 |     2   (0)| 00:00:01 |
|   4 |    VIEW                |           |     1 |    23 |     3  (34)| 00:00:01 |
|   5 |     HASH GROUP BY      |           |     1 |    33 |     3  (34)| 00:00:01 |
|*  6 |      TABLE ACCESS FULL| SUPPLIERS |     1 |    33 |     2   (0)| 00:00:01 |
|*  7 |   HASH JOIN            |           |     1 |    59 |     5  (20)| 00:00:01 |
|*  8 |    TABLE ACCESS FULL   | SUPPLIERS |     1 |    36 |     2   (0)| 00:00:01 |
|   9 |    VIEW                |           |     1 |    23 |     3  (34)| 00:00:01 |
|  10 |     HASH GROUP BY      |           |     1 |    33 |     3  (34)| 00:00:01 |
|* 11 |      TABLE ACCESS FULL| SUPPLIERS |     1 |    33 |     2   (0)| 00:00:01 |
-------------------------------------------------------------------------------------

Predicate Information (identified by operation id):
---------------------------------------------------

   2 - access("SP"."CITY"="SUM_ITEM"."CITY")
       filter("SP"."ITEM_CNT">="SUM_ITEM"."ABLE_CNT"*0.5)
   3 - filter("SP"."SHIP_FLG"='可')
   6 - filter("SHIP_FLG"='可')
   7 - access("SP"."CITY"="SUM_ITEM"."CITY")
       filter("SP"."ITEM_CNT">="SUM_ITEM"."DISABLE_CNT"*0.5)
   8 - filter("SP"."SHIP_FLG"='不可')
  11 - filter("SHIP_FLG"='不可')
```

PostgreSQLもOracleも、ハッシュ結合2回にテーブルスキャンが4回か……パフォーマンス……だめですよね、これ。

メタメタだな。

メタメタね。

ワイリーの解は、出荷可能な業者と出荷不可能な業者に処理を分割してから、その結果をUNION ALLでマージするというものです。これは、非常に自然な考え方に沿った解ですが、その結果、ほとんど同じ処理を2回繰り返すことになっています。実際、UNION ALLの前段と後段で異なるのは、出荷可能フラグ(ship_flg)が「可」か「不可」というパラメータだけで、文としての構造は同じです。この冗長さを治療する方法を、今から考えていきます。まずは、2つも使っているサブクエリSUM_ITEMから対処しましょう。

共通表式

1つのSQLの中で同じサブクエリを何度も参照するようなケースでは、共通表式を使うことによって冗長な記述を簡潔に削減できるわ。次のように書き換えるの(**リスト5-3**)。

リスト5-3 **ヘレンの解：共通表式を利用**

```
WITH SUM_ITEM AS (
        SELECT city,
               SUM(CASE WHEN ship_flg = '可'
                        THEN item_cnt
                        ELSE NULL END) AS able_cnt,
               SUM(CASE WHEN ship_flg = '不可'
                        THEN item_cnt
                        ELSE NULL END) AS disable_cnt
          FROM Suppliers
         GROUP BY city)
SELECT SP.sup, SP.city, SP.ship_flg, SP.item_cnt
  FROM Suppliers SP
       INNER JOIN SUM_ITEM
          ON SP.city = SUM_ITEM.city
         AND SP.item_cnt >= (SUM_ITEM.able_cnt * 0.5)
 WHERE SP.ship_flg = '可'
UNION ALL
SELECT SP.sup, SP.city, SP.ship_flg, SP.item_cnt
  FROM Suppliers SP
         INNER JOIN SUM_ITEM
            ON SP.city = SUM_ITEM.city
           AND SP.item_cnt >= (SUM_ITEM.disable_cnt * 0.5)
 WHERE SP.ship_flg = '不可';
```

うむ。SQLには元来、「変数」という概念がない。そのため、コードの中で使いまわしたいレコード集合があっても、従来のSQLではそのたびにサブクエリを記述する必要があった。しかし、SQL:1999[注1]で取り入れられた共通表式を使うことで、SQL内ならサブクエリをどこで

注1　この「SQL:xxxx」という標準SQLの表記方法についてはのちほど「言語の進化とエンジニアの進化」の節で詳しく解説します。

も利用できる一種の**グローバル変数**として定義できるようになった。

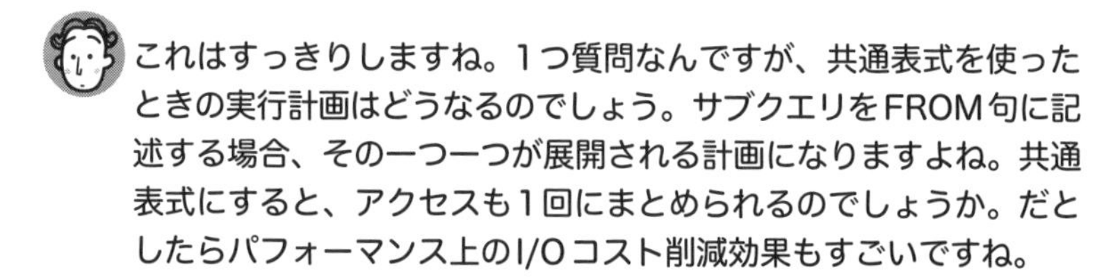

これはすっきりしますね。1つ質問なんですが、共通表式を使ったときの実行計画はどうなるのでしょう。サブクエリをFROM句に記述する場合、その一つ一つが展開される計画になりますよね。共通表式にすると、アクセスも1回にまとめられるのでしょうか。だとしたらパフォーマンス上のI/Oコスト削減効果もすごいですね。

それは実装依存ね。優秀なオプティマイザなら、共通表式の結果を一時的な中間表として保持することでSuppliersテーブルへのアクセス回数を節約することを考えるでしょうね。でも、すべてのDBMSで期待できるかどうかは断言できないわ。

ためしに実行計画を見てみろ(**図5-5**、**図5-6**)。

図5-5 **共通表式の実行計画(PostgreSQL)**

```
                                  QUERY PLAN
-----------------------------------------------------------------------------
 Append  (cost=1.29..3.81 rows=3 width=18)
   CTE sum_item
     ->  HashAggregate  (cost=1.20..1.22 rows=2 width=23)
           Group Key: suppliers.city
           ->  Seq Scan on suppliers  (cost=0.00..1.09 rows=9 width=16)
   ->  Hash Join  (cost=0.07..1.30 rows=2 width=18)
         Hash Cond: ((sp.city)::text = (sum_item.city)::text)
         Join Filter: ((sp.item_cnt)::numeric >=
                         ((sum_item.able_cnt)::numeric * 0.5))
         ->  Seq Scan on suppliers sp  (cost=0.00..1.11 rows=5 width=18)
               Filter: ((ship_flg)::text = '可'::text)
         ->  Hash  (cost=0.04..0.04 rows=2 width=58)
               ->  CTE Scan on sum_item  (cost=0.00..0.04 rows=2 width=58)
   ->  Hash Join  (cost=0.07..1.27 rows=1 width=18)
         Hash Cond: ((sp_1.city)::text = (sum_item_1.city)::text)
         Join Filter: ((sp_1.item_cnt)::numeric >=
                         ((sum_item_1.disable_cnt)::numeric * 0.5))
         ->  Seq Scan on suppliers sp_1  (cost=0.00..1.11 rows=4 width=18)
               Filter: ((ship_flg)::text = '不可'::text)
         ->  Hash  (cost=0.04..0.04 rows=2 width=58)
               ->  CTE Scan on sum_item sum_item_1
                         (cost=0.00..0.04 rows=2 width=58)
```

図5-6 共通表式の実行計画（Oracle）

```
-------------------------------------------------------------------------------------------------------------
| Id  | Operation                          | Name                       | Rows  | Bytes | Cost (%CPU)| Time     |
-------------------------------------------------------------------------------------------------------------
|   0 | SELECT STATEMENT                   |                            |     2 |   118 |     8   (0)| 00:00:01 |
|   1 |  TEMP TABLE TRANSFORMATION         |                            |       |       |            |          |
|   2 |   LOAD AS SELECT (CURSOR DURATION MEMORY)| SYS_TEMP_0FD9D6671_51A3A4 |       |       |            |          |
|   3 |    HASH GROUP BY                   |                            |     1 |    33 |     3  (34)| 00:00:01 |
|   4 |     TABLE ACCESS FULL              | SUPPLIERS                  |     1 |    33 |     2   (0)| 00:00:01 |
|   5 |   UNION-ALL                        |                            |       |       |            |          |
|*  6 |    HASH JOIN                       |                            |     1 |    59 |     4   (0)| 00:00:01 |
|*  7 |     TABLE ACCESS FULL              | SUPPLIERS                  |     1 |    36 |     2   (0)| 00:00:01 |
|   8 |     VIEW                           |                            |     1 |    23 |     2   (0)| 00:00:01 |
|   9 |      TABLE ACCESS FULL             | SYS_TEMP_0FD9D6671_51A3A4  |     1 |    33 |     2   (0)| 00:00:01 |
|* 10 |    HASH JOIN                       |                            |     1 |    59 |     4   (0)| 00:00:01 |
|* 11 |     TABLE ACCESS FULL              | SUPPLIERS                  |     1 |    36 |     2   (0)| 00:00:01 |
|  12 |     VIEW                           |                            |     1 |    23 |     2   (0)| 00:00:01 |
|  13 |      TABLE ACCESS FULL             | SYS_TEMP_0FD9D6671_51A3A4  |     1 |    33 |     2   (0)| 00:00:01 |
-------------------------------------------------------------------------------------------------------------

Predicate Information (identified by operation id):
---------------------------------------------------

   6 - access("SP"."CITY"="SUM_ITEM"."CITY")
       filter("SP"."ITEM_CNT">="SUM_ITEM"."ABLE_CNT"*0.5)
   7 - filter("SP"."SHIP_FLG"='可')
  10 - access("SP"."CITY"="SUM_ITEM"."CITY")
       filter("SP"."ITEM_CNT">="SUM_ITEM"."DISABLE_CNT"*0.5)
  11 - filter("SP"."SHIP_FLG"='不可')
```

うーん見た目はすっきりしたけど、まだテーブルアクセスは減らないかあ。残念無念。

ロバートも言うとおり、共通表式は一種の変数です。SQL内限定のビュー(View)だと言ってもよいでしょう。特に他人の書いたSQLを読むときは、FROM句の中に大きなサブクエリが含まれていると、自分がどこを追っていたのかわからなくなり迷ってしまうことがよくあります。サブクエリが入れ子になっているときなどは特にそうです。共通表式は、そうした複雑なSQL文の構造を明快にできる機能です。しかし、今見たように、まだオプティマイザの最適化を受けられないケースもまだあります。今後のオプティマイザの進歩に期待しましょう。

CASE式

ところでワイリー、共通表式で改善した解でも、まだ十分とは言えない。このコードを見て何か思い出すことはないか？

UNION ALL……ですかね。これ使うの良くないんですよね。

そうだ。お前のクエリは、冗長性症候群でもある。この分岐をCASE式で表現しなおせば、さらに簡潔になる(**リスト5-4**)。

リスト5-4　**ロバートの解：分岐をCASE式で表現**

```
WITH SUM_ITEM AS (
         SELECT city,
                SUM(CASE WHEN ship_flg = '可'
                         THEN item_cnt
                         ELSE NULL END) AS able_cnt,
                SUM(CASE WHEN ship_flg = '不可'
                         THEN item_cnt
                         ELSE NULL END) AS disable_cnt
           FROM Suppliers
          GROUP BY city)
SELECT SP.sup, SP.city, SP.ship_flg, SP.item_cnt
  FROM Suppliers SP
       INNER JOIN SUM_ITEM
          ON SP.city = SUM_ITEM.city
         AND SP.item_cnt >= CASE WHEN SP.ship_flg = '可'
                                 THEN SUM_ITEM.able_cnt
                                 WHEN SP.ship_flg = '不可'
                                 THEN SUM_ITEM.disable_cnt
                                 ELSE NULL END * 0.5;
```

第2章で取り上げた冗長性症候群を覚えているでしょうか。SQL-92でCASE式が導入されるまで、UNION ALLを使って分岐を表現するのは、SQLにとって当然の方法でしたし、これは手続き型の発想で多くのプログラマーにとって理解しやすいものです。そのため、CASE式の標準化から30年が経過したにもかかわらず、現在でも多く見かける症状です。

そうか。条件によって比較の列を切り替えればよかったのか。このクエリだと、もうサブクエリSUM_ITEMも一度しかアクセスしませんよね。

うむ。だが今回のように中で集約を行っていたり、比較的大きなサブクエリを使ったりする場合は、やはり可読性の観点から共通表式を使うことに意味がある。実行計画を見てみるとしよう(**図5-7**、**図5-8**)。

図5-7 **CASE式の実行計画(PostgreSQL)**

```
                                        QUERY PLAN
------------------------------------------------------------------------------------------
Hash Join  (cost=1.25..2.41 rows=3 width=18)
   Hash Cond: ((sp.city)::text = (suppliers.city)::text)
   Join Filter: ((sp.item_cnt)::numeric >=
      ((CASE WHEN ((sp.ship_flg)::text = '可'::text)
             THEN (sum(CASE WHEN ((suppliers.ship_flg)::text = '可'::text)
             THEN suppliers.item_cnt ELSE NULL::integer END))
             WHEN ((sp.ship_flg)::text = '不可'::text)
             THEN (sum(CASE WHEN ((suppliers.ship_flg)::text = '不可'::text)
             THEN suppliers.item_cnt ELSE NULL::integer END))
             ELSE NULL::bigint END)::numeric * 0.5))
   ->  Seq Scan on suppliers sp  (cost=0.00..1.09 rows=9 width=18)
   ->  Hash  (cost=1.22..1.22 rows=2 width=23)
         ->  HashAggregate  (cost=1.20..1.22 rows=2 width=23)
               Group Key: suppliers.city
               ->  Seq Scan on suppliers  (cost=0.00..1.09 rows=9 width=16)
```

図5-8 **CASE式の実行計画(Oracle)**

```
------------------------------------------------------------------------------------------
| Id  | Operation             | Name      | Rows  | Bytes | Cost (%CPU)| Time     |
------------------------------------------------------------------------------------------
|   0 | SELECT STATEMENT      |           |     1 |    72 |     5  (20)| 00:00:01 |
|*  1 |  HASH JOIN            |           |     1 |    72 |     5  (20)| 00:00:01 |
|   2 |   TABLE ACCESS FULL   | SUPPLIERS |     1 |    36 |     2   (0)| 00:00:01 |
|   3 |   VIEW                |           |     1 |    36 |     3  (34)| 00:00:01 |
|   4 |    HASH GROUP BY      |           |     1 |    33 |     3  (34)| 00:00:01 |
|   5 |     TABLE ACCESS FULL| SUPPLIERS |     1 |    33 |     2   (0)| 00:00:01 |
------------------------------------------------------------------------------------------

Predicate Information (identified by operation id):
---------------------------------------------------

   1 - access("SP"."CITY"="SUM_ITEM"."CITY")
```

```
filter("SP"."ITEM_CNT">=CASE "SP"."SHIP_FLG" WHEN '可' THEN
        "SUM_ITEM"."ABLE_CNT" WHEN '不可' THEN "SUM_ITEM"."DISABLE_CNT" ELSE NULL
        END *0.5)
```

すごい、テーブルアクセス2回にハッシュ結合1回まで削減されてる。CASE式、本当に強力なツールだなあ。これがなかったころのSQL文は、書くの大変だったんだろうなあ。

年輩のDBエンジニアには、CASE式ではなく、DECODE(Oracle)やIF(MySQL)といった実装依存の関数を使い慣れている人もいるけど、CASE式に比べて表現力が弱いし互換性もないので、これらも使うべきでないわ。SQLは標準の改訂のたびに使うべき構文がガラリと変わっていく珍しい言語だから、**時代錯誤症候群**は致命的な病気よ。

今から新しく覚える僕は勝ち組ってことですか。

ふ、数年後にはあなたも時代遅れの仲間入りよ。常に勉強する努力が嫌いなら、この救命室には来ないほうがいいわ。

ぐぬぬ。

言語の進化とエンジニアの進化

さてここで少し、SQLの新機能がどのように追加されていくのかを説明しておこうと思います。ご存じの方もいるかもしれませんが、SQLには国際標準規格が定められていて、かつては米国のANSI(米国国家規格協会:アメリカ合衆国における工業規格の標準化を行う機関の一つ)、現在ではISO(*International Organization for Standardization*、国際標準化機構)が数年に一度のペースで改訂を行っています。その標準規格は「SQL:xxxx」(xxxxは改訂年)という名称で管理されており、最近ではSQL:2011、SQL:2016、SQL:2023といった規格が定められています(昔は「SQL-92」のように西暦の下2桁だけを使っていたのですが、2000年問題の影響で(?)、現在は4桁で表示しています)。主な標準化された機能を以下に示します。

- SQL-92
  - DATE、TIME、TIMESTAMP、INTERVAL、VARCHARなどのデータ型
  - CASE式
  - トランザクション分離レベル
  - 一時テーブル
  - CAST関数
  - スクロール可能カーソル
- SQL:1999
  - ROLLUP、CUBE、GROUPING SETSなどのGROUP BY句で使うOLAP機能
  - 構造化されたユーザー定義型、配列型、ブール型、LOB型
  - 共通表式
  - 再帰SQL
  - トリガ
  - ストアドプロシージャ
- SQL:2003
  - ウィンドウ関数
  - XML関連の機能
  - シーケンス生成機能
  - IDENTITY列とオートナンバリング
  - MERGE文
  - CTAS(CREATE TABLE AS)
- SQL:2008
  - XQueryをSQLに統合
- SQL:2016
  - JSONドキュメントを作る関数、文字列にJSONデータが含まれているかチェックする関数
  - LISTAGG関数※
- SQL:2023
  - JSON型

- グラフクエリ(SQL/PGQ)
- GREATEST/LEAST関数
- 文字列パディング関数

※複数行のデータを区切り文字形式に変換する関数

改訂の内容は、基本的には機能追加です。一部廃止されたり非推奨になったりする機能も含まれていますが、一般的にDBMSの開発元はある程度の後方互換をサポートするため、標準で廃止されてもすぐにDBMSで使えなくなるわけではありません(徐々に廃止はされていくでしょうが)。たとえばORDER BY句でSELECT句の列の順番で指定する`ORDER BY 1, 2`といった表記などは、標準からは廃止されましたが、まだほとんどの実装で使えます。

新規追加された機能についても、そのサポートの進展はDBMSによってばらつきがあります。たとえば、本稿でも取り上げている共通表式やウィンドウ関数など、SQLコーディングの可能性を大きく広げる機能一つ取ってみても、Oracleがウィンドウ関数をサポートしたのは1990年代だったのに対して、MySQLは2017年(!)にようやくサポートしました。ビッグデータ時代の到来と分析系クエリの需要の高まりがウィンドウ関数のサポートを後押ししたことは、言うまでもありません。

それぞれの改訂において、SQLの機能追加はマイナーアップデートの場合もあれば、劇的にコーディングスタイルを変えるようなものまで幅があります。SQL-92のCASE式、SQL:1999の再帰共通表式、SQL:2003のウィンドウ関数は、SQLの在り方を革命的に変えてしまうものだったのに対して、2008年の改訂などはおとなしかった印象があります。SQL:2023のJSON型のサポートもかなり大きな目玉機能の導入で、これを機に実装間の構文の統一が進めば、今までドキュメント型データベースを使うのが主流だったのがリレーショナルデータベースで統合的にJSONも扱えるようになるかもしれません(JSON型については第6章で詳しく取り上げます)。これはつまり、SQLは現在も活発に言語仕様が拡張されている「生きた」言語であり、新しい機能をどんどん活用していかないと損だ、ということです。

SQLは寿命の長い言語か？

SQLは寿命の長い言語だとよく言われます。たしかに、アプリケーションの実装言語が比較的早いサイクルで栄枯盛衰を繰り返すのに対して、SQLはリレーショナルデータベースの誕生からほぼ50年間、データベース操作言語の主流であり続けました。その理由は、リレーショナルデータベースが存在している以上はセットで存在しているから、というのもあります。しかしSQLが本当に非効率的な言語であるなら、もっと別の（おそらくは手続き型の）言語によって取って代わられてもおかしくなかったはずです。実際、データベースにはストアドプロシージャという手続き型言語が備わっています（OracleのPL/SQLやPostgreSQLのPL/pgSQLなど）。しかし、プロシージャがありながらピュアSQLが衰える気配はありません。むしろプロシージャのほうが脇役のままにとどまっています。

自らを大きく変化させてきたSQL

実はSQLの場合、同じ「SQL」という名前で呼ばれていますが、その中では激しい新陳代謝が起こっているのです。たとえとして適切かどうかちょっと自信がないのですが、同じバンド名でありながら、構成メンバーはどんどん入れ替わっているような……それに似たところが、SQLにはあります。

その大きな理由は、かつてのSQLがひどく機能不足の言語だったからです。「SQLは"Scarcely Qualifies as a Language"（言語としての資格に欠ける）の略だ」——これは、かつて言われていた皮肉混じりのジョークです。かなり昔のネタなので、知っている人はけっこうベテランなのではと思いますが、そういう悪口を言われるぐらい、昔のSQLは機能不足でした。

そのため、SQLの進化は、**基本構文そのものを捨てる**ことで進んできました。このことは、相関サブクエリがウィンドウ関数によって、サブクエリが共通表式によって、UPDATEとINSERTの組み合わせがMERGE文によって置き換えられてきたことを見ても明らかです。SQLの言語拡張は、古い構文を捨てていくことによって進むのです。

これは、手続き型言語の進化のしかたと大きく異なります。手続き型言語の場合、ひととおりの基本構文を覚えれば、そのあとの言語拡張はほぼ純粋な機能追加という形で行われるため、基本構文のかなりの部分は、継続的に使える知識になります。その代わり、まったく別の新しい言語によって取って代わられることが頻繁に起きます。

こうしたことから、エンジニアにとって、SQLはいささか勉強のコストがかかる言語だと言えます。しかしそれは、古い非効率的なコードを新しいコードに置き換えられるチャンスがある、ということでもあります(実際、古いSQLのコードを見ると、それがたとえ自分が書いたものであっても「ああ、全面的に書き直したい」という誘惑に駆られる人は多いと思います。著者もその一人です)。見た目上の「寿命」が長いように見えたとしても、その内実はなかなか複雑な人生(言語生?)を送っているのです。

時代錯誤症候群は冗長性症候群を併発する

次の患者も、SQLではシンプルさが正義であることがよくわかる。新機能の力も発揮できる。

カルテ2 **リスト5-5**のような製造業者のテーブルManufacturersを追加する。部品の要求をかけている製造業者と同じ地域(=都市および地区が同じ)に存在する供給業者を、カルテ1の供給業者テーブルから選択したい。もちろん、出荷が可能な供給業者に限る。

リスト5-5 **製造業者テーブル**

```
CREATE TABLE Manufacturers
( mfs      CHAR(1)      NOT NULL,
  city     VARCHAR(16) NOT NULL,
  area     VARCHAR(16) NOT NULL,
```

```
  req_flg  VARCHAR(16) NOT NULL,
    CONSTRAINT pk_Manufacturers PRIMARY KEY (mfs));
```

Manufacturers: 製造業者テーブル　mfs: 製造業者コード　city: 都市　area: 地区　req_flg: 要求フラグ

Manufacturer

mfs (製造業者)	city (都市)	area (地区)	req_flg (要求フラグ)
a	東京	北区	要
b	東京	荒川区	要
c	東京	江戸川区	要
d	大阪	淀川区	不要
e	大阪	北区	不要
f	大阪	福島区	要

冗長さはコードをわかりにくくする

部品を要求している製造業者は、a、b、c、fの4つ。うち、(東京, 江戸川区)のcと、(大阪, 福島区)のfについては、マッチする供給業者がいない、と。すると結果は、次のようになればいいですね(図5-9)。

図5-9　求める結果

```
 sup | city |  area
-----+------+-------
 A   | 東京 | 北区
 C   | 東京 | 荒川区
```

ようし。ここをこうしてと、できました！(リスト5-6、図5-10)

リスト5-6　ワイリーの解：結果が間違い

```
SELECT sup, city, area
  FROM Suppliers
```

```
WHERE ship_flg = '可'
  AND city IN (SELECT city
                 FROM Manufacturers
                WHERE req_flg = '要')
  AND area IN (SELECT area
                 FROM Manufacturers
                 WHERE req_flg = '要');
```

図5-10　**ワイリーの結果：間違い**

```
 sup | city |  area
-----+------+--------
 A   | 東京 | 北区
 C   | 東京 | 荒川区
 G   | 大阪 | 北区
```

お前の解は、効率以前に結果が違うぞ。

あれ……本当だ。余計な(大阪，北区)の供給業者Gが入ってしまっている。製造業者eは部品を要求していないのに。

あなたの解は、こういう動きをするの。最初のINのサブクエリで部品を要求している製造業者の都市として、東京と大阪が選ばれる。次のINのサブクエリでは、部品を要求している地区として、北区、荒川区、江戸川区、福島区が選ばれる。すると結局、地域の組み合わせはこうなるの。

- 東京 - 北区　　← 要求フラグが「要」で合致する供給業者もいる
- 東京 - 荒川区　← 要求フラグが「要」で合致する供給業者もいる
- 東京 - 江戸川区 ← 要求フラグが「要」だが合致する供給業者がいない
- 東京 - 福島区　← あり得ない組み合わせ
- 大阪 - 北区　　← 要求フラグが不要になっているため、本来はあり得ない組み合わせだが、作られてしまう
- 大阪 - 荒川区　← あり得ない組み合わせ
- 大阪 - 江戸川区 ← あり得ない組み合わせ
- 大阪 - 福島区　← 要求フラグが「要」だが合致する供給業者がいない

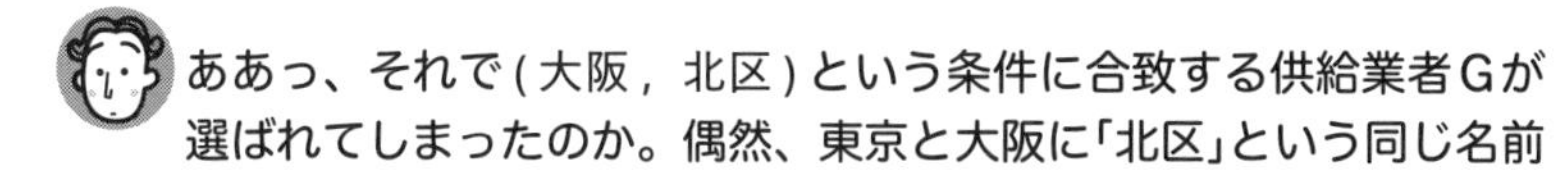

ああっ、それで(大阪，北区)という条件に合致する供給業者Gが選ばれてしまったのか。偶然、東京と大阪に「北区」という同じ名前

の区があったから。

比較できるのは列だけではない——複数列への拡張

そういうこと。いい？ この問題では、(city, area)はこれで一続きのキーとして扱うべきなの。あなたみたいに分離したらダメ。cityもareaも文字列型の値だから、連結演算子で結合してしまえば、これで1列のキーとして扱えるようになるわ（**リスト5-7、図5-11、図5-12**）[注2]。

リスト5-7　ヘレンの解：複数の列を連結して一つのキーとして扱う

```
SELECT sup, city, area
  FROM Suppliers
 WHERE ship_flg = '可'
   AND city || area IN (SELECT city || area
                          FROM Manufacturers
                         WHERE req_flg = '要');
```

図5-11　実行結果：正しい結果が得られる

```
 sup | city |  area
-----+------+--------
 A   | 東京 | 北区
 C   | 東京 | 荒川区
```

図5-12　ヘレンの解の実行計画(Oracle)

```
-----------------------------------------------------------------------------------
| Id | Operation            | Name          | Rows  | Bytes | Cost (%CPU)| Time     |
-----------------------------------------------------------------------------------
|  0 | SELECT STATEMENT     |               |     1 |    51 |     4   (0)| 00:00:01 |
|* 1 |  HASH JOIN SEMI      |               |     1 |    51 |     4   (0)| 00:00:01 |
|* 2 |   TABLE ACCESS FULL  | SUPPLIERS     |     1 |    33 |     2   (0)| 00:00:01 |
|  3 |   VIEW               | VW_NSO_1      |     1 |    18 |     2   (0)| 00:00:01 |
|* 4 |    TABLE ACCESS FULL| MANUFACTURERS |     1 |    24 |     2   (0)| 00:00:01 |
-----------------------------------------------------------------------------------
```

注2　「||」は標準SQLの演算子ですが、一部のDBMSで未サポートのため、SQL Serverでは「+」、MySQLでは「CONCAT」という実装依存の機能を使う必要があります。MySQLでは、sql_modeにPIPES_AS_CONCATが設定されている場合のみ、「||」は標準SQLの文字列連結演算子として機能します。詳細は第6章で見ます。

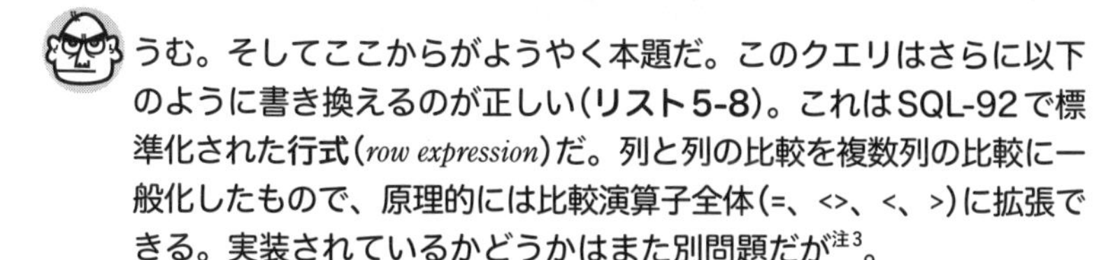

```
Predicate Information (identified by operation id):
---------------------------------------------------

   1 - access("CITY||AREA"="CITY"||"AREA")
   2 - filter("SHIP_FLG"='可')
   4 - filter("REQ_FLG"='要')
```

うむ。そしてここからがようやく本題だ。このクエリはさらに以下のように書き換えるのが正しい(**リスト5-8**)。これはSQL-92で標準化された行式(*row expression*)だ。列と列の比較を複数列の比較に一般化したもので、原理的には比較演算子全体(=、<>、<、>)に拡張できる。実装されているかどうかはまた別問題だが[注3]。

リスト5-8　**ロバートの解：行式を利用**

```
SELECT sup, city, area
  FROM Suppliers
 WHERE ship_flg = '可'
   AND (city, area) IN (SELECT city, area
                          FROM Manufacturers
                         WHERE req_flg = '要');
```

なるほど。しかしこれってヘレン先生の解(リスト5-7)から書き換えるメリットって何なんでしょう？ 実質的に同じことをやっているように見えるのですが。

メリットはあるぞ。まず左辺の列に連結演算子を使わなくてよいため、インデックスの利用が期待できる。そして列のデータ型が文字列型以外でも汎用的に使える。比較したい列が数値型や日付型の場合、連結子を使うには型変換を使わねばならない(**リスト5-9**、**図5-13**)。

リスト5-9　**(city, area)に対するインデックス作成**

```
CREATE INDEX idx_cityarea ON Suppliers(city, area);
```

注3　たとえば、Oracle、PostgreSQL、MySQL、Redshiftは行式をサポートしていますが、SQL Serverはバージョン2022でも行式をサポートしていません。SQL ServerはメジャーなDBMSのわりに構文が古いままのところがあって時々困ります。

図5-13　インデックスIDX_CITYAREAが使用されている（Oracle）

```
--------------------------------------------------------------------------------------------
| Id  | Operation                       | Name          | Rows  | Bytes | Cost (%CPU)| Time     |
--------------------------------------------------------------------------------------------
|   0 | SELECT STATEMENT                |               |     1 |    53 |     3  (34)| 00:00:01 |
|   1 |  MERGE JOIN SEMI                |               |     1 |    53 |     3  (34)| 00:00:01 |
|*  2 |   TABLE ACCESS BY INDEX ROWID| SUPPLIERS     |     1 |    33 |     0   (0)| 00:00:01 |
|   3 |    INDEX FULL SCAN              | IDX_CITYAREA  |     1 |       |     0   (0)| 00:00:01 |
|*  4 |   SORT UNIQUE                   |               |     1 |    20 |     3  (34)| 00:00:01 |
|   5 |    VIEW                         | VW_NSO_1      |     1 |    20 |     2   (0)| 00:00:01 |
|*  6 |     TABLE ACCESS FULL           | MANUFACTURERS |     1 |    24 |     2   (0)| 00:00:01 |
--------------------------------------------------------------------------------------------

Predicate Information (identified by operation id):
---------------------------------------------------

   2 - filter("SHIP_FLG"='可')
   4 - access("CITY"="CITY" AND "AREA"="AREA")
       filter("AREA"="AREA" AND "CITY"="CITY")
   6 - filter("REQ_FLG"='要')
```

ああ、そういうことか！ 実行計画でもインデックスを使うように変わりましたね。

まあこの実行計画もまだインデックスを使う中で最善とは言えないのだが、今後バージョンが上がっていくことによる改善が期待できるからフルスキャンよりはマシだ。

SQLの標準化の中で最も画期的だったのは、SQL-92です。もう30年以上前の話ですが、ここで導入された機能には重要なものが多く含まれています。例を挙げれば、本稿で取り上げた行式やCASE式、ほかにも日付型やトランザクション分離レベル、一時表なども導入されました。「ということはそれ以前には、そうした機能がなかったの?!」と驚く人もいると思います。昔のSQLが「欠陥言語」と悪口を言われていた理由がおわかりいただけるでしょう。これを言うと年輩の方から怒られてしまうかもしれませんが、SQLに悪いイメージを持っている人は、えてして**SQL-92以前のイメージで時が止まってしまっています**。

また、ロバートが言うように、SQLに追加される新機能を観察していると、そこには単純さの原則が存在していることが見て取れます。かつては難しい構文を使わなければ実現できなかった処理を、ずっと簡略的で、直観的にわかりやすく記述できるように進歩してきています。UNIONを連ねなければできなかった分岐はCASE式で、同じくUNIONを使っていた完全外部結合はFULL OUTER JOINで、複雑な相関サブクエリはウィンドウ関数で、簡単に書けるようになりました。かつ、SQLの長所は、そうした新機能のほうが概してパフォーマンスも優れた実行計画が立てられることです。これを利用しない手はありません。

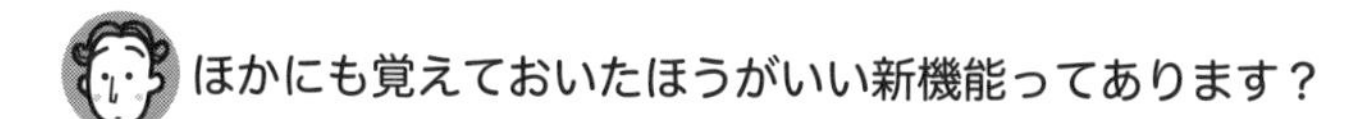

良い新機能と悪い新機能

ほかにも覚えておいたほうがいい新機能ってあります？

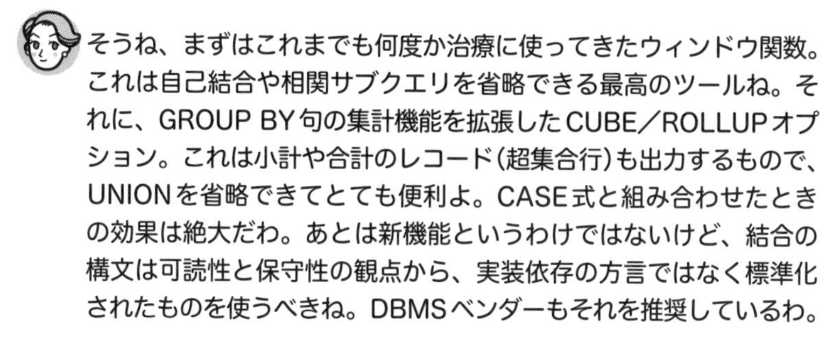

そうね、まずはこれまでも何度か治療に使ってきたウィンドウ関数。これは自己結合や相関サブクエリを省略できる最高のツールね。それに、GROUP BY句の集計機能を拡張したCUBE／ROLLUPオプション。これは小計や合計のレコード（超集合行）も出力するもので、UNIONを省略できてとても便利よ。CASE式と組み合わせたときの効果は絶大だわ。あとは新機能というわけではないけど、結合の構文は可読性と保守性の観点から、実装依存の方言ではなく標準化されたものを使うべきね。DBMSベンダーもそれを推奨しているわ。

逆に、新機能だからというだけで飛びついてはいけないものもある。

えっ、そうなんですか。

たとえばSQL:1999で導入された非スカラ型（配列型）。これを安易に使うのは危険だ。関係モデルの大原則である第1正規形[注4]を崩すことになるうえ、DBとインタフェースを持つアプリケーション側も対応が必要で、実装のサポートもあまり進んでおらず移植性にも

注4　「すべての列に格納される値は分割が不可能な原子的値であること」を満たした形式のことを指します。

難がある(現状、十分に配列型をサポートしているのはPostgreSQLぐらいです。配列型については第6章で取り上げます)。

標準といえど完璧ではないんですね。

SQL周辺系機能の標準化

標準SQLについて、本文では主にSQLそのものの構文についてスポットライトを当てましたが、実はISOの標準化では、そうした「ピュアSQL」だけではなく、周辺機能の新規追加や拡張も行われています。代表的なところを挙げるならば、次のような種類があります。

- SQL/PSM(OracleのPL/SQLやPostgreSQLのPL/pgSQLといった、いわゆるストアドプロシージャ)
- SQLJ(Javaをホスト言語とした埋め込みSQL規格)
- XML関連の機能
- JSON関連の機能

こうした機能は、SQLと連携しつつ、従来のRDB/SQLの枠内で実現の難しかった機能を実現するものです。これら周辺系機能の活用というのも、データベースを扱ううえでは重要なテーマの一つです。もっとも、本書のスタンスとしては、こうした周辺系機能にすぐに頼るのではなく、ピュアSQLの機能を使うことで問題を解決する方向を選択しています。その理由は、こうした機能が周辺系ゆえに使いどころが限られるという理由もありますが、一般にSQLの力が十分に利用されているとは言えないからというのが最大の理由です。たとえば、第3章「ループ依存症」において、手続き型言語のループに頼るのではなくSQLでループを代替する解を考えましたが、これは安易に手続き型のプロシージャに処理を寄せると非効率になりがちだからです。

ただし、すべてをSQLで解けばよいというわけでないことは言うまでもありません[注a]。第4章「スーパーソルジャー病」で見たように選択肢を最初から狭めては、優秀なソルジャーにはなれても大局を見渡す指揮官にはなれません。エンジニアは、自分の使う道具について熟知していると同時に、複数の道具を使えなければならないのです。

注a　たまにそういうSQL原理主義者というか、リレーショナル原理主義者みたいな人もいるのですが、これについては第9章「リレーショナル原理主義病」で取り上げます。

そうだな。標準はその時々の流行りに影響されるところがあるのだが、SQLは言語の理論的基礎がかっちりしているから、あまり無軌道な拡張に向いたキャラではない。それに、標準といえど人間が決めることだ。政治もあれば間違いもある。完璧などありえんさ。……ところで、人間の決めることと言えば、お前の専門についてだがな……。

あ、このあと飲み会なんで、今日はこれで失礼します。いやー今日も勉強になりました。僕も来年はお二人みたいにバリバリやるぞー。

お、おう。お疲れ。

普段は威張ってるくせに、ロバートはこういうとき頼りにならないんだから、もう。

参考資料

- Wikipedia - SQL - Standardization
  http://en.wikipedia.org/wiki/SQL#Standardization
  SQLの標準化は数年単位で行われています。各改訂の内容は、上記Wikipediaのサイトからたどるのが調べやすいでしょう。

まとめ

- SQLは過去から現在に至るまで活発に言語仕様の標準化が行われており、どんどん便利になってきている
- CASE式やウィンドウ関数のようにSQLコーディングの在り方を変えてしまうような革命的なアップデートが入ることもあるので、新しい標準仕様が出たら要チェック
- 配列型などたまにやらかしてしまうこともあるがドンマイ
- DBMSの開発元も基本的には新しい標準に準拠していくことを意識しているが、たまにサポートされていない機能があるので注意が必要
- エンジニアの側も新しい標準仕様を勉強する努力が普段から必要

演習問題

解答389ページ

演習5-1

標準SQLの中にトリガという機能があります(SQL:1999で標準化)。テーブルへの更新を契機としてSQL文を自動的に実行できる機能で、ほとんどの実装でサポートされており、イベントのロギングや不正なSQL文の監査など便利な使い方がある反面、デメリットも多い機能です。どのようなデメリットがあるか調べてください。

演習5-2

突然ですが、著者はストアドプロシージャ(ストアドファンクションも)をあまり評価していません。ストアドプロシージャは、かつてSQLがまだ貧弱でウィンドウ関数も持っていなかった時代に、ホスト言語側でビジネスロジックを書くとネットワーク伝送(ラウンドトリップ)がボトルネックになるのを防ぐために導入されたものです。しかし現在の強力になったSQLをもってすれば、第3章で見たように、条件分岐もループもピュアSQLで書けてしまうしそのほうがパフォーマンスが良いのです。心配されたネットワーク帯域もブロードバンドが普及したいまや懸念事項ではなくなりました。しかも実装ごとに構文が違い、コーディング環境は貧弱でデバッグやテストも容易ではなく、ビジネスロジックがデータベース側とアプリケーション側に分断されるなど、欠点が満載です。**過去の遺物**というのが著者のストアドプロシージャに対する評価です。ストアドプロシージャを使うなど、時代錯誤症候群の最たるものだと考えています(しかも往々にループ依存症を併発するからたちが悪い)。

そうは言っても、よほどパフォーマンスを追求したいときや、既存のコードをメンテナンスするときにストアドプロシージャのコードを読み書きせねばならない時があります。そのような場合に備えて、読者の使っているDBMSのストアドプロシージャの基本構文について調べてください。

第6章

ロックイン病

実装依存の罠にはまるな！

本章で学ぶ内容

前章では便利なSQLの標準機能を学びました。しかし中には、標準というだけで使用してはいけない罠のような機能も存在します。非常にやっかいですがそうした機能は注意深くコーディングから排除せねばなりません。特に配列型はたいへん危険な機能なので手を出してはいけません。それ以外にもJSON型や文字列型などのデータ型周辺にも危険な独自実装が潜んでいるため、プログラミングの際は自覚的である必要があります。

(AM10:00、手術室。ワイリーが一人で手術台に向かって何やら作業をしている)

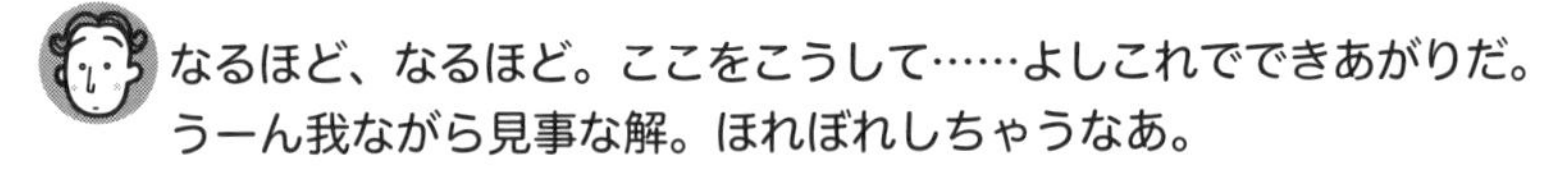

なるほど、なるほど。ここをこうして……よしこれでできあがりだ。うーん我ながら見事な解。ほれぼれしちゃうなあ。

(ロバートとヘレンが会話しながら手術室に入ってくる)

おはようワイリー。あら、今日午前にオペの予定入ってたかしら？

ああ、いえ。ちょっと友人から頼まれた問題を解いていたんですよ。

ほう、どれどれ、どんな問題か見せてみろ。

カルテ1 **図6-1**のようなExcelで管理されている表をデータベースに登録したい。どのようなテーブル設計にすればよいだろうか？

図6-1　社員子ども表

社員子どもテーブル

emp_id (社員ID)	emp_name (社員名)	child_1 (子ども1)	child_2 (子ども2)	child_3 (子ども3)
001	熊田虎吉	熊田雄介	熊田心美	
002	青井慎吾	青井大地		
003	新城菜々美	新城康介	新城徹	新城大海
004	武田春樹			

擬似的な配列データを登録するわけね。よくある問題ね。それであなたの解は？

友人の環境がPostgreSQLだったので配列型が使えるなと思って、そのままダイレクトに配列を表現してみました（**リスト6-1**、**リスト6-2**、**図6-2**）。

リスト6-1　**テーブル定義（PostgreSQL）**

```
CREATE TABLE EmpChildArray
(emp_id      CHAR(4)   PRIMARY KEY,
 emp_name    VARCHAR(16) NOT NULL,
 children    VARCHAR(16) ARRAY);

INSERT INTO EmpChildArray
  VALUES('0001', '熊田虎吉',    '{"熊田雄介", "熊田心美"}');
INSERT INTO EmpChildArray
  VALUES('0002', '青井慎吾',    '{"青井大地"}');
INSERT INTO EmpChildArray
  VALUES('0003', '新城菜々美',  '{"新城康介", "新城徹", "新城大海"}');
INSERT INTO EmpChildArray
  VALUES('0004', '武田春樹',    '{}');
```

リスト6-2　**配列型の結果を求めるSELECT文**

```
SELECT * FROM EmpChildArray;
```

図6-2　**SELECT文の結果**

```
 emp_id | emp_name  |          children
--------+-----------+---------------------------
```

```
001    | 熊田虎吉    | {熊田雄介,熊田心美}
002    | 青井慎吾    | {青井大地}
003    | 新城菜々美  | {新城康介,新城徹,新城大海}
004    | 武田春樹    | {}
```

どうです、この見事な解法は。

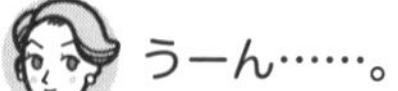

うーん……。

あれ、なんです？ 2人してその微妙な反応は？ もっと褒めてくれていいんですよ。

まあなあ、これに関しちゃお前が悪いとも言えないんだが、配列型はSQLの黒歴史みたいなもんでな。これもロックイン病という立派なアンチパターンなんだ。

えっ、ロックインってベンダー依存の機能を使ってマイグレーションが難しくなる病気ですよね。でも配列型って標準SQLですよね？

たしかに配列型はSQL:1999で取り入れられたSQLの標準機能よ[注1]。だけど実際にはDBMSごとに構文が違ったり、SQL ServerやMySQLみたいにサポートしていないDBMSも多かったりするわ。

ちなみにOracleで配列型を表現するにはこう書く(**リスト6-3**)。

リスト6-3 **Oracleにおける配列型の定義**

```
/* 要素数10の文字列型の配列タイプを定義 */
CREATE OR REPLACE TYPE children_typ IS VARRAY(10) of VARCHAR2(16);
/

CREATE TABLE EmpChildArrayOracle
(emp_id      CHAR(4)  PRIMARY KEY,
 emp_name    VARCHAR2(16) NOT NULL,
 children    children_typ);

INSERT INTO EmpChildArrayOracle
  VALUES('0001', '熊田虎吉',  children_typ('熊田雄介', '熊田心美'));
```

注1 「オブジェクト指向、Javaを取り入れた新しい業界標準「SQL99」詳細解説」
https://atmarkit.itmedia.co.jp/fnetwork/tokusyuu/01sql99/sql99_2a.html

```
INSERT INTO EmpChildArrayOracle
  VALUES('0002', '青井慎吾',  children_typ('青井大地'));
INSERT INTO EmpChildArrayOracle
  VALUES('0003', '新城菜々美',children_typ('新城康介', '新城徹', '新城大海'));
INSERT INTO EmpChildArrayOracle
  VALUES('0004', '武田春樹',  NULL);
```

うーんOracleとPostgreSQLでこんなに違うのかあ。これはマイグレーションが面倒くさいなあ。

仮にサポートしていたとしても、配列型に対して使える関数も実装によってバラバラよ。配列型を使わないとどうしてもできない、という機能も別にないし、わざわざ第一正規形(テーブルに含まれる値がすべてスカラ値である状態)を崩してまで配列型を使うメリットはないわね。それにOracleの場合、配列型の列にはインデックスを作成することもできないわ(**リスト6-4**、**図6-3**)。

リスト6-4 **Oracleでの配列型の列に対する索引作成**

```
CREATE INDEX idx_children ON EmpChildArrayOracle(children);
```

図6-3 **エラーが発生する(Oracle)**

```
行1でエラーが発生しました。:
ORA-02327: データ型NAMED ARRAY TYPEの式に索引は作成できません。
```

本当だ。PostgreSQLでは配列型の列でもインデックスが作れるのに、Oracleではエラーになる。インデックスを使えないのはデータ量が増えたときに不利ですね……。

子どもの数を数える関数一つとってもPostgreSQL(**リスト6-5**、**図6-4**)とOracle(**リスト6-6**、**図6-5**)ではやり方が違う。互換性はゼロに等しいうえに、Oracleではファンクションを自分で定義しなければならん。

リスト6-5 **PostgreSQLで子どもの数を数える**

```
SELECT emp_name, COALESCE(ARRAY_LENGTH(children, 1), 0)
  FROM EmpChildArray;
```

図6-4 PostgreSQLでの結果

```
 emp_name  | array_length
-----------+-------------
 熊田虎吉  |            2
 青井慎吾  |            1
 新城菜々美 |            3
 武田春樹  |            0
```

リスト6-6 Oracleで子どもの数を数える

```
set serveroutput on

CREATE OR REPLACE FUNCTION ChildCount(children children_typ)
RETURN NUMBER
IS
BEGIN
  IF children.exists(1) THEN
      RETURN children.COUNT;
  ELSE
      RETURN 0;
  END IF;
END;
/

SELECT emp_name, ChildCount(children)
  FROM EmpChildArrayOracle;
```

図6-5 Oracleでの結果

```
EMP_NAME       CHILDCOUNT(CHILDREN)
-------------- --------------------
熊田虎吉                           2
青井慎吾                           1
新城菜々美                         3
武田春樹                           0
```

うへえ。こんなに面倒くさいんだ。これは勘弁だなあ。

こういう場合、伝統的にSQLではどうするんだった？

こうですかね？（リスト6-7）

リスト6-7 配列の格納（ダメなやり方）

```
CREATE TABLE EmpChild
```

```
(emp_id      CHAR(4)   PRIMARY KEY,
 emp_name    VARCHAR(16) NOT NULL,
 child_1     VARCHAR(16),
 child_2     VARCHAR(16),
 child_3     VARCHAR(16));
```

EmpChild:社員子どもテーブル emp_id:社員ID emp_name:社員名 child_1:子ども1 child_2:子ども2 child_3:子ども3

バカモン。これじゃ4人目の子どもがいる社員が入社してきたらどうするんだ。養子にでも出すよう迫るのか(この列持ちテーブルのモデルは『SQLアンチパターン』(Bill Karwin著、オライリー・ジャパン、2013年)「第7章 マルチカラムアトリビュート」でも紹介されています)。

あ、そっか。リレーショナルデータベースは列の追加が簡単じゃないんですよね……ALTER TABLE文が必要になっちゃうから。じゃあ4人目は2行目に折り返して登録するとか……。

ちょ、ちょっといったん落ち着きましょう。あらぬ方向に突っ走ってるわ。こういうときの定石はテーブルを「社員」と、「社員-子ども」の関連エンティティに分割してあげることよ(**リスト6-8**)。

リスト6-8 **テーブル定義:テーブルを分割**

```
CREATE TABLE Employee
(emp_id      CHAR(4)   PRIMARY KEY,
 emp_name    VARCHAR(16) NOT NULL);
```

Employee:社員テーブル emp_id:社員ID emp_name:社員名

```
CREATE TABLE EmployeeChildren
(emp_id      CHAR(4) NOT NULL,
 child_seq   INTEGER NOT NULL,
 child_name VARCHAR(16) NOT NULL,
   CONSTRAINT pk_EmployeeChildren PRIMARY KEY(emp_id, child_seq) );
```

EmployeeChildren:社員子どもテーブル emp_id:社員ID child_seq:子ども枝番 child_name:子ども名前

Employee

emp_id (社員ID)	emp_name (社員名)
0001	熊田虎吉
0002	青井慎吾
0003	新城菜々美
0004	武田春樹

EmployeeChildren

emp_id (社員ID)	child_seq (子ども枝番)	child_name (子ども名前)
0001	1	熊田雄介
0001	2	熊田心美
0002	1	青井大地
0003	1	新城康介
0003	2	新城徹
0003	3	新城大海

うむ。これで子どもが何人増えようと枝番(child_seq)をインクリメントしていくだけで対応できる。社員名と結び付けるときも外部結合で一発だ(**リスト6-9**、**図6-6**)。

リスト6-9 **外部結合で親と子どもを紐付ける**

```
SELECT Emp.emp_name, Child.child_name
  FROM Employee Emp LEFT OUTER JOIN EmployeeChildren Child
    ON Emp.emp_id = Child.emp_id;
```

図6-6 **実行結果**

```
 emp_name   | child_name
------------+-----------
 熊田虎吉   | 熊田雄介
 熊田虎吉   | 熊田心美
 青井慎吾   | 青井大地
 新城菜々美 | 新城康介
 新城菜々美 | 新城徹
 新城菜々美 | 新城大海
 武田春樹   |
```

結合ってコストが高い気がするんですけどこのクエリのパフォーマンスは大丈夫なんでしょうか?

内部表の結合条件に主キーを使ってるから、データ量が増えてもインデックスが使えて高速よ(**図6-7**)。

図6-7　実行計画（Oracle）

```
--------------------------------------------------------------------------------------------------------
| Id  | Operation                            | Name                 | Rows  | Bytes | Cost (%CPU)| Time     |
--------------------------------------------------------------------------------------------------------
|   0 | SELECT STATEMENT                     |                      |     4 |   124 |    11   (0)| 00:00:01 |
|   1 |  NESTED LOOPS OUTER                  |                      |     4 |   124 |    11   (0)| 00:00:01 |
|   2 |   TABLE ACCESS FULL                  | EMPLOYEE             |     4 |    60 |     2   (0)| 00:00:01 |
|   3 |   TABLE ACCESS BY INDEX ROWID BATCHED| EMPLOYEECHILDREN     |     1 |    16 |     3   (0)| 00:00:01 |
|*  4 |    INDEX RANGE SCAN                  | PK_EMPLOYEECHILDREN  |     1 |       |     1   (0)| 00:00:01 |
--------------------------------------------------------------------------------------------------------

Predicate Information (identified by operation id):
---------------------------------------------------

   4 - access("EMP"."EMP_ID"="CHILD"."EMP_ID"(+))
```

なるほど。データ量が増えたときのことまで考えられているのは行き届いた解ですね。

だからこそ長らくSQLは配列型など必要としてこなかったのだ。もう確立された解法があるんだからな。今後も使う機会はあるまいよ。

ちなみに実行計画のTABLE ACCESS BY INDEX ROWID BATCHEDのBATCHEDって何ですか？ バッチ処理をSQLの中で行ってるんですか？

まさにそのとおりよ。インデックス検索でヒットした複数行をまとめて取り出す処理で、Oracle 12cから性能改善のために採用されたわ[注2]。

注2　「TABLE ACCESS BY INDEX ROWID BATCHED - Oracle SQL実行計画」
https://cosol.jp/knowledge/knowledge_post/sql-execution-plan-table-access-by-index-rowid-batched/

アンチパターン：テーブルの継承

標準SQLには、テーブルの継承という恐ろしい機能が存在します。SQL:1999で標準化されました。これはテーブルをオブジェクト指向言語のクラスに見立てて、親クラスから子クラスを継承させるように、親テーブルから子テーブルを継承させるという機能です（**リスト6-a**、**リスト6-b**）。1990年代にオブジェクト指向が流行したとき、これからはSQLもオブジェクト指向を目指さなければならない、という機運が高まったことがあって生まれた一時の気の迷いのようなものです。その証拠に、2024年現在においてもこれをサポートしているDBMSはPostgreSQLだけです（PostgreSQLの場合、パーティションが実装されていなかった時代に継承で代用していたという事情もあるのですが）。理由はあまりに使いどころがなく、親テーブルの主キー制約が子テーブルに引き継がれないなどハマりやすい仕様が満載だからです。現在はどのDBMSもパーティションを実装しており、この機能が利用されることは今後もないでしょう。見かけたら「ああ古いやり方のなごりだな」と思ってください。

- **PostgreSQL 16.0文書 第5章 データ定義 5.10. 継承**
  https://www.postgresql.jp/document/16/html/ddl-inherit.html

リスト6-a　**継承 親テーブルのDDL（PostgreSQL）**

```
CREATE TABLE measurement (
    city_id         int not null,
    logdate         date not null,
    peaktemp        int,
    unitsales       int
);
```

リスト6-b　**継承 子テーブルのDDL（PostgreSQL）**

```
CREATE TABLE measurement_yy04mm02 ( ) INHERITS (measurement);
CREATE TABLE measurement_yy04mm03 ( ) INHERITS (measurement);
CREATE TABLE measurement_yy05mm11 ( ) INHERITS (measurement);
CREATE TABLE measurement_yy05mm12 ( ) INHERITS (measurement);
CREATE TABLE measurement_yy06mm01 ( ) INHERITS (measurement);
```

上記のコードはアイスクリーム屋が都市ごとの最高気温を記録するテーブルです。年月単位で子テーブルを作成しています。下記サイトより引用しました。

- **PostgreSQL 16.0文書 第5章 データ定義 5.11. テーブルのパーティショニング**
  https://www.postgresql.jp/document/16/html/ddl-partitioning.html

擬似配列テーブルに遭遇してしまったら

さんざん批判されたあとに出すのは気が引けるんですけど、むかしこんなテーブルを作ったことがありまして……(**リスト6-10**)。

リスト6-10　**テーブル定義：擬似配列**

```
CREATE TABLE ArrayTbl
(id   INTEGER  PRIMARY KEY,
 c1   INTEGER,
 c2   INTEGER,
 c3   INTEGER,
 c4   INTEGER,
 c5   INTEGER,
 c6   INTEGER,
 c7   INTEGER,
 c8   INTEGER,
 c9   INTEGER,
 c10  INTEGER);
```

ArrayTbl:配列テーブル　id:ID　c1:列1　c2:列2　c3:列3　c4:列4　c5:列5　c6:列6　c7:列7　c8:列8　c9:列9　c10:列10

ArrayTbl

id	c1	c2	c3	c4	c5	c6	c7	c8	c9	c10
1	1	4	6		8	5	7	33		
2		4	6	2	6	7	12		**9**	
3	**9**	3	5	7	8	4	**9**		5	1
4	8	11	2	5	7	**9**	10		5	3
5		6	7	**9**	**9**	**9**				
6	3	1	**9**	6	5	7	4	8	2	4
7										

(拍手しながら)実にお前らしい最低なテーブルじゃないか。

どうも……。当時やりたかったのは「c1からc10までの列の値が9の列を**少なくとも1つ**含む行を選択する」というものだったんですけど、アプリケーション側にデータ持ってきて処理しちゃいました。

存在量化ね[注3]。IN述語でやれるわ（**リスト6-11**、**図6-8**）。

リスト6-11　**9が少なくとも1つ含まれる行を選択する（IN述語）**

```
SELECT *
  FROM ArrayTbl
 WHERE 9 IN (c1, c2, c3, c4, c5, c6, c7, c8, c9, c10);
```

図6-8　**実行結果**

```
 id | c1 | c2 | c3 | c4 | c5 | c6 | c7 | c8 | c9 | c10
----+----+----+----+----+----+----+----+----+----+-----
  2 |    |  4 |  6 |  2 |  6 |  7 | 12 |    |  9 |
  3 |  9 |  3 |  5 |  7 |  8 |  4 |  9 |    |  5 |   1
  4 |  8 | 11 |  2 |  5 |  7 |  9 | 10 |    |  5 |   3
  5 |    |  6 |  7 |  9 |  9 |  9 |    |    |    |
  6 |  3 |  1 |  9 |  6 |  5 |  7 |  4 |  8 |  2 |   4
```

うわあシンプル。IN述語って列名を左辺に書くものだと思ってました。定数も書けるんですね。

そういう場合が多いというだけで、実際には式を書くことができるから、定数だって書けるわ。定数は一番単純な式だからね。

ANY演算子を使っても書けるぞ（**リスト6-12**）。

リスト6-12　**9が少なくとも1つ含まれる行を選択する（ANY演算子）**

```
SELECT *
  FROM ArrayTbl
 WHERE 9 = ANY (c1, c2, c3, c4, c5, c6, c7, c8, c9, c10);
```

わあ、こんないろんなやり方があったのか。当時知っていればSQLで書けたのになあ。

注3　存在量化はSQLの基礎理論である述語論理において変項が「少なくとも1つ存在する」という束縛のされ方をする量の表現方法です。

ただ、このクエリは今のところOracleでしか動作しないから、まあ頭の片隅にでもおいておく程度でいい。出番はそれほどないだろう。

ちなみに今思い付いたんですけど、「値が9の列をちょうど1つだけ含む」みたいなクエリはどうなるんでしょう。

値が9かどうかを条件にCASE式で分岐させればできるわ。各列に0/1のフラグを立てていくイメージね。

なるほどなるほど……できました！（**リスト6-13、図6-9**）

リスト6-13　**9が1つだけの行を選択する**

```
SELECT *
  FROM ArrayTbl
 WHERE 1 = CASE WHEN c1 = 9 THEN 1 ELSE 0 END +
           CASE WHEN c2 = 9 THEN 1 ELSE 0 END +
           CASE WHEN c3 = 9 THEN 1 ELSE 0 END +
           CASE WHEN c4 = 9 THEN 1 ELSE 0 END +
           CASE WHEN c5 = 9 THEN 1 ELSE 0 END +
           CASE WHEN c6 = 9 THEN 1 ELSE 0 END +
           CASE WHEN c7 = 9 THEN 1 ELSE 0 END +
           CASE WHEN c8 = 9 THEN 1 ELSE 0 END +
           CASE WHEN c9 = 9 THEN 1 ELSE 0 END +
           CASE WHEN c10 = 9 THEN 1 ELSE 0 END;
```

図6-9　**実行結果**

```
 id | c1 | c2 | c3 | c4 | c5 | c6 | c7 | c8 | c9 | c10
----+----+----+----+----+----+----+----+----+----+-----
  2 |    |  4 |  6 |  2 |  6 |  7 | 12 |    |  9 |
  4 |  8 | 11 |  2 |  5 |  7 |  9 | 10 |    |  5 |   3
  6 |  3 |  1 |  9 |  6 |  5 |  7 |  4 |  8 |  2 |   4
```

これで9を2つ含むid=3と3つ含むid=5の行が除外できました。

よくできました。これで左辺の値を変えることで「9がちょうどn個の行」を選択するクエリに一般化できるわ。

CASE式の使い方もなかなか板についてきたな。

えへへ。たまに褒められると照れますね。

だからといってこの酷いテーブル設計の免罪符にはならんがな。

へーい……。

リレーショナルデータベースの考案者であるコッドは、以下のような言葉を残しています[注4]。

> 「どうして関係モデルと呼ぶのですか」という質問がときどきある。どうして表形式(tabular)モデルと呼ばないのか、理由は2つある……(2)関係より表のほうが抽象水準が低い。表は、配列と同様に位置による呼び出しが可能だという印象を与えるが、n項関係はそうではない。

このことからも、コッドが配列のような抽象度の低いデータ表現を意図的にリレーショナルデータベースから排除した(代わりに列の「名前」による呼び出しを可能にした)のだということがわかります。配列型は、その一度は追放したはずの下位レベルの表現を再度リレーショナルの世界に輸入するような所業だったわけです。SQLの標準仕様も人間が定めるものである以上、ときどき今回のような迷走をすることもあるのです。

SQLにおけるJSONの扱い方

実は友人から配列だけでなくJSONもリレーショナルデータベースで扱えないかと聞かれているんですが(リスト6-14)。

リスト6-14 **JSONのサンプル**

```
{
  "member": [
    {
```

注4 エドガー・F.コッド『ACMチューリング賞講演集』「関係データベース：生産性向上のための実用的基盤」共立出版、1989年、pp.459-460

```
      "name": "広瀬",
      "age": 45,
      "height": 172
    },
    {
      "name": "小西",
      "age": 30,
      "height": 185
    },
    {
      "name": "栗田",
      "age": 30,
      "height": 169
    },
    {
      "name": "鎌田",
      "age": 45,
      "height": 169
    },
    {
      "name": "本間",
      "age": 22,
      "height": 169
    }
  ]
}
```

扱えんこともないが気が進まんなあ……。おとなしくドキュメント型データベースを使ったほうがいいんじゃないか。

あれ、後ろ向きですね。RDBにだってJSON型ありますよね。

JSON型はSQL:2023で標準化されたとても新しい機能よ。そうはいっても、ここ数年いろいろなDBMSがJSONに対するサポートを強化しているわ。ここではPostgreSQL、MySQL、Oracleの3つについて見ていきましょうか。まずはテーブル作成とデータ登録ね（**リスト6-15**）。

リスト6-15　**テーブル作成とデータ登録は共通構文でOK**

```
CREATE TABLE Member(
    id INTEGER PRIMARY KEY,
    memo JSON NOT NULL);
```

Member: メンバーテーブル id:ID memo: メモ

```
INSERT INTO Member VALUES(1, '{"name": "広瀬", "age": 45, "height": 172}');
INSERT INTO Member VALUES(2, '{"name": "小西", "age": 30, "height": 185}');
INSERT INTO Member VALUES(3, '{"name": "栗田", "age": 30, "height": 169}');
INSERT INTO Member VALUES(4, '{"name": "鎌田", "age": 45, "height": 169}');
INSERT INTO Member VALUES(5, '{"name": "本間", "age": 22, "height": 169}');
```

memo列にJSON型が使われているのがポイントですね[注5]。データを表示してみると、たしかにJSONとして保存されているのがわかります(図6-10)。

図6-10 **JSONデータの確認**

```
 id |                    memo
----+-----------------------------------------------
  1 | {"name": "広瀬",    "age": 45,  "height": 172}
  2 | {"name": "小西",    "age": 30,  "height": 185}
  3 | {"name": "栗田",    "age": 30,  "height": 169}
  4 | {"name": "鎌田",    "age": 45,  "height": 169}
  5 | {"name": "本間",    "age": 22,  "height": 169}
```

それでお前の友人とやらはこのデータで何がやりたいんだ。

年齢が同じ人のペアを見つけたいそうです。このサンプルデータだと(小西, 栗田)と(広瀬, 鎌田)ですね。でも違う行の値同士をどうやって比較するのかわからなくて。

そういうときは自己結合を使うのが便利よ(**リスト6-16**、**リスト6-17**、**リスト6-18**、**図6-11**)。

リスト6-16 **PostgreSQL**

```
SELECT M1.memo->>'name' AS name1, M2.memo->>'name' AS name2
  FROM Member M1
    INNER JOIN Member M2
```

注5 PostgreSQLにはJSONBというバイナリ形式で保存するデータ型もあり、検索が速い、使える関数が多いといった利点があるのですが、ここでは互換性の観点からJSON型を利用しました。また、SQL ServerにはJSON専用のデータ型はなく、従来の文字列型を用います(要素を抽出するJSON_VALUEなどの関数などは用意されています。Azure SQL DatabaseではJSONデータ型が使用できます)。
参照:「SQL Server の JSON データ」
https://learn.microsoft.com/ja-jp/sql/relational-databases/json/json-data-sql-server

```
   ON M1.id > M2.id
 WHERE M1.memo->>'age' = M2.memo->>'age';
```

リスト6-17 **Oracle**

```
SELECT M1.memo.name.string() AS name1, M2.memo.name.string() AS name2
 FROM Member M1
   INNER JOIN Member M2
   ON M1.id > M2.id
WHERE M1.memo.age.number() = M2.memo.age.number();
```

リスト6-18 **MySQL**

```
SELECT M1.memo->>"$.name" AS name1, M2.memo->>"$.name" AS name2
  FROM Member M1
    INNER JOIN Member M2
    ON M1.id > M2.id
 WHERE M1.memo->>"$.age" = M2.memo->>"$.age";
```

図6-11 **実行結果**

```
 name1  | name2
--------+--------
 "栗田" | "小西"
 "鎌田" | "広瀬"
```

うーん、これは……似ていると言えば似ているのかな……バリューにアクセスする構文も微妙に違いますね。これも地味にやっかいですね[注6]。

JSONに関しては標準化が遅かったため、各実装が勝手に独自拡張として進めてきた結果がこのありさまだ。標準化が遅れがちな周辺機能ではどうしてもロックイン病を発病しやすくなる。そうすると単純に標準に入っているかどうかだけでロックイン病かどうかを判断することはできない。非常にやっかいな状況だ。ワシがJSONをRDBで扱うのに後ろ向きな理由もわかるだろう。

うーん、標準機能だからってだけで安心できないんだなあ。ところ

注6　JSONの要素を参照する演算子としてPostgreSQLとMySQLでは「->>」という大なり記号を2つ重ねた演算子を使っていますが、これはJSON要素を文字列または数値として取り出す演算子です。紛らわしいのですが、どちらのDBMSにも「->」という大なり記号が1つの演算子もありますが、この場合はJSONフィールドとして取得します。そのため文字列はダブルクォーテーションで囲まれた形式で表示されるので注意が必要です。

でこの不等号を使った自己結合M1.id > M2.idは何をやってるんですか？

要素の組み合わせを作っているのよ。数学的に言うと**非順序対**という要素の順序を無視した組み合わせね。WHERE句抜きで実行してみればもっとよくわかるわ（図6-12）。

図6-12　**WHERE句抜きの結果**

```
 name1  | name2
--------+--------
 小西   | 広瀬
 栗田   | 広瀬
 栗田   | 小西
 鎌田   | 広瀬
 鎌田   | 小西
 鎌田   | 栗田
 本間   | 広瀬
 本間   | 小西
 本間   | 栗田
 本間   | 鎌田
```

なるほど。名前のペアを作っているのか。それで$_5C_2$=10行になるわけですね。

行間比較するときに便利だから覚えておくといいわ[注7]。

これって3人以上に拡張することもできるんですか？

できるわよ。ちょうどいいから今日の宿題にしましょう（演習6-1）。

う、墓穴掘ったー。

この程度の単純なキーとバリューのペアしか持っていないJSONドキュメントなら、おとなしくキーをリレーションの属性として定義してしまったほうが何かと便利だ。名前、年齢、身長ならたった3列で済むし、人間にとって基本的な属性だからNULLが入り込みに

注7　自己結合を使った行間比較についてもっと知りたい方は、拙著『達人に学ぶ SQL徹底指南書 第2版』（翔泳社、2018年）第3章「自己結合の使い方」を参照。

くい。もっと配列を使ったり階層が深かったりするスキーマレスな特性の強いデータになるとそうもいかなくなるから、やはりJSON型があるのは重宝するがな。

実際に扱ってみて思ったんですけど、JSONって専用のデータ型まで用意されてますけど、使えば使うほどただの文字列と数値のキー・バリュー型のドキュメントだなって気がしたんですけど。

そうさ、ただの文字列と数値の組み合わせさ。そのシンプルさによる視認性の良さがJSONのいいところだ。XMLなんて人が読めたものじゃないからな。昔はアプリケーション間のデータ連携フォーマットにはXMLが期待されたことがあったが、Webを介してデータやりとりするためだけにしては重量級すぎたな。今じゃXMLデータベースもとんと見かけなくなった注8。レイアウト指定もないならJSONくらいシンプルなのがWebのデータ連携にはちょうどいい。実際そのシンプルさとデータ定義の自由さがはまったからMongoDBのようなドキュメント指向データベースが成功を収めたわけだからな。

ところで最近はクラウドを使うことも増えると思うんですが、RedshiftとかBigQueryみたいなクラウド系のデータベースでは配列やJSONは扱えるのでしょうか。

どちらも一応サポートしているが、要素やバリューにアクセスする構文や使える関数は例によって統一されていない。そうだな、ちょうどいい。RedshiftとBigQueryにおける配列とJSONの使い方を調べるというのも今日の宿題にしておこう（演習6-2）。

またまたハリー・ボケツホッター。

注8　2000年代前半の一時期にXMLデータベースがリレーショナルデータベースを置き換えるのではないかという論調があったのですが、結局XMLパースのパフォーマンス問題などがあってそうはならず、XMLDBもニッチな製品に落ち着きました。以下を参照。
「XMLDBがRDBMSに置き換わるなんて、昔は無理なことを言ってました - XMLデータベースは特化した領域で確実に評価されている」
https://enterprisezine.jp/article/detail/4361

文字列型の仕様がバラバラすぎて困る件について

ほかに気を付けておくべきロックインになりやすいポイントってありますかね？

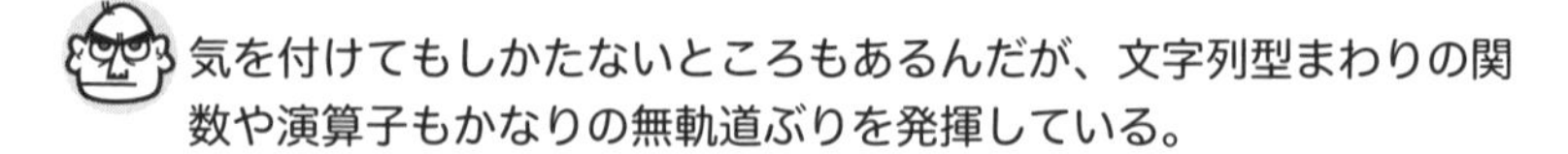

気を付けてもしかたないところもあるんだが、文字列型まわりの関数や演算子もかなりの無軌道ぶりを発揮している。

ええっ文字列ってCHARとかVARCHARとかですよね。基本中の基本のデータ型じゃないですか。

そう思うか？ それがそうでもないんだ。お前、文字列同士を連結するときはどうする？

普通に `'abc' || 'def'` みたいにしますけど。何か問題があるんですか。これ標準SQLですよね。

じゃあMySQLでやってみろ。

ええと（リスト6-19、図6-13）。

リスト6-19　MySQLで文字列連結（間違い）

```
SELECT 'abc' || 'def';
```

図6-13　実行結果

```
+----------------+
| 'abc' || 'def' |
+----------------+
|              0 |
+----------------+
```

(゜Д゜)…

なんじゃこりゃあ！

MySQLでは || は文字列連結子としては使えないのよ。OR演算子として定義されているから。まあSET sql_mode='PIPES_AS_CONCAT'; でパラメータをセットしてあげれば無理やり || を使うこともできるけど。一般的には代わりにCONCAT関数を使うわ。なんでこんな仕様になっているのかは謎としか言いようがないけど……。

エラーにはならなくて、結果が間違っているだけというのがこの独自仕様のタチが悪いところだ。初心者がうっかりハマりやすい(**リスト6-20、図6-14**)。

リスト6-20　**MySQLでの文字列連結**

```
SELECT CONCAT('abc', 'def');
```

図6-14　**実行結果**

```
+----------------------+
| CONCAT('abc', 'def') |
+----------------------+
| abcdef               |
+----------------------+
```

MySQLだけではない。SQL Serverでもやはり || は使えず、+演算子を使う必要がある(**リスト6-21**)。

リスト6-21　**文字列連結(SQL Server)**

```
SELECT 'abc' + 'def';
```

えー、じゃあ || で文字列連結できるのは、Oracle、PostgreSQL、Db2だけですか。こんなに無秩序じゃ何のための標準なんだ。

RedshiftやSnowflakeのような比較的新しいクラウド系のデータベースはさすがに || 演算子をサポートしている。

文字列に関する混乱はこれだけじゃないわ。ワイリー、'abc' || NULLの結果はどうなると思う？

文字列とNULLとの連結ということですよね。それはもちろんNULLの伝播（でんぱ）が起きて結果もNULLになるのではないですか[注9]。

ほとんどの実装ではそうなるわ。でもOracleでの結果を見てみて。

ええと、Oracleの場合、定数を取得するにはDUAL表を指定するから……（リスト6-22、図6-15）[注10]。

リスト6-22　OracleでのNULLと文字列の連結

```
SELECT 'abc' || NULL AS concat_string
  FROM DUAL;
```

図6-15　実行結果

```
CONCAT
------
abc
```

(゜Д゜)…

なんじゃこりゃあ！

二度も同じ反応せんでいい。暑苦しい。これはOracleの有名な仕様でな、文字列連結のときだけNULLを空文字として扱うのだ。しかも面倒なことに、Oracleはそれ以外の場合では空文字をNULLとして扱う。Oracleのマニュアルにはこう書かれている。

> Oracleは、長さが0(ゼロ)の文字列をNULLとして処理しますが、長さが0(ゼロ)の文字列を別のオペランドと連結すると、その結果は常にもう一方のオペランドになります。結果がNULLになるのは、2つのNULL文字列を連結したときのみです。ただし、この処理はOracle Databaseの今後のバージョンでも継続されるとはかぎりません。nullになる可能性のある式を連結する場合は、NVL

注9　NULLの伝播(propagation)とは、NULLを関数や演算子の入力とした場合に結果がすべてNULLとなる現象で、たとえば以下のようなケースでは結果はすべてNULLとなります。
1 + NULL
1 - NULL
0 / NULL
1 * NULL

注10　Oracle 23aiから、DUAL表の指定は不要になりました。

関数を使用してその式を長さ0の文字列に明示的に変換してください。

――「Oracle 21c SQL言語リファレンス 連結演算子」
https://docs.oracle.com/cd/F39414_01/sqlrf/Concatenation-Operator.html
#GUID-08C10738-706B-4290-B7CD-C279EBC90F7E

「今後のバージョンでも継続されるとはかぎりません」というただしがきが意味深ですね。

Oracle社もこの仕様のままでよいとは思っていないのだろう。だが後方互換を考えるとなかなか標準仕様に合わせる踏ん切りもつかないというところだな。この断り書き、ワシが新米だったころからバージョンが上がるたびに毎回マニュアルに書かれてるからな。修正はいつになるのやら。

これがSQL七不思議の2つ目「**NULLと空文字が混同されがち**」よ。

やな七不思議だなあ……。

標準ではないTEXT型の仕様もバラバラ

文字列つながりでいうと、TEXT型も実装ごとに仕様が異なる。まとめると以下のような状態だ。

- Oracle
  OracleではLONGデータ型のすべての形式は非推奨とされており、大量の文字データを格納するためにCLOBまたはNCLOBデータ型を使用することが推奨されている[注11]。
- SQL Server
  TEXT型(0～2,147,483,647バイト)。ただし現在では非推奨となっており、将来のバージョンで削除される予定

注11 「Oracle Database 23ai データベースリファレンス A.1 データ型の制限」
https://docs.oracle.com/cd/F82042_01/refrn/datatype-limits.html

- Db2
  該当のデータ型なし。CLOB型で2,147,483,647バイトまで扱える
- PostgreSQL
  TEXT型。最大文字列長の制限はなし
- MySQL
  TINYTEXT型(0〜255バイト)、TEXT型(0〜65,535バイト)、MEDIUMTEXT型(0〜16,777,215バイト)、LONGTEXT型(0〜4,294,967,295バイト)

予想はしてましたけど、バラッバラですね。

TEXT型は標準にも入ってないから各ベンダーが自由気ままに拡張しているからな。なるべくなら触りたくないものだ。くわばらくわばら。

それでもRDBMSで非構造化データを対象に全文検索を行う場合はやっぱり便利なデータ型ではあるのだけどね。なるべくならまだJSON型のような半構造データ型で代用したいわね。

隠れロックインにご注意

こうやって見ると、配列型といい、JSONといい、文字列型やTEXT型といい、非構造的なデータや半構造的なデータを扱うデータ型ほど独自実装になりやすいみたいですね。

そうだな。そういうのはどうしてもリレーショナルデータベースにとってはコアではなく周辺機能扱いになるから、標準化もなかなか進まず、ベンダーが独自実装を進めがちだ。結果、ロックイン病を発症してしまうわけだ。LISTAGG関数なんかもその気があるな。

ロックイン病を避けるにはどうすればいいんでしょう？

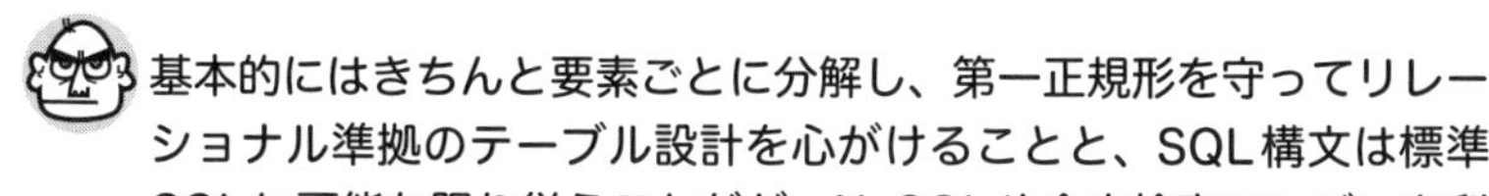

基本的にはきちんと要素ごとに分解し、第一正規形を守ってリレーショナル準拠のテーブル設計を心がけることと、SQL構文は標準SQLに可能な限り従うことだが、NoSQLや全文検索エンジンを利用することも考慮することだな。

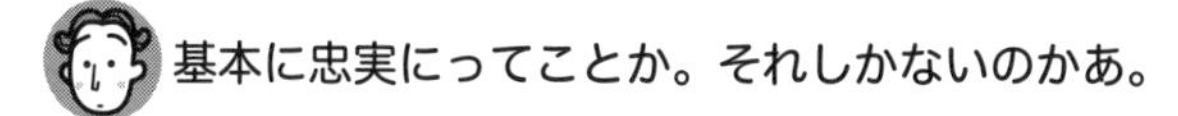

基本に忠実にってことか。それしかないのかあ。

いずれは諸実装の機能が十分に拡充かつ統一されて、リレーショナルデータベースですべてのデータ種別を扱えるようになる日が来るわ。そうなったらスーパーアプリならぬスーパーデータベースの誕生よ。私はこの未来が来ると信じてる。

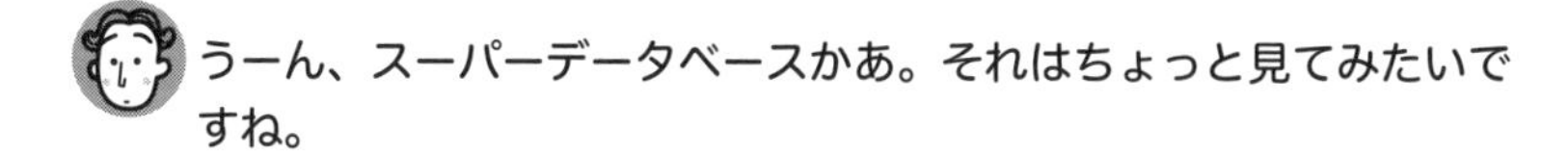

うーん、スーパーデータベースかあ。それはちょっと見てみたいですね。

そいつはバベルの塔の再建築より難しいぞ……。目的別の専用データベースと統合データベースというのは、10年単位くらいで振り子が2つの極を揺れ動くから、今がたまたま統合の方に振り子が振れているだけって見方もある。

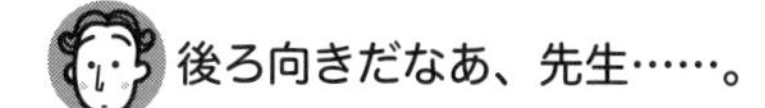

後ろ向きだなあ、先生……。

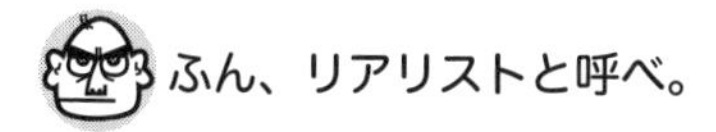

ふん、リアリストと呼べ。

（12:30、休憩室。3人がランチを食べながら話している）

今日も学びが多かったなあ。初日に見たDECODEとかPIVOTのような実装依存の関数には気を付けていたのだけど、標準SQLであっても標準っていうだけで盲目的に信用してはいけないんですね。今度から気を付けようっと。

標準といっても別に強制力があるわけじゃないからな。どこまで準拠するかはベンダーしだいだ。それに実装依存の機能が有用性を認められて標準に取り入れられるという例もある。ウィンドウ関数なんかがそうだ。もともとOracle社とIBM社の独自実装だったが、両社がANSI（米国国家規格協会）に働きかけて標準入りが実現した。だから必ずしも独自実装が完全なる悪とも言い切れないところがある。

PIVOT関数などは近いうち標準に入るんじゃないか。それに今なんて昔に比べたらまだ各ベンダー標準を尊重するようになったほうだ。昔なんか外部結合の構文でさえバラバラだったんだぞ。Oracleでは(+)を使ってSQL Serverでは*=を使うなんて有様だった[注12]。今はOUTER JOINで統一的に書けるのだからこれでもロックイン病は減ったほうだ。

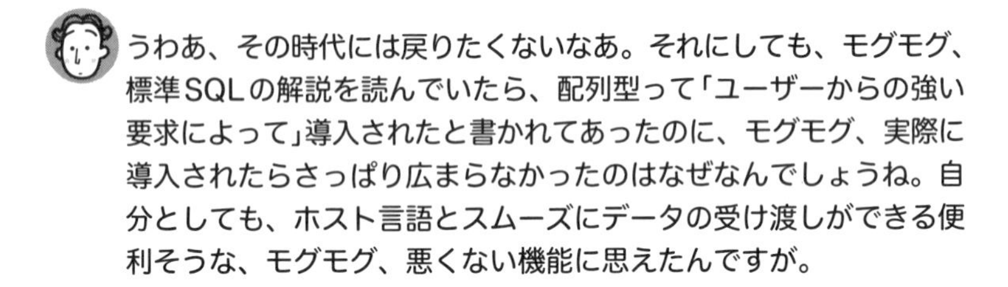

うわあ、その時代には戻りたくないなあ。それにしても、モグモグ、標準SQLの解説を読んでいたら、配列型って「ユーザーからの強い要求によって」導入されたと書かれてあったのに、モグモグ、実際に導入されたらさっぱり広まらなかったのはなぜなんでしょうね。自分としても、ホスト言語とスムーズにデータの受け渡しができる便利そうな、モグモグ、悪くない機能に思えたんですが。

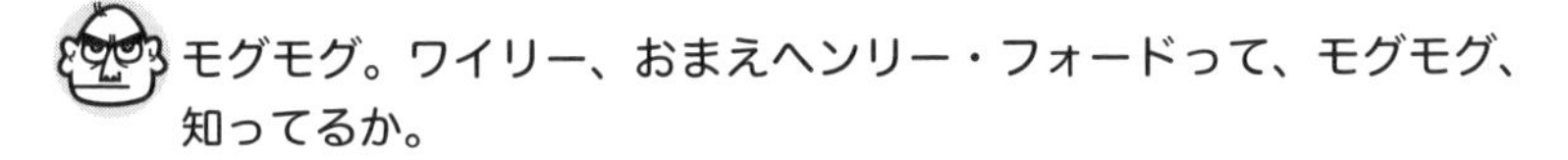

モグモグ。ワイリー、おまえヘンリー・フォードって、モグモグ、知ってるか。

2人とも食べるかしゃべるかどっちかにしなさいよ。

ゴックン。自動車会社フォードの創設者ですよね。知ってますけど、その人とデータベースと何の関係があるんですか。

フォードの言葉に、ゴックン、こういうのがある。「何が欲しいかと尋ねれば、人は皆『もっと速い馬』が欲しいと答えただろう」。マーケティングの世界では顧客の声に耳を傾けるのが第一とされているが、実際にはユーザーが正解を知らないこともあるということだ。せっかく作り上げた美しい宣言型の世界にわざわざまた位置によるデータ呼び出しという抽象度の低い考え方を持ち込んだのが間違いの元凶さ。SQLは、もとはと言えばそういう下位レベルの概念を抽象化するために作られたってのにな。

ユーザーの言うことを唯々諾々と聞いているだけでは本物のイノベーションは起きないってことですか。含蓄に富むなあ。

注12 今は絶対に外部結合の独自構文は使わないでください。重度のロックイン病を発症します。

SQLはすでに50年間、第一線で使われている稀有な言語だ。こんな言語はほかにない。だがその長い歴史の中で真に革命的な仕様変更があったのはSQL:1992のCASE式とSQL:2003のウィンドウ関数だけだ。この2つはSQLのコーディングスタイルを根底から変えたと言っていいが、それ以外の標準化はマイナーチェンジみたいなものだ[注13]。本物のイノベーションはそうそう起きん。さて、食べ終わったらいくぞ。午後はオペが立て込んでる。忙しくなるぞ。

はーい。

まとめ

- データ型(特に半構造的なデータを扱う型)は標準化が遅れがちであり、ロックインの宝庫になる
- 配列は可能な限り第一正規形を満たしたテーブルで扱うべき。基本的には行持ちの関連テーブルに切り出すことを考える。よほどの事情がない限り配列型には手を出さない
- JSONは単純なキー・バリューの組み合わせであれば通常のリレーショナルな属性として定義する。そうではない場合のみJSON型の利用を考慮する
- 意外に文字列型周りにも独自仕様が多くカオスなので、SQLプログラミングの際には自覚的であるべし

注13 第7章で見ますが、木構造の表現方法として隣接リストモデルが使い物になれば、SQL:1999の再帰共通表式も革命の一つに数えてよいかもしれません。

演習問題

解答391ページ

演習6-1

3人目のデータとして**リスト6-23**を「SQLにおけるJSONの扱い方」で使用したMemberテーブルに追加します。

リスト6-23 **3人目のデータ**

```
INSERT INTO Member VALUES(6, '{"name":"北野", "age":30, "height":169}');
```

この状態で、Memberテーブルから年齢が30歳のトリオを選択してください。答えは**図6-16**のようになります(name1、name2、name3の順番は問わない)。

図6-16 **実行結果**

```
 name1  | name2  | name3
--------+--------+--------
 "北野" | "栗田" | "小西"
```

演習6-2

Amazon RedshiftとGoogle BigQueryで配列やJSONを扱う手段(データ型や関数・メソッド)を調べてください。

演習6-3

リスト6-24のような配列の要素を登録しているテーブルがあります。このテーブルから、要素をid別にCSV形式で連結して、一列で出力してください(**図6-17**)。

リスト6-24 **要素リストテーブル**

```
CREATE TABLE ListElement
(id  INTEGER NOT NULL,
 seq INTEGER NOT NULL,
 element VARCHAR(16),
   PRIMARY KEY (id, seq) );
```

ListElement:要素リストテーブル　id:ID　seq:枝番 element:要素

ListElement

id (ID)	seq (枝番)	element (要素)
1	1	りんご
1	2	バナナ
2	1	みかん
2	2	なし
2	3	キウイ
3	1	レモン

図6-17 **出力したい結果**

```
id |        csv
----+--------------------
 1 | りんご,バナナ
 2 | みかん,なし,キウイ
 3 | レモン
```

ヒント：カンマ区切りデータ（CSV）は、第一正規形を満たさないため、これを1列に放り込むのはリレーショナルデータベースでは本来ご法度です。そのため標準SQLでも長らくこれを扱う手段はありませんでした（SQL:2016で標準に追加）。しかし現実問題、やらざるをえないときもあるので一応、各実装でバラバラではあるものの、処理する手段は用意されています。Oracle、MySQL、PostgreSQL、SQL Server、Db2についてそれぞれ調べてクエリを考えてください。

第7章

SQLグレーノウハウ

毒と薬は紙一重

本章で学ぶ内容

SQL/RDBの設計やコーディングには絶対にやってはいけない「アンチパターン」が数多く存在するのですが、それにも劣らず、使ってよいものかどうか悩ましい「グレーノウハウ」も多く存在します。本章ではそうした現場で出くわしやすいグレーノウハウの数々を紹介します。みなさんも3人と一緒に頭をひねってその是非を考えてみてください。

(9:00、休憩室。ヘレンとワイリーがコーヒーを飲んでいる。)

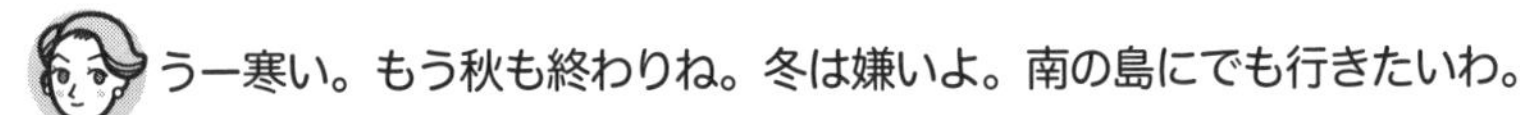

う一寒い。もう秋も終わりね。冬は嫌いよ。南の島にでも行きたいわ。

この病院、古いですからねえ。ヒーターも効いてるんだか効いてないんだか。

そういえばあなたこないだモデリングの期末テストあったでしょ。結果はどうだった? モデリングは大事よ。SQLなんかよりはるかにね。モデルさえ正しければSQLなんてみーんな簡単になるんだから。

ぎくっ。ま、まだ結果が返って来てなくて……。

(怪しみながら)ふうん……まあ返ってきたら見せなさい。

はい、それはもちろん(なんかママみたいだな)。

(ロバートがドアを開けて入ってくる。)

おい、こんなところで油を売っていたのか。本日1人目のお客さんが到着したぞ。ちょっと微妙な症例だ。

あなたがそんなこと言うの珍しいわね。いつもなら「淘汰されてしまえばいいのだ!」とか言ってるのに。

 ホントですね。なんか難しそうな予感。

 まあ来てみればわかる。手術室行くぞ。

  はーい。

単一参照テーブル
――テーブルにポリモフィズムは必要か

カルテ1 さまざまなマスタテーブルを一つのテーブルにまとめたテーブルがある（**図7-1**）。これの是非を考えたい。

図7-1 **OTLT：雑多なコード体系の寄せ集め**

OTLT

code_type (コードタイプ)	code (コード値)	code_desc (コード内容)	
pref_cd	01	北海道	都道府県コード
pref_cd	02	青森県	
pref_cd	03	秋田県	
・ ・ ・			
pref_cd	47	沖縄県	
company_cd	A001	A商社	企業コード
company_cd	B002	B建設	
・ ・ ・			
company_cd	Z027	Z化学	
sex_cd	0	不明	性別コード
sex_cd	1	男	
sex_cd	2	女	
sex_cd	9	適用不能	

こ、これはまた大胆なテーブル設計。いや、やろうとしていることの意図はわからなくもないですけど。

単一参照テーブル（OTLT：*One True Lookup Table*）か……たしかにやっかいね[注1]。

複数のコード体系を一つのテーブルにまとめてしまったのですね。あとは、「コードタイプ」をキーに必要なコードだけ切り出して使用するわけか。たとえば、47都道府県を表側として各県の人口を求めるSQLは、次のようなイメージになりますね（**図7-2**、**リスト7-1**、**図7-3**）。

図7-2　**人口テーブル**

DataPop

pref_cd（県コード）	pref_name（県名）	population（人口）
01	北海道	1000
03	秋田県	2000
04	岩手県	1200
05	宮城県	5000
07	福島県	8000

リスト7-1　**患者のクエリ：OTLTテーブルとの外部結合**

```
SELECT MASTER.code AS pref_cd,
        MASTER.code_description AS pref_name,
      DATA.population AS pop
  FROM OTLT MASTER LEFT OUTER JOIN DataPop DATA
    ON MASTER.code = DATA.pref_cd
 WHERE MASTER.code_type = 'pref_cd';
```

注1　このOTLTについて、明確な一人の考案者を探すのは難しいようです。昔から現場で使われていた設計ノウハウが広まって名前が付いた、と考えられています。J.セルコは初めてOTLTを見たのは1998年だったと証言しています。またBill Karwin著『SQLアンチパターン』（オライリー・ジャパン、2013年）第5章でEAV（*Entity Attribute Value*）という名前で紹介されているアンチパターンもOTLTとよく似ています。しかしEAVのほうがデータテーブルのデータの値まで一つの列に放り込むもっと乱雑なテーブル設計であるのに対して、OTLTはあくまで**マスタテーブルの統合**に主眼を置いているという違いがあります。

図7-3　**実行結果**

```
pref_cd pref_name   pop
-------+-----------+------
01      | 北海道     |  1000
02      | 青森県     |
03      | 秋田県     |  2000
04      | 岩手県     |  1200
05      | 宮城県     |  5000
06      | 山形県     |
07      | 福島県     |  8000
        |   :       |
47      | 沖縄県     |
```

そうね。外部結合することによって、データテーブルには含まれていない県(青森や沖縄など)まですべて含む47都道府県の完全なリストが得られる点は、通常のマスタテーブルと変わらないわ。1つのテーブルが、あるときは「都道府県」の集合になり、またあるときは「顧客」の集合になる、というように七変化するのが、このOTLTの特徴よ。呼び出されるたびにテーブルの役割が変わることから、これをオブジェクト指向におけるポリモフィズムになぞらえる論者もいるわ。

でもこのテーブル、結構便利そうではありますよね。ほとんど同じようなレイアウトのマスタテーブルが増えたときに、それを一つにまとめちゃおうって発想は、そんなにおかしくないんじゃありませんか。

まあ、実際に開発現場では結構使われているソリューションではあるわ。でも、モデリングの原則から言えば、こういう複数のテーブルを一つにまとめるような雑多な設計は簡単には認めがたいわね。次のような欠点があるから。

❶コードの整合性を保つために、テーブル定義のDDLにCASE式を用いた長大なCHECK制約を書かねばならない(もしこの制約を省略したら、コードの登録／編集する段階で、アプリケーション側でかなりの注意を要する)

❷「コードタイプ」「コード値」「コード内容」の各列とも、どれだけのサイズを用意すればよいかわからないため、余裕を見てかなり大きなVARCHAR型で宣言する必要がある。そうすると、本来ならば整数型や日付型などでデータを制約できていたのに、どんな不正なコードでもエラーなくテーブルに入

り込んでしまう

❸SQL内でコードタイプやコード値を間違えて指定しても**エラーにならない。**間違った結果が返されるだけのためコーディングの間違いに気付きにくく、潜在的なバグを埋め込む危険が増す

❹データテーブル側のコード列とデータ型が異なる可能性が高いため、外部キーによる参照整合性制約を付与できない

❺「テーブルは無関係な物の寄せ集めではなく、同一種類の物の集合である」という関係モデルの原理に反する

原理を尊重するDB界のグルたちがこのモデルを公認する気にならないのは❺の理由が大きいと思いますが、それ以外の理由は実務上でも問題になります。都道府県や性別のように数えるほどしかないのなら行数が増えすぎることはないでしょうが、何百種類ものコードを保持する場合は、パフォーマンスが悪化します。

また、著者は❷の欠点のために嫌な経験をしたことがあります。「コード値」列のサイズがたったの5バイト(!)で宣言されていたため、7バイトのコードを登録できなかったのです。おまけに、さまざまな業務で共通に使うテーブルということが災いして、列のサイズを拡張することも許されず、結局、別にそれ専用のマスタテーブルを作るという本末転倒な結果に終わりました。せめて最初に10バイトぐらいで宣言しておいてくれれば……でもそうしたら今度は12バイトのコードが登録できないわけで、原理的に同じ問題は常に残ります。

うーん、OTLT、恐ろしいテーブルだ。とても使う気にはなれない。でもみんな結構使うんですね。

……。

このOTLTは、オブジェクト指向の考えがプログラミングに浸透してきたころに考え出されたようだから、その影響を受けて、テーブルをオブジェクト指向言語のインスタンスに見立てたのかもしれないわね。でも現れたり消えたりするインスタンスと違って、テーブルは一度作られたら永続的に存続する存在だから、これらを同列に考えるのはやはりスジが悪いわね。

……。

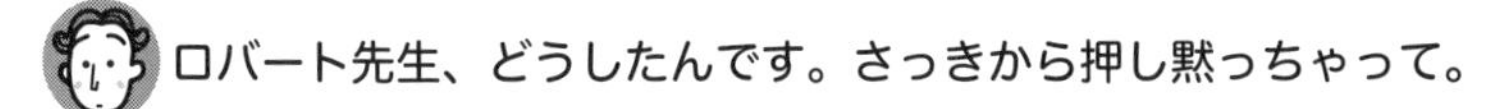
ロバート先生、どうしたんです。さっきから押し黙っちゃって。

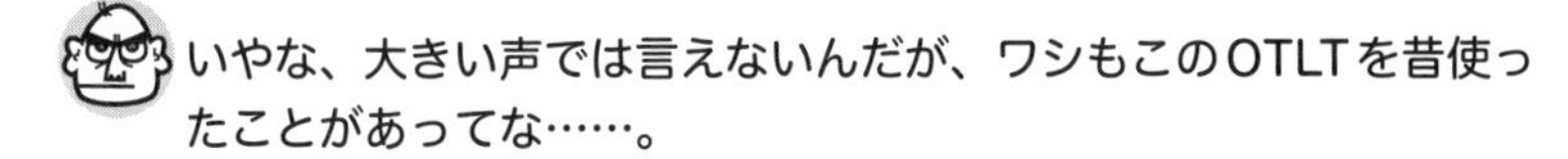
いやな、大きい声では言えないんだが、ワシもこのOTLTを昔使ったことがあってな……。

えー!!

そんな大きい声を出すな。別にワシが作ったわけではない。プロジェクトに参加したときにはもう使われていたから、しかたなく使ったんだ。ワシは被害者だ、ヒ・ガ・イ・シャ。

こんな近くに患者がいるとは思わなかった。

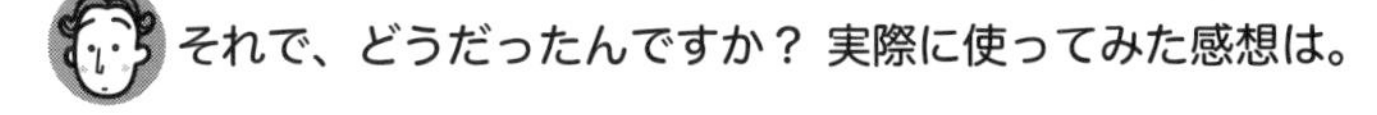
それで、どうだったんですか？ 実際に使ってみた感想は。

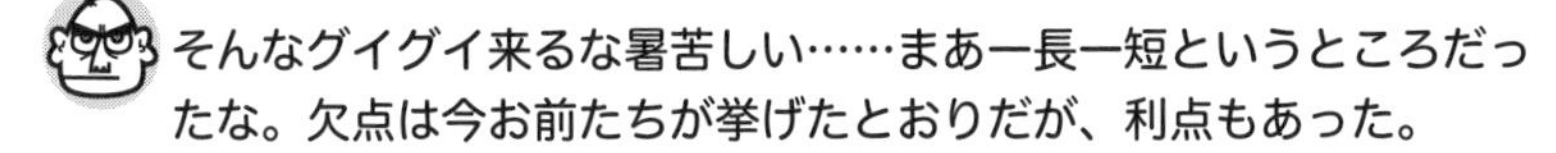
そんなグイグイ来るな暑苦しい……まあ一長一短というところだったな。欠点は今お前たちが挙げたとおりだが、利点もあった。

❶マスタテーブルの数が減るので、ER図やスキーマがシンプルになる

❷コード検索のSQLを共通化できるため、コーディングを簡略化できる

❸複数の業務で使用するマスタ参照のコード群を一ヵ所で管理できるので、保守／管理が容易になる

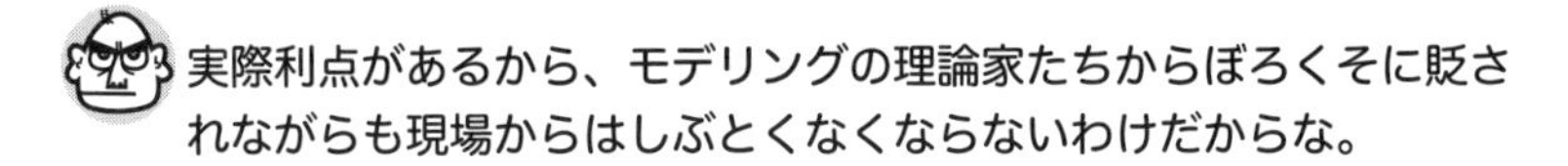
実際利点があるから、モデリングの理論家たちからぼろくそに貶されながらも現場からはしぶとくなくならないわけだからな。

OTLTのバリエーションとしてさらに、使用するコードに「寿命」がある場合に対応した「期間範囲付きOTLT」もあります。都道府県コードのように明治維新クラスの革命でも起きないと変更されない体系や、性別のように太古から不変とされてきた体系であれば、有効期限を心配する必要はありありません。しかし、年齢階級や商品分類のように、わりと決定根拠が恣意（しい）的でコロコロ変更される可能性のある体系は、その生存期間に注意しなければなりません。

リスト7-2では、年齢階級を期間別に管理した場合のOTLTを表しています。

リスト7-2 **期間範囲付きOTLT**

```
CREATE TABLE OTLT_INTERVAL
(code_type  VARCHAR(128) NOT NULL,
 code_value VARCHAR(128) NOT NULL,
 start_year INTEGER      NOT NULL,
 end_year   INTEGER          ,
 code_description VARCHAR(128) NOT NULL,
   CONSTRAINT pk_OTLT_INTERVAL
     PRIMARY KEY (code_type, code_value, start_year) );
```

OTLT_INTERVAL:期間範囲付きOTLT code_type:コードタイプ code_value:コード値 start_year:開始時点 end_year:終了時点 code_description:コード内容

OTLT_INTERVAL

code_type (コードタイプ)	code_value (コード値)	start_year (開始時点)	end_year (終了時点)	code_desctipion (コード内容)
age_class	01	1998	2000	0歳以上15歳未満
age_class	02	1998	2000	15歳以上20歳未満
age_class	03	1998	2000	20歳以上30歳未満
age_class	04	1998	2000	30歳以上40歳未満
age_class	05	1998	2000	40歳以上50歳未満
age_class	06	1998	2000	50歳以上
age_class	01	2001	2003	0歳以上20歳未満
age_class	02	2001	2003	20歳以上40歳未満
age_class	03	2001	2003	40歳以上60歳未満
age_class	04	2001	2003	60歳以上80歳未満
age_class	05	2001	2003	80歳以上
age_class	01	2004	9999	0歳以上15歳未満
age_class	02	2004	9999	15歳以上30歳未満
age_class	03	2004	9999	30歳以上45歳未満
age_class	04	2004	9999	45歳以上60歳未満
age_class	05	2004	9999	60歳以上75歳未満
age_class	06	2004	9999	75歳以上

⋮

最新のコード集合の終了時点は不明だが
NULLではなく最大値を使用する

age_classというコードタイプで参照される点は常に変わりませんが、2002年のage_classと2005年のage_classは、内容的に別の体系となります。そのため、テーブルの主キーにも、「開始時点」列を追加する必要があります。このとき、最新の体系の「終了時点」はまだわかっていないのですが、ここでNULLを使ってしまうと、たとえば2005年のコード体系を取得しようとしたときに、**リスト7-3**のような共通の検索SQLにおいては結果が空になってしまいます。

リスト7-3　**end_yearがNULLだと、比較結果がunknownとなり１行も選択されない**

```
SELECT code_value, code_description
  FROM OTLT_INTERVAL
 WHERE 2005 BETWEEN start_year AND end_year;
```

このようなクエリは、エラーにはならず、結果が意図したものと違うという動作をするためなかなか間違いに気付きにくくやっかいです。この問題を防止するには、テーブルにNULLを入れずに最大値を入れるか、クエリの中でNULLを値に変換する関数を使ってやるかのどちらかです。セルコは後者を推奨しており、著者もそれが良いと思います。実際にどのような値に変換するのが適当かは、クエリを実行するタイミングまでわからない可能性があるからです。

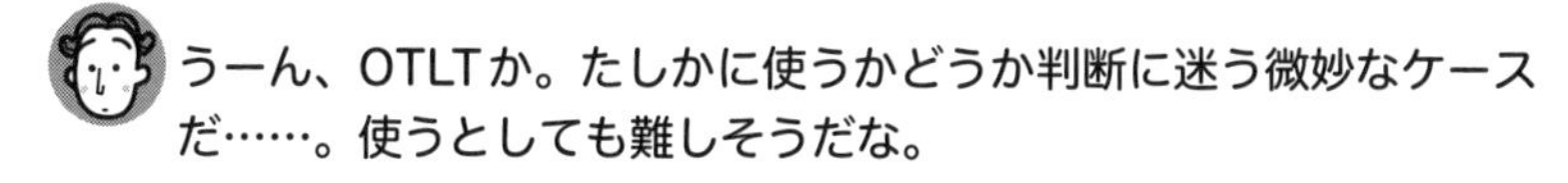
うーん、OTLTか。たしかに使うかどうか判断に迷う微妙なケースだ……。使うとしても難しそうだな。

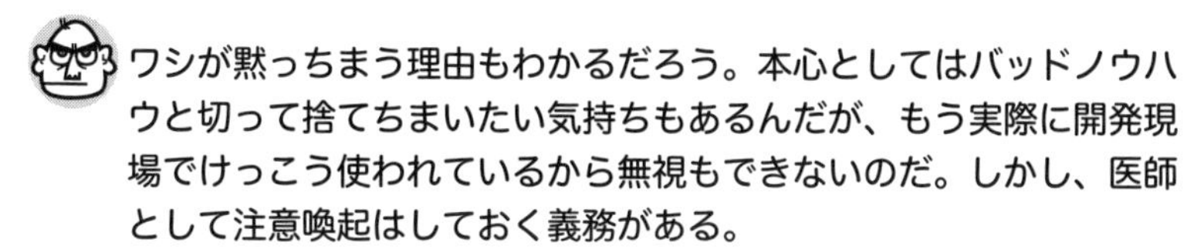
ワシが黙っちまう理由もわかるだろう。本心としてはバッドノウハウと切って捨てちまいたい気持ちもあるんだが、もう実際に開発現場でけっこう使われているから無視もできないのだ。しかし、医師として注意喚起はしておく義務がある。

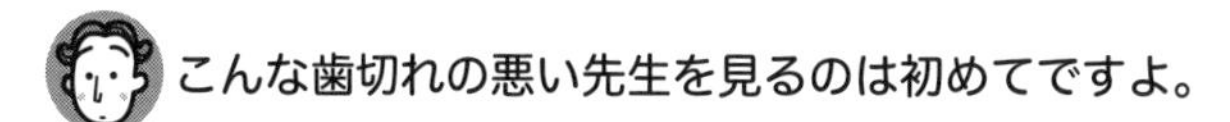
こんな歯切れの悪い先生を見るのは初めてですよ。

テーブル設計はそれだけ難しいのよ。テーブル設計のグレーゾーンはこんなのばっかりよ。

列持ちテーブル

次の患者、あと5分で到着します！

さっきの患者が消化不良だったわ。次の患者は簡単だといいんだけど。

カルテ2 銀行口座の残高の推移を管理するデータを例にして、「列持ち」(**リスト7-4**)の対になる「行持ち」のテーブルを考える。このテーブルのメリットとデメリットを考えたい。

リスト7-4 **口座列持ちテーブル**

```
CREATE TABLE AccountsCols
(act_nbr  CHAR(6) NOT NULL,
 amt_2024 INTEGER,
 amt_2025 INTEGER,
 amt_2026 INTEGER,
   CONSTRAINT pk_AccountsCols PRIMARY KEY(act_nbr) );
```

AccountsCols:口座列持ちテーブル act_nbr:口座番号 amt_2024:残高2024年
amt_2025:残高2025年 amt_2026年:残高2026年

AccountsCols

act_nbr (口座番号)	amt_2024 (残高2024年)	amt_2025 (残高2025年)	amt_2026 (残高2026年)
007634	320,000	490,000	120,000
135981	88,000	90,000	100,000
447900	2,348,900		9,000
238901		5,000	

(ノ∀`)アチャー

これ、僕が前回(第6章)でやらかしちゃった奴じゃないですか。

(ワイリーの肩をたたきながら)よかったな、お仲間がいて。

第6章を読まれた方は、この両者を変換するSQLを紹介したことを覚えているでしょう。そのSQLを利用すれば、「列持ち」⇔「行持ち」の変換を行うことが可能なので、最悪、設計時点でどちらかのモデルを選択したあとに、「やはりうまくいかなかった」ということでもう一方のモデルへチェンジすることもできないわけではありません(アプリケーション側の修正など、相応の工数は覚悟せねばなりませんが)。しかし、最初は可能な限り「行持ち」を選択するべきです。

前回でも少し見たけど、列持ちモデルの欠点は、ずばり拡張性と保守性の低さよ。実際、2026年までなら年度ごとに作られた列も2026年まで用意していればよいとして、翌年になったらどうすればよいのかしら? 列をもう1つ追加するほかないわ。すると毎年テーブルの構造を変えなければならないし、このテーブルへアクセスするSELECT文から結果を受け取るホスト言語まで、ほとんどシステム全体のコーディングに変更が発生するということよ。

列持ちのテーブルに対してSQLでアクセスする際にも、やはり拡張性の低さが悩みの種だな。たとえば、「すべての年度について、残高が100,000円以上の口座を選択する」というSELECT文を考えてみろ。優良顧客の動向を調べるためにも、コンスタントに残高の多い口座がどのぐらいあるかは頻繁に知りたいだろう。このデータなら007634番だけが相当する(今回はNULLは0円として扱うことにします)。列持ちの場合は、やはり1列ずつ指定せねばならん(**リスト7-5、図7-4**)。

リスト7-5　すべての年度について、残高が100,000円以上の口座を選択する(列持ちの場合)

```
SELECT act_nbr
  FROM AccountsCols
 WHERE amt_2024 >= 100000
   AND amt_2025 >= 100000
   AND amt_2026 >= 100000;
```

図7-4 実行結果

```
act_nbr
---------
007634
```

これでは、列が追加になるたびにクエリも変更する必要があるし、年度列が増えれば増えるほどSQLは無駄に長大になっていく。

一方、行持ちテーブル(リスト7-6)の場合であれば、次のようなクエリ一発よ(リスト7-7、図7-5)。

リスト7-6 テーブル定義(行持ち)

```
CREATE TABLE AccountsRows
(act_nbr  CHAR(6) NOT NULL,
 year     INTEGER NOT NULL,
 amt      INTEGER NOT NULL,
   CONSTRAINT pk_AccountsRows PRIMARY KEY(act_nbr, year) );
```

AccountsRows:口座テーブル行持ち act_nbr:口座番号 year:年度 amt:残高

AccountRows

act_nbr (口座番号)	year (年度)	amt (残高)
007634	2006	320,000
007634	2007	490,000
007634	2008	120,000
135981	2006	88,000
135981	2007	90,000
135981	2008	100,000
447900	2006	2,348,900
447900	2008	9,000
238901	2007	5,000

リスト7-7 行持ちテーブルなら簡単なクエリでOK

```
SELECT act_nbr
  FROM AccountsRows
 GROUP BY act_nbr
```

```
HAVING COUNT(*) = SUM(CASE WHEN amt >= 100000
                          THEN 1
                          ELSE 0 END);
```

図7-5　**実行結果**

```
act_nbr
---------
007634
```

このSQLの良いところは、年度がどれだけ増えようとクエリを変更しなくてよい一般性の高さよ。このように、列持ちに比べて行持ちは非常に拡張性と保守性に優れるモデルなの。

でも、自分でもやったからわかるんですけど、列持ちテーブルって開発現場の至るところで見かけますよね。DB関係の開発に数年も携わった人なら、必ず一度は見たことがあるってくらいに。このモデルがそれほどに強い誘惑を放つ理由は何でしょう。

2つ理由があるわね。

入力側の理由：ついつい列を配列に見立ててしまう

テーブルの入力となるデータが配列として存在していた場合、それを素直にaccount[0]、account[1]、account[2]……のようにテーブルの列へ展開したくなるのは人情というものよ。しかし、SQLの配列型に問題があるのは前章で見たとおりだし、SQLでは添え字でアクセスすることも不可能よ。手続き型言語と配列ならば、ループによって拡張性の高い方法ですべての要素にアクセスできるのだけどね。SQLで同じことをするためには、必ず列名を使ってアクセスしなければならないわ(**リスト7-8**)。

リスト7-8　**全残高を0クリア(列持ちバージョン)**

```
UPDATE AccountsCols
   SET amt_2024 = 0,
       amt_2025 = 0,
       amt_2026 = 0;
```

これでは、1列増えるたびにクリアする列名を追加していく必要があって、およそ拡張性に欠けるわ。一方、行持ちモデルを利用していれば、年度がどれだけ増えようと、次のクエリを修正なしで使いまわせるわ(**リスト7-9**)。

リスト7-9 **全残高を0クリア(行持ちバージョン)**

```
UPDATE AccountsRows
   SET amt = 0;
```

ほかにも配列と似たようなケースで、COBOLなどが扱うフラットファイル(すべてのデータが平たく1行で表現された形式)を入力とする場合も、ファイルの形式にテーブルが引きずられて列持ちになってしまうケースを多く見かけるな。

テーブルをファイルに見立てて考える手続き型の思考パターンがここでも弊害を発揮するわけですね。

出力側の理由:出力レポートが列持ち形式の場合

列持ちモデルが有利な唯一のケースが、出力される帳票の形がテーブルと同じ列持ちの形式である場合だな。そういうケースは結構多いが、この場合は、列持ちのテーブルから出力するほうが、SELECT文のパフォーマンスも良く、SQLも簡単で済む。したがってこのケースでは、とりあえずデータを長期的に保持するために行持ちテーブルをバックエンドに、出力のために利用する列持ちテーブルをフロントエンドに用意する、という2段構えの設計を行うこともある。

このように出力の形に合わせたテーブルをフロントエンドに持つ方法は、古くから利用されています。データを集計した結果を保持する集約テーブル(サマリーテーブル)も、このタイプの一つに位置付けられるでしょう。データ同期の処理が入るため、夜間バッチなどで更新文を実行する手間が増えますが、列持ちの帳票が大きかったり多かったりする場合には一考に値するテーブル設計です。このようなデータマートと呼ばれるテーブルの是非は、本章の後段で再度見ることにします。

集計用のキー列をテーブルに持つべきか

3人目の患者のカルテです。

カルテ3 **リスト7-10**のような商品を管理するテーブルを考える。このテーブルをもとにして、各商品を「A：台所用品」「B：食品」「C：オフィス用品」の3グループに分類して、グループごとの平均価格を示すレポートを算出するにはどうすればよいだろう（**図7-6**）。分類は具体的に次のようにする。

- Aグループ：洗剤、しゃもじ、コップ、箸
- Bグループ：パン、クッキー、ビール
- Cグループ：ボールペン、はさみ

リスト7-10 **商品テーブル**

```
CREATE TABLE Items
(item_no   CHAR(3)  NOT NULL,
 item_name CHAR(16) NOT NULL,
 price     INTEGER  NOT NULL,
   CONSTRAINT pk_Items PRIMARY KEY(item_no) );
```

Items:製品テーブル item_name:商品番号 item_name:商品名 price:値段

Items

item_no (商品番号)	item_name (商品名)	price (値段)
001	洗剤	400
002	パン	200
003	ボールペン	100
004	しゃもじ	300
005	クッキー	550
006	ビール	280
007	はさみ	350
008	コップ	600
009	箸	320

図7-6　求めたい結果

```
item_grp         |  avg_price
-----------------+-----------
A：台所用品       |        405
B：食品           |        343
C：オフィス用品   |        225
```

患者の解は集計キーをテーブルに追加している(**図7-7**)。

図7-7　集計キーを追加したテーブル

Items

item_no (商品番号)	item_name (商品名)	price (値段)	item_grp (商品グループ)
001	洗剤	400	A
002	パン	200	B
003	ボールペン	100	C
004	しゃもじ	300	A
005	クッキー	550	B
006	ビール	280	B
007	はさみ	350	C
008	コップ	600	A
009	箸	320	A

テーブルに存在する列では集計のキーになりませんから、キーを新たに作る必要があることは明らかですよね。患者の考えはいたってシンプルで、別に悪くないと思うんですけど。列を追加したら、この新しい列に値を入れるには、CASE式を使えばUPDATE文一つでできますし(**リスト7-11**、**リスト7-12**、**リスト7-13**)。

リスト7-11 **集計キーを追加するクエリ(Oracle/SQL Server)**

```
ALTER TABLE Items ADD item_grp CHAR(3);
```

リスト7-12 **集計キーを追加するクエリ(PostgreSQL/MySQL/Db2)**

```
ALTER TABLE Items ADD COLUMN item_grp CHAR(3);
```

リスト7-13 **集計キーの更新を行うクエリ**

```
UPDATE Items
   SET item_grp =
          CASE WHEN item_no IN ('001', '004', '008', '009') THEN 'A'
               WHEN item_no IN ('002', '005', '006') THEN 'B'
               WHEN item_no IN ('003', '007') THEN 'C'
               ELSE NULL END;
```

この集計キーの列を作れたら、あとはこれをGROUPBY句に指定すれば、目的の平均値を得ることが可能になります(**リスト7-14**、**図7-8**)。

リスト7-14 **集計キーを利用してSELECT**

```
SELECT item_grp,
       ROUND(AVG(price), 0) AS avg_price
  FROM Items
 GROUP BY item_grp;
```

図7-8 **実行結果**

```
 item_grp | avg_price
----------+----------
 B        |      343
 C        |      225
 A        |      405
```

まあ単純明快だわな。こういうやり方をしているBI/DWH系の現場も多いだろう。これまで見た中では一番「白」に近い。だが難点が2

つある。

- **難点❶:集計キーのグルーピングに頻繁に変更が生じる場合**
  上の例で言えば、商品の分類の基準が頻繁に変わるようなケースを考えてもらえばイメージが湧くでしょう。今、商品の用途ごとに3種類のグループ分けを行いましたが、たとえばこれを、「500円以上」「200円以上500円未満」「200円未満」のように、値段を基準に分類した場合も調べてみたい、という要望がクライアントから寄せられるかもしれません。そういう場合、固定的な列に集計キーを持っていると、もう一度UPDATE文で更新するか、新しい集計キーの列を追加する必要が生じます

- **難点❷:テーブルのサイズが増える**
  これは特に、集計キーの列を複数追加した場合に顕著な問題として現れます。当然のことながら、集計キーなしの最もシンプルなテーブルに比べれば、1列追加するごとに、最低でも、行数×1列分のサイズだけの追加領域を必要とします。したがって、行数が多いテーブルほど、列を追加したときに領域を多く消費することになります。また、列を追加し、更新するSQLの手間も勘定に入れなければなりません

もしこうした欠点が問題になる場合は、集計キー列なしのシンプルなテーブルだけを使う方法もあります。それには、SELECT文の中で一時的に集計キーを算出すればよいのです。いわばそのクエリでのみ有効な「使い捨てキー」を作ってやるのです。序章で見たクエリを覚えているでしょうか(**リスト7-15**)。

リスト7-15 **使い捨て集約キーのクエリ**

```
SELECT CASE WHEN item_no IN ('001', '004', '008', '009') THEN 'A'
            WHEN item_no IN ('002', '005', '006') THEN 'B'
            WHEN item_no IN ('003', '007') THEN 'C'
            ELSE NULL END AS item_group,
       AVG(price) AS avg_price
  FROM Items
 GROUP BY item_group;
```

item_group列の内容をそのまま展開してGROUP BY句に「代入」しているわけです。この方法ならば、テーブルのディスク消費量を気にすることなく、気軽に集計キーをいくらでも組み替えることが可能です。お望みなら、よく使う集計キーごとに、このSELECT文をビューとして保存しておくのもよいでしょう。そうすれば、いつでも手軽に集計結果を引き出せます。ただし今度は、そのたびにテーブル検索が実行されるため、実行コストが

かかることは忘れないでください。

なお、SELECT句で作った`item_group`列をGROUP BY句で参照できるのはPostgreSQLとMySQL、およびバージョン23ai以降のOracleだけなのでご注意ください。それ以外のDBMSでは、もう一度同じCASE式をGROUP BY句に書いてやらなければなりません(序章19ページを参照)。

サロゲートキー VS ナチュラルキー

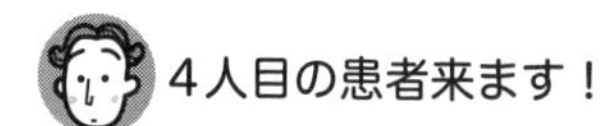

4人目の患者来ます！

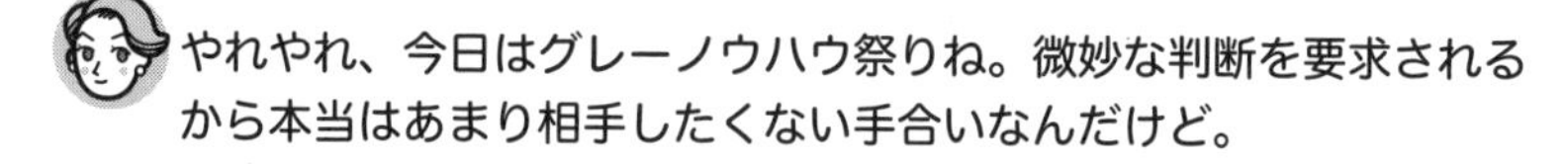

やれやれ、今日はグレーノウハウ祭りね。微妙な判断を要求されるから本当はあまり相手したくない手合いなんだけど。

人生いつもいつも白黒付けられんものさ。さて、カルテは次のとおりだ。

カルテ4 市町村の人口を管理するテーブルがある(**図7-9**)。このテーブルでは市町村コードが使いまわされており、廃止された市町村のコードに新しい市町村のコードを割り当てている。この状態では、過去にさかのぼって人口の分析を行うことが難しい。どのような解決策があるだろうか。

図7-9　キーが使いまわされるテーブル

Municipality

muni_code（市町村コード）	muni_name（市町村名）	population（人口）
M000	A市	1,200,000
M001	B市	2,000,000
M002	C町	35,000
M003	D村	2,000

B市が廃止になる

Q市の情報を追加

muni_code（市町村コード）	muni_name（市町村名）	population（人口）
M000	A市	1,200,000
M001	Q市	3,000,000
M002	C町	35,000
M003	D村	2,000

B市の市町村コードを再利用

ひでえ業務要件……。エンジニアを殺しに来てるな。国もプログラミング教育以前にこんな仕様考える連中の教育考えたほうがいいな。

サンプルデータで考えると、こんな状況ね。履歴も持ってないから、最新のテーブルからはもうB市の情報を追うことは一切できなくなってる。これは大問題ね。ワイリー、どうやって解決する？

そうですね……市町村コードが主キーの役目を果たしていないので、もう一つ別にキーを設けるのはどうでしょうか。名前は……そうだな「市町村管理コード」みたいな感じで。このコードを主キーにすれば、B市の情報を残したままQ市の情報を追加できます（図7-10）。

図7-10　キー列を別に設定する

Municipality

muni_ctl_code（市町村管理コード）	muni_code（市町村コード）	muni_name（市町村名）	population（人口）
1	M000	A市	1,200,000
2	M001	B市	2,000,000
3	M002	C町	35,000
4	M003	D村	2,000

B市が廃止になる

Q市の情報を追加

muni_ctl_code（市町村管理コード）	muni_code（市町村コード）	muni_name（市町村名）	population（人口）
1	M000	A市	1,200,000
2	**M001**	B市	2,000,000
3	M002	C町	35,000
4	M003	D村	2,000
5	**M001**	Q市	3,000,000

B市の市町村コードを再利用して追加

こうすれば、B市の情報は影響を受けませんよね。これに加えて「廃止フラグ」みたいな列があっても有用かもしれませんね。

なかなかいいわ。一つの解決策ではあるわね。こういう主キーの代わりにシステム側で代理に払い出すキーを**サロゲートキー**（代理キー）と言うわ。反対に業務上のエンティティがもともと持っていたキーは**ナチュラルキー**（自然キー）と言うの。

へえぇ、サロゲートキーって言うんだ。どんなテーブルにもサロゲートキー貼っちゃえば今回みたいに業務要件に振り回されることなくて便利じゃないですか。

事はそれほど単純ではないわ。サロゲートキーにもメリットとデメリットがあるの。そもそもサロゲートキーはシステム側で勝手に振り出す連番みたいなものだから、ユーザーサイドがこれを意識することはないわ。だから要件調整のときにサロゲートキーを持ち出しても意味が理解してもらえなくて要件定義が難航する原因になりや

すいの。それに、サロゲートキーは本来はエンティティの属性ではない人工物だから、あとから仕様書を見た第三者が意味を理解するのに苦労するわ。総じてこういうコミュニケーションコストを上げてしまうのがサロゲートキーの難点ね。

なるほど。するとサロゲートキーを使わない解決策というのはどんなものがあるのでしょうか。

OTLTの時を思い出してみることだ。期間付きの主キーという手段がある(図**7-11**)。

図7-11　**期間付きキー**

Municipality

year (年度)	muni_code (市町村コード)	muni_name (市町村名)	population (人口)
2024	M000	A市	1,200,000
2024	M001	B市	2,000,000
2024	M002	C町	35,000
2024	M003	D村	2,000

year (年度)	muni_code (市町村コード)	muni_name (市町村名)	population (人口)
2024	M000	A市	1,200,000
2024	M001	B市	2,000,000
2024	M002	C町	35,000
2024	M003	D村	2,000
2025	M000	A市	1,200,000
2025	M001	**Q市**	3,000,000
2025	M002	C町	35,000
2025	M003	D村	2,000

このモデルの場合、主キーは(年度, 市町村コード)ということになる。

ああそうか、ある時点でのスナップショットを保存しておくイメージですね。なるほど、これならB市の情報を残せるし、情報を選択するときもCASE式を使えば年によってB市かQ市か切り替えることもできる。そうすると、インターバル型で開始年度と終了年度を持つような形のテーブルも可能ですか？

それもできる。そうだな、そいつを今日の宿題にしておこう（演習7-1）。

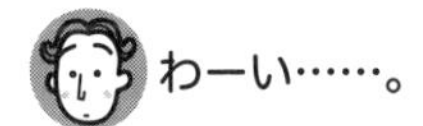

わーい……。

シャーディング

今救急隊員から連絡入って、5人目の患者受け入れてほしいそうです。

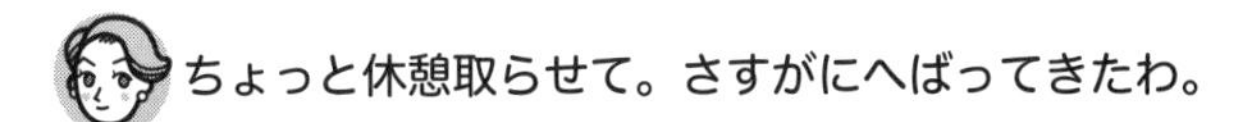

ちょっと休憩取らせて。さすがにへばってきたわ。

浜の真砂は尽きるとも、だな。よくもまあいろいろと思い付くものだ！

カルテ5 あるサービスの会員を管理するテーブル（**リスト7-16**）がある。最近レコード数が増えてくるにつれてパフォーマンスが悪くなってきたため、**リスト7-17**、**リスト7-18**のようにテーブルを分割した（**図7-12**）。このテーブル設計の是非を考えよ。

リスト7-16　**会員テーブル**

```
CREATE TABLE Customers
(customer_id   CHAR(4) NOT NULL,
 age           INTEGER NOT NULL,
 sex           CHAR(1) NOT NULL,
 status        CHAR(16) NOT NULL CHECK(status IN ('一般', 'プレミア')),
   CONSTRAINT pk_Customers PRIMARY KEY(customer_id) );
```

Customers: 会員テーブル　customer_id: 会員ID　age: 年齢　sex: 性別　status: ステータス

Customers

customer_id (顧客ID)	age (年齢)	sex (性別)	status (ステータス)
0001	42	m	一般
0002	27	f	一般
0003	30	m	プレミア
0004	62	f	プレミア

リスト7-17　**会員テーブル(一般)**

```
CREATE TABLE Customers_General
(customer_id   CHAR(4) NOT NULL,
 age           INTEGER NOT NULL,
 sex           CHAR(1) NOT NULL,
   CONSTRAINT pk_Customers_General PRIMARY KEY(customer_id) );
```

Customers: 一般会員テーブル　customer_id: 会員ID　age: 年齢　sex: 性別

リスト7-18　**会員テーブル(プレミア)**

```
CREATE TABLE Customers_Premier
(customer_id   CHAR(4) NOT NULL,
 age           INTEGER NOT NULL,
 sex           CHAR(1) NOT NULL,
   CONSTRAINT pk_Customers_Premier_Female PRIMARY KEY(customer_id) );
```

Customers: プレミア会員テーブル　customer_id: 会員ID　age: 年齢　sex: 性別

図7-12　**シャーディングテーブル**

Customers_General

customer_id (顧客ID)	age (年齢)	sex (性別)
0001	42	m
0002	27	f

Customers_Premier

customer_id (顧客ID)	age (年齢)	sex (性別)
0003	30	m
0004	62	f

うーん。

これは……悪いテーブル設計なのかな。たしかにテーブルを分割したことで、片方のテーブルだけにアクセスするクエリは速くなりますよね。

なるさ。いわゆるシャーディング、水平分割の考え方だな[注2]。だが両方の会員情報を得るためにはテーブルのUNIONが必要になり、結局パフォーマンスも悪くなる。まあグレーノウハウの一つだな。

本当はこういうときは、テーブル分割するのではなく、テーブルを分割したいキーを使ってパーティショニングを行うべきなのだけどね。ただ、パーティションが使えるエディションを予算的に利用できないという問題を抱えている場合にやむなくシャーディングが採用される場合があるわ。たとえばOracleではパーティションを利用するにはEnterprise Editionである必要があるのだけど、そこまでお金が出せない場合にこういうテーブルをよく見るわね。あと、PostgreSQLのように、パーティションを使うと本当に物理的にシャードによく似たテーブルを作ることになって、もうシャーディングとパーティションの区別が曖昧になっているケースもあるわ。まあシャードみたいに物理的に分散が効いているかどうかは別問題だけど。

苦肉の策ってやつだな。

でもこれって何か問題ある設計ですか。アプリケーション開発者の側としても意図は汲み取りやすいし、実際にこれでパフォーマンス改善になるのだから、そこまで目くじら立てるほど悪い設計にも見えないのですけど。お金のないプロジェクトに「お前らみたいな貧乏人はパフォーマンスが悪くても我慢しろ」というのも酷な話でしょう。そりゃあたしかに、たとえば年月をキーにシャーディングした

注2　シャーディングは、Googleが大規模分散データベースでパフォーマンスチューニングの手段として用いたことで広まりました。分割されたテーブルをシャードと呼びますが、シャードを複数の物理的に分散されたノードに分割することで高速化を図ります。
参考：「Google Cloud BigQuery パーティショニングとシャーディング」
https://cloud.google.com/bigquery/docs/partitioned-tables?hl=ja#dt_partition_shard

ら時間が経過するごとにシャードも増えていってしまいますけど、そのアプリケーション改修コストを呑んででもパフォーマンスを追求したい場合もあるのではないですか。

青二才がいつになく熱弁をふるうじゃないか。だがたしかに、こいつはグレーノウハウの中では「白」に近い。シャーディングを使うことで劇的な性能改善を果たした例もある。年月が古いデータは普通アクセスされなくなっていくから、こうした古いデータを**履歴テーブル**に移して性能改善を図ることは多くの現場で行われているが、これもテーブルの水平分割という点でシャーディングの考え方に近い。データモデルもそこまで汚くするわけではないから、使いどころによっては効果を発揮する手段だ。だが、この元のテーブルからはたとえば男性会員と女性会員に分割したり、年齢階級によってテーブルを分割したり、無節操なテーブル分割が可能だ。このような乱雑なテーブル分割はER図を混乱させるからやみくもな水平分割は慎むべきだろうな。基本的には水平分割したいと思ったらパーティションの利用をまずは検討するべきだ。パーティションならばアプリケーションに対して透過的であるため、改修も不要だからな。たとえば、商品の売り上げを管理する簡単なテーブルのサンプルを考えてみよう。このテーブルに対して「年」をキーにパーティションを設定する場合、以下のようなテーブル定義になる(**リスト7-19、リスト7-20**)。

リスト7-19 **パーティション化テーブル(Oracle/MySQL)**

```
CREATE TABLE SalesPartition (
    sales_id   INTEGER NOT NULL,
    sales_date DATE NOT NULL,
    sales_year INTEGER,
      CONSTRAINT pk_SalesPartition PRIMARY KEY (sales_id, sales_year))
         PARTITION BY RANGE (sales_year) (
         PARTITION p0 VALUES LESS THAN (2020),
         PARTITION p1 VALUES LESS THAN (2021),
         PARTITION p2 VALUES LESS THAN (2022),
         PARTITION p3 VALUES LESS THAN (2023),
         PARTITION p4 VALUES LESS THAN (2024));
```

SalesPartition:売り上げパーティションテーブル　sales_id:売り上げID　sales_date:売上日　sales_year:売上年

リスト7-20　**パーティション化テーブル(PostgreSQL)**

```
CREATE TABLE SalesPartition (
    sales_id   INTEGER NOT NULL,
    sales_date DATE NOT NULL,
    sales_year INTEGER,
      CONSTRAINT pk_SalesPartition PRIMARY KEY (sales_id, sales_year))
PARTITION BY RANGE (sales_year);

CREATE TABLE p0 PARTITION OF SalesPartition FOR VALUES FROM (2020) TO (2021);
CREATE TABLE p1 PARTITION OF SalesPartition FOR VALUES FROM (2021) TO (2022);
CREATE TABLE p2 PARTITION OF SalesPartition FOR VALUES FROM (2022) TO (2023);
CREATE TABLE p3 PARTITION OF SalesPartition FOR VALUES FROM (2023) TO (2024);
CREATE TABLE p4 PARTITION OF SalesPartition FOR VALUES FROM (2024) TO (2025);
```

このパーティション化テーブルでは、2020年より前の売り上げデータがp0に格納され、2020年の売り上げデータがp1に格納され、2021年の売り上げデータがp2に格納され……以下同様となる。
また、シャーディングにもパーティションにも当てはまることだが、テーブルを分割するキーが検索条件になった場合はクエリが速くなるのだが、そうでないキーを条件にしたい場合、シャードやパーティションをまたいだ検索が必要になるため、テーブル分割の恩恵を受けられないことがある。これはしばしば見落とされがちな水平分割の欠点なので、業務要件と突き合わせて気を付けなければならない。主

パーティションとインデックス

わざわざパーティションやシャーディングのようなおおがかりな手段を取らなくても、分割キーにインデックスを作成すればよいのではないか、と思った人もいるかもしれません。しかし、年月のようなキーはカーディナリティ[注a]が低いため、インデックスを作ってもあまりレコードを絞り込めずに思ったような効果が出ないことが多いのです。やはりインデックスはIDや口座番号のようなカーディナリティが高い列に作ってこそ本領を発揮します。

また、テーブルをパーティション化したからといってインデックスが使えなくなるわけではなく併用も可能です。

注a　カーディナリティは値の分散度合いを示す概念です。たとえば「性別」はカーディナリティが低く、銀行の口座番号はカーディナリティが高い例です。

要な検索条件では速くなるがほかの条件のクエリを無視してよいのか、というのはこれまた微妙なところだろう。

なるほどです。

ただ悩ましいのが、パーティションはDBMSによっては有償オプションになっていることもあるから、財布とも相談しなければならないわ。

うーん、テーブル設計っていろいろな考慮事項があって難しいなあ。

そういうさまざまな方向性のベクトルの均衡点を見つけることがエンジニアの仕事だ。だからこそ我々のようなエキスパートが必要なわけだ。

あなたが威張ることじゃないでしょ。

データマート

カルテ6 性能改善のためにデータマートを作成していたら数が増えてしまい、100を超えるデータマートが作られてしまった。すでに使われていないと思われるデータマートもあり、ストレージの容量をかなり消費しているので不要なデータマートを削除したい。しかしどのデータマートがどのような目的に使われていたのか明らかにわかる設計書もなく、安易に削除するのも怖い。このようなデータマートの是非を論ぜよ。

次の患者です……これも微妙ですね。

またやっかいなのが来たわね。

データマートか……ワシが若いころにはよく作ったものだ。まだDBMSの機能も貧弱だったし、ストレージにもSSDなんて気の利いたものはなくて全部HDDだったから、高速化のためにデータマートはよく使われる手段だった。まあ言ってみればデータベース側で持つキャッシュの一種だが、一度効くとわかると中毒性があってあらゆるレポートのためにデータマートを作りたがる現場は多い。

データマートって別にアンチパターンではないですよね。まあカルテに書かれているようなデメリットはあるにせよ、多くのBI/DWHシステムでは今でも使われていますよね。

うむ。レポート出力のクエリがシンプルで高速になるという非常にわかりやすいメリットがあるため、普通アンチパターンには数えられない。それどころか非常に人気のあるポピュラーな存在だ。データマートだけで1,000を超えるシステムも世の中にはあるくらいだ[注3]。

ふえぇ。1,000個もデータマートがあったらとても全体を把握する自信がないです。

おまけにデータマートというのは結構アドホックに作られがちで、きちんとした設計書が残されないことが多い。単発のアドホックなクエリのために作られたデータマートが削除されずにずっと残り続けるなんて運用あるあるだ。論理的には不要でしかないエンティティなのでER図にも現れない。そのため後になってからいったいどのデータマートがどのレポートと結び付いていたのかわからなくなるわけさ。それで似たようなマートが何個も作られる。もう何年も使われていないのに詳細が不明なため怖くて削除もできないという**ゾンビマート**が存在することもしばしばだ。端的にストレージの無駄遣いだな。最近はBI/DWHもクラウドをインフラとして利用することが増えてきたため、こういうストレージ容量の無駄遣いはそのままダイレクトに金の無駄遣いになる(図**7-13**)。

注3　日本でも最大規模のECサイトを持つZOZOではデータマートが1,000を超えているという証言があります。
「dbt導入によるデータマート整備」
https://techblog.zozo.com/entry/dbt-adoption

図7-13　乱脈なデータマート

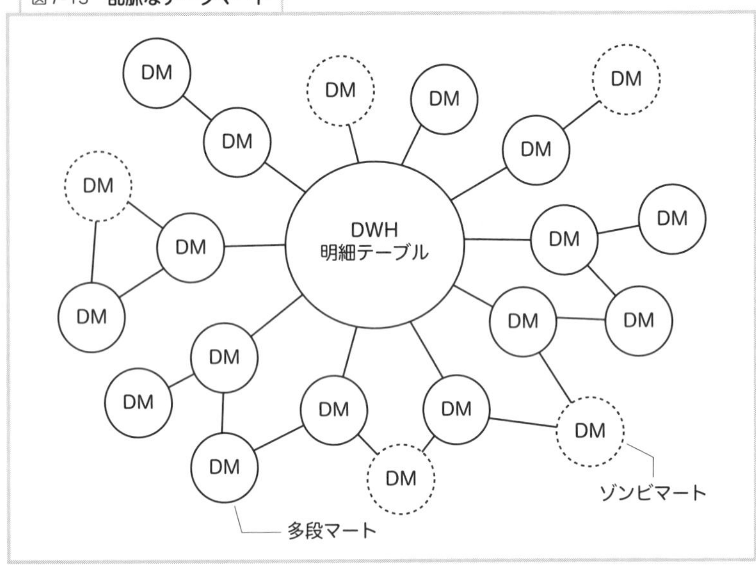

データ鮮度が低いというのもデータマートの欠点ね。だいたい夜間バッチで更新されることが多いから、データ分析においてタイムラグが発生するわ。

あとは昔ワシはデータマートからさらにデータマートを作る**多段マート**というのも見たことがあるが、これも取り扱いが非常に難しい。データフローが追いにくくなるし、そのデータマートがいったいいつ時点のデータから作られたのか、段を重ねるごとに見通しが悪くなる。これは、常に最新のデータを参照しにいくビューと違うところだ。極力多段マートは避けたいところだ。
最近はBI/DWH向けのデータベースに次々と新製品やサービスが登場して、**データマートレス**を謳(うた)うものもある[注4]。セントラルDWHの明細テーブルへのアクセスだけで済むのなら、皆そうしたいに決まってるからな。このスローガンはDWHベンダーにとっては悲願みたいなもので、ワシが若いころからずっと言われているから、そう

注4　「データマートレスだからこそ解決できるデータ活用の課題 SAPが描くデータ活用基盤の新しいデザイン」
https://enterprisezine.jp/article/detail/13657

簡単には実現せんのだがな。DWHの性能が上がるたびに扱うデータ量も増えていくから、結局イタチごっこを繰り返すんだ。

ところで最近データレイクという言葉もよく聞きますが、DWHに関連するのでしょうか？

DWHの拡張概念というのがワシの理解だ。構造化データだけでなく半構造化データや非構造化データといった生データを一ヵ所で集中的に管理したリポジトリのことだ。もし実現すればリアルタイム分析や機械学習などさまざまな高度な分析が可能になる。まだ道半ばだが、SnowflakeやAWSといったベンダーが推進しようとしている[注5]。画像や音声などの非構造化データを含む数多くの種類のデータを統合的に扱えなければならないから、これもベンダーにとっては非常に難しい課題だがな。

いずれにせよ、データマートにはあまり頼りすぎないことね。これも程度問題でなかなかスッキリした結論が出しにくいのだけど。

隣接リストモデル
——古（いにしえ）のデータモデルの復権

カルテ7 会社の組織（**図7-14**）を表すためのテーブル`OrgChart`（**リスト7-21**）があるが、階層関係を把握するためのクエリが自己結合の嵐となって非効率なうえ拡張性も低い（**リスト7-22**、**図7-15**）。これを何とかしたい。

注5 ・「データレイクとは」
https://aws.amazon.com/jp/what-is/data-lake/
・「SNOWFLAKEのデータレイク」
https://www.snowflake.com/ja/data-cloud/workloads/data-lake/

図7-14 組織図のツリー構造

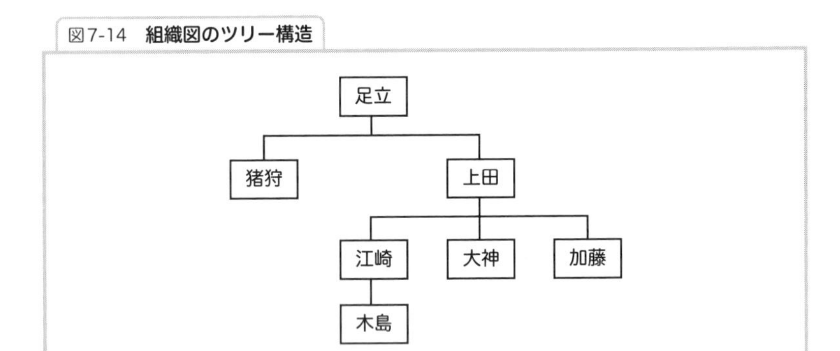

リスト7-21 隣接リストモデル

```
CREATE TABLE OrgChart
 (emp  VARCHAR(32),
  boss VARCHAR(32),
  role VARCHAR(32) NOT NULL,
    CONSTRAINT pk_OrgChart PRIMARY KEY (emp),
    CONSTRAINT fk_OrgChart FOREIGN KEY (boss) REFERENCES OrgChart (emp));
```

OrgChart

emp (社員)	boss (上司)	role (役職)
足立		社長
猪狩	足立	部長
上田	足立	部長
江崎	上田	課長
大神	上田	課長
加藤	上田	課長
木島	江崎	ヒラ

リスト7-22 すべてのノードのパスを列挙するクエリ(4階層限定)

```
SELECT O1.emp, O2.emp, O3.emp, O4.emp
  FROM OrgChart O1
    LEFT OUTER JOIN OrgChart O2
      ON O1.emp = O2.boss
         LEFT OUTER JOIN OrgChart O3
           ON O2.emp = O3.boss
```

```
      LEFT OUTER JOIN OrgChart O4
        ON O3.emp = O4.boss;
```

図7-15 **実行結果**

```
emp  | emp  | emp  | emp
------+------+------+------
足立 | 猪狩 |      |
足立 | 上田 | 江崎 | 木島
足立 | 上田 | 大神 |
足立 | 上田 | 加藤 |
上田 | 江崎 | 木島 |
上田 | 加藤 |      |
上田 | 大神 |      |
江崎 | 木島 |      |
大神 |      |      |
加藤 |      |      |
猪狩 |      |      |
木島 |      |      |
```

OrgChartは、同じテーブルのデータどうしをポインタチェインでつないで階層構造を表す再帰的なテーブル構造ですね。クエリは……これはすごいですね。階層の数だけ自己外部結合が必要になるのか。階層の数も柔軟に変更することもできないし、難しいやり方してますね。

これ自体は大昔からある階層関係を表すモデルだ。自テーブルの列empをboss列が参照する自己参照的な構造になっていて、**隣接リストモデル**という。10年前なら見た瞬間に「淘汰されてしまえ！」と言っていたところだ。

その言い草だと今は考えが変わったんですか？

SQL:1999で導入された再帰共通表式が多くのDBMSでサポートされるようになって[注6]、このモデルでも検索に柔軟性が出た。たとえばこのサンプルデータの各ノードの深さを調べるようなクエリは次のような再帰共通表式で書くことができる（**リスト7-23**、**図7-16**）。

注6　特にMySQLが8.0からサポートしたことが大きかったです。ウィンドウ関数もそうですが、MySQLがなかなか便利な標準機能をサポートしてくれないのでやきもきします。

リスト7-23 再帰共通表式による木の深さの探索

```
WITH RECURSIVE Traversal (emp, boss, depth) AS
(SELECT O1.emp, O1.boss, 1 AS depth /* 開始点となるクエリ */
   FROM OrgChart O1
  WHERE boss IS NULL
 UNION ALL
 SELECT O2.emp, O2.boss,
        (T.depth + 1) AS depth /* 再帰的に繰り返されるクエリ */
   FROM OrgChart O2, Traversal T
  WHERE T.emp = O2.boss)
SELECT emp, boss, depth
  FROM Traversal;
```

※OracleとSQL Serverでは1行目にRECURSIVEキーワードがあるとエラーになるので、削除して実行してください。PostgreSQLとMySQLではそのままのコードで動作します。

図7-16 実行結果

```
 emp  | boss | depth
------+------+-------
 足立 |      |     1
 猪狩 | 足立 |     2
 上田 | 足立 |     2
 江崎 | 上田 |     3
 大神 | 上田 |     3
 加藤 | 上田 |     3
 木島 | 江崎 |     4
```

きちんとノードの深さが求められてますね。深さが増えても動的に対応できるクエリだし、再帰共通表式があれば隣接リストモデルでもイケるんじゃないですか。

うむ。木の深さが不定でもクエリを変更しなくてもよくなったのは大きな改善だ。だが実行計画を見てみろ。少し問題がある。

実行計画は、と……(図7-17、図7-18)。

図7-17 再帰共通表式の実行計画(PostgreSQL)

```
                        QUERY PLAN
-------------------------------------------------------------
 CTE Scan on traversal  (cost=16.64..17.86 rows=61 width=168)
   CTE traversal
     ->  Recursive Union  (cost=0.00..16.64 rows=61 width=18)
           ->  Seq Scan on orgchart o1
```

```
            (cost=0.00..1.07 rows=1 width=18)
             Filter: (boss IS NULL)
       ->  Hash Join  (cost=0.33..1.50 rows=6 width=18)
             Hash Cond: ((o2.boss)::text = (t.emp)::text)
             ->  Seq Scan on orgchart o2
                   (cost=0.00..1.07 rows=7 width=14)
             ->  Hash  (cost=0.20..0.20 rows=10 width=86)
                   ->  WorkTable Scan on traversal t
                         (cost=0.00..0.20 rows=10 width=86)
```

図7-18　再帰共通表式の実行計画(Oracle)

```
---------------------------------------------------------------------------------------------
| Id  | Operation                                 | Name     | Rows  | Bytes | Cost (%CPU)| Time     |
---------------------------------------------------------------------------------------------
|   0 | SELECT STATEMENT                          |          |  823K|   38M|   25  (28)| 00:00:01 |
|   1 |  VIEW                                     |          |  823K|   38M|   25  (28)| 00:00:01 |
|   2 |   UNION ALL (RECURSIVE WITH) BREADTH FIRST|          |      |      |            |          |
|*  3 |    TABLE ACCESS FULL                      | ORGCHART |    1 |   20 |    2   (0)| 00:00:01 |
|*  4 |    HASH JOIN                              |          |  823K|   40M|   23  (31)| 00:00:01 |
|   5 |     BUFFER SORT (REUSE)                   |          |      |      |            |          |
|   6 |      TABLE ACCESS FULL                    | ORGCHART |    7 |  140 |    2   (0)| 00:00:01 |
|   7 |     RECURSIVE WITH PUMP                   |          |      |      |            |          |
---------------------------------------------------------------------------------------------

Predicate Information (identified by operation id):
---------------------------------------------------

   3 - filter("BOSS" IS NULL)
   4 - access("T"."EMP"="O2"."BOSS")
```

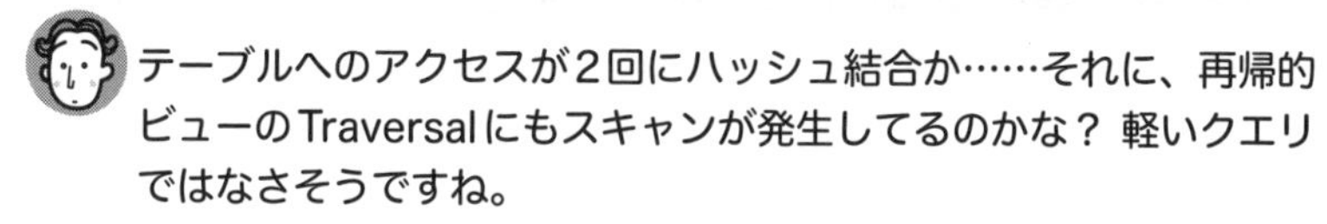

テーブルへのアクセスが2回にハッシュ結合か……それに、再帰的ビューのTraversalにもスキャンが発生してるのかな？ 軽いクエリではなさそうですね。

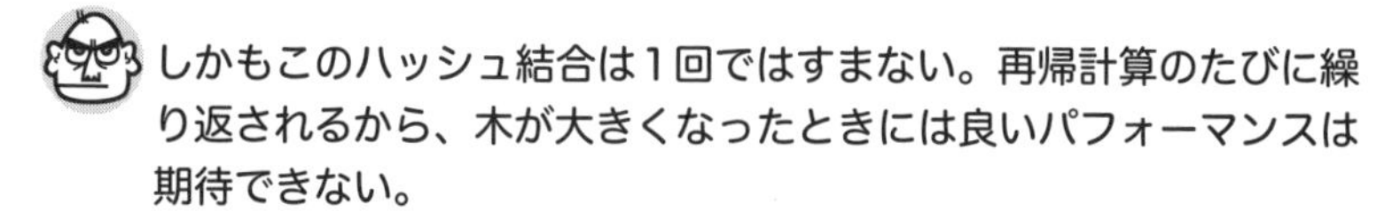

しかもこのハッシュ結合は1回ではすまない。再帰計算のたびに繰り返されるから、木が大きくなったときには良いパフォーマンスは期待できない。

なるほど。データ量が増えたときが不安なわけですね。じゃあためしにほかのクエリを考えてみると……たとえば江崎氏が属している上司をリストするクエリは次のようになりますよね（**リスト7-24**、**図7-19**）。

リスト7-24 **江崎氏の上司を全員求める**

```
WITH RECURSIVE Traversal (emp, boss, depth) AS
(SELECT O1.emp, O1.boss, 1 AS depth /* 開始点となるクエリ */
   FROM OrgChart O1
  WHERE emp = '江崎'
 UNION ALL
 SELECT O2.emp, O2.boss,
        (T.depth + 1) AS depth  /* 再帰的に繰り返されるクエリ */
   FROM OrgChart O2, Traversal T
  WHERE T.boss = O2.emp)
SELECT emp, boss, depth
  FROM Traversal;
```

図7-19 **実行結果**

```
 emp  | boss | depth
------+------+-------
 江崎 | 上田 |     1
 上田 | 足立 |     2
 足立 |      |     3
```

いい感じね。お上手。実行計画はどうかしら。

ちょっと待ってくださいね……(図7-20、図7-21)。

図7-20 **上司を全員求める実行計画(PostgreSQL)**

```
                         QUERY PLAN
-----------------------------------------------------------------
 CTE Scan on traversal  (cost=15.92..17.34 rows=71 width=168)
   CTE traversal
     ->  Recursive Union  (cost=0.00..15.92 rows=71 width=18)
           ->  Seq Scan on orgchart o1
                 (cost=0.00..1.09 rows=1 width=18)
                 Filter: ((emp)::text = '江崎'::text)
           ->  Hash Join  (cost=1.16..1.41 rows=7 width=18)
                 Hash Cond: ((t.boss)::text = (o2.emp)::text)
                 ->  WorkTable Scan on traversal t
                       (cost=0.00..0.20 rows=10 width=86)
                 ->  Hash  (cost=1.07..1.07 rows=7 width=14)
                       ->  Seq Scan on orgchart o2
                             (cost=0.00..1.07 rows=7 width=14)
```

図7-21　上司を全員求める実行計画(Oracle)

```
-----------------------------------------------------------------------------------------------------
| Id  | Operation                                  | Name         | Rows  | Bytes | Cost (%CPU)| Time     |
-----------------------------------------------------------------------------------------------------
|   0 | SELECT STATEMENT                           |              |     2 |    98 |     9   (0)| 00:00:01 |
|   1 |  VIEW                                      |              |     2 |    98 |     9   (0)| 00:00:01 |
|   2 |   UNION ALL (RECURSIVE WITH) BREADTH FIRST|              |       |       |            |          |
|   3 |    TABLE ACCESS BY INDEX ROWID             | ORGCHART     |     1 |    20 |     1   (0)| 00:00:01 |
|*  4 |     INDEX UNIQUE SCAN                      | PK_ORGCHART  |     1 |       |     1   (0)| 00:00:01 |
|   5 |    NESTED LOOPS                            |              |     1 |    51 |     8   (0)| 00:00:01 |
|   6 |     NESTED LOOPS                           |              |     1 |    51 |     8   (0)| 00:00:01 |
|   7 |      RECURSIVE WITH PUMP                   |              |       |       |            |          |
|*  8 |      INDEX UNIQUE SCAN                     | PK_ORGCHART  |     1 |       |     0   (0)| 00:00:01 |
|   9 |     TABLE ACCESS BY INDEX ROWID            | ORGCHART     |     1 |    20 |     1   (0)| 00:00:01 |
-----------------------------------------------------------------------------------------------------

Predicate Information (identified by operation id):
---------------------------------------------------

   4 - access("EMP"='江崎')
   8 - access("T"."BOSS"="O2"."EMP")
```

珍しく実行計画がPostgreSQLとOracleで割れましたね。PostgreSQLはテーブルへのシーケンシャルスキャンとハッシュ結合、Oracleはインデックスへのユニークスキャンと Nested Loops 結合。

PostgreSQLのほうはデータ量が少ないから力業でいってしまおうって実行計画ね。一方のOracleのほうはだいぶデータ量にも気を遣った慎重な実行計画になってる。これならデータ量が増えても対処できる可能性が高いわ。

お次はそうだな、上田氏をトップとする部分木を取得してみろ。

ええと、どうなるのかな……。始点を上田氏にするから、こうか(**リスト7-25、図7-22**)。

リスト7-25　**部分木の取得(再帰共通表式)**

```
WITH RECURSIVE Traversal (emp, boss, depth) AS
(SELECT O1.emp, O1.boss, 1 AS depth /* 始点となるクエリ */
   FROM OrgChart O1
  WHERE emp = '上田'
 UNION ALL
```

```
SELECT O2.emp, O2.boss,
       (T.depth + 1) AS depth /* 再帰的に繰り返されるクエリ */
  FROM OrgChart O2, Traversal T
 WHERE T.emp = O2.boss)
SELECT emp, boss, depth
 FROM Traversal;
```

図7-22 **実行結果**

```
 emp  | boss | depth
------+------+-------
 上田 | 足立 |     1
 江崎 | 上田 |     2
 大神 | 上田 |     2
 加藤 | 上田 |     2
 木島 | 江崎 |     3
```

これも深さが変わってもSQLの変更が不要ですし、隣接リストモデルって柔軟ですねえ。

そう見えるか？ まあたしかにこれで昔よりは検索性はマシになったのだが、ノードの削除や更新は少し面倒でな、SQL一発というわけにはいかん。複数の更新文を実行せねばならん。リーフノードの追加や削除は簡単なんだが、たとえば社長の足立氏と部長の猪狩氏の間にもう一つ内部ノード栗栖氏を追加する場合、次のようになる(**リスト7-26**)。

リスト7-26 **隣接リストモデル：内部ノードの追加**

```
INSERT INTO OrgChart VALUES('栗栖', '足立', '専務');

UPDATE OrgChart
   SET boss = '栗栖'
 WHERE emp = '猪狩';
```

たしかに、猪狩氏のbossポインタを栗栖氏に付け替える必要がありますね。

同様に、ブランチノードの削除もやはり子のノードのboss列を変更してやる必要がある(**リスト7-27**、**図7-23**)。たとえば上田氏を削除するときは、江崎、大神、加藤の3人のポインタを足立氏に変えないと三氏が木から分離されて孤立してしまうので、参照整合性制約によるエラーになる。

リスト7-27 **上田氏を削除する場合は部下のboss列を付け替える**

```
UPDATE OrgChart
   SET boss = '足立'
 WHERE emp IN ('江崎', '大神', '加藤');

DELETE FROM OrgChart
 WHERE emp = '上田';
```

図7-23 **ブランチノードの削除**

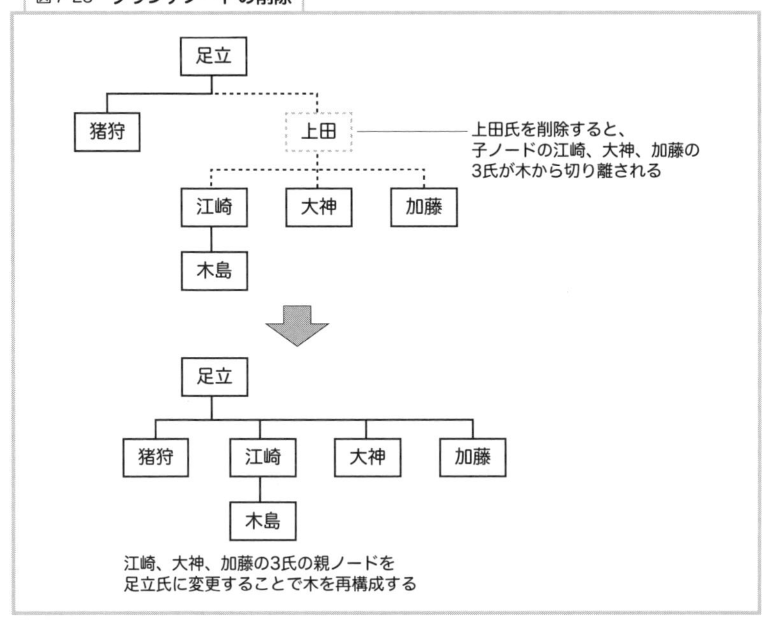

まあたしかにポインタチェインの付け替えはちょっと面倒ですけど、わかりにくいってほどではないですね。

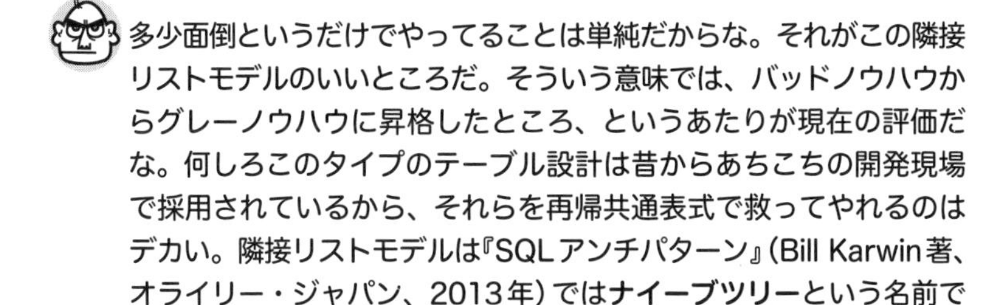

多少面倒というだけでやってることは単純だからな。それがこの隣接リストモデルのいいところだ。そういう意味では、バッドノウハウからグレーノウハウに昇格したところ、というあたりが現在の評価だな。何しろこのタイプのテーブル設計は昔からあちこちの開発現場で採用されているから、それらを再帰共通表式で救ってやれるのはデカい。隣接リストモデルは『SQLアンチパターン』(Bill Karwin著、オライリー・ジャパン、2013年)では**ナイーブツリー**という名前で

アンチパターン扱いされていたが、あの本が出版された当時(2010年)はまだMySQLが再帰共通表式をサポートしていなかったこともあって評価が低かった。ここ数年で評価が変わったケースだ[注7]。

昔はダメだったモデルがSQLの進化によって息を吹き返すこともあるんですね。僕なんかもう隣接リストモデルはグッドノウハウ認定してもいい気がしちゃいますよ。階層構造を扱うためのこれ！ というグッドノウハウってないんですか？

まだ時と場合によって使い分け、というところね。入れ子集合モデルと経路列挙モデルに期待したこともあったんだけど、どちらも更新に弱いという弱点を抱えていてね。更新があまり入らないならどちらもけっこういけるんだけど[注8]。

閉包テーブル(**リスト7-28**)も学校で習ったんですけど、どうなんでしょう？

検索クエリが簡潔に書けるのはメリットではあるわ。階層が増減してもクエリの変更なく実行できる点は、再帰共通表式と同じね。ただ、階層が深くなるとレコード数が膨大に増えていくのと、2つのテーブルの更新時に同期を取らないといけないのが少し手間ね(**リスト7-29、図7-24**)。

リスト7-28 **閉包テーブル**

```
CREATE TABLE OrgChart2
 (emp  VARCHAR(32) PRIMARY KEY,
  role VARCHAR(32) NOT NULL,
  tree_id INTEGER  UNIQUE NOT NULL);

CREATE TABLE Closure
(parent INTEGER NOT NULL,
 child  INTEGER NOT NULL,
   CONSTRAINT pk_Closure PRIMARY KEY (parent, child),
   CONSTRAINT fk_parent FOREIGN KEY  (parent)
```

注7 公平を期して付言すると『SQLアンチパターン』においても、再帰共通表式のサポートが進展すれば隣接リストモデルも一般的に使える選択肢になるだろうと条件付きで述べられています。

注8 入れ子集合モデルと経路列挙モデルの詳細についてはJ.セルコ著『プログラマのためのSQLグラフ原論』(翔泳社、2016年)を参照。

```
    REFERENCES OrgChart2 (tree_id),
  CONSTRAINT fk_child  FOREIGN KEY  (child)
    REFERENCES  OrgChart2 (tree_id));
```

OrgChart2

emp (社員)	role (役職)	tree_id (ツリーID)
足立	社長	1
猪狩	部長	2
上田	部長	3
江崎	課長	4
大神	課長	5
加藤	課長	6
木島	ヒラ	7

Closure

parent (親)	child (子)
1	1
1	2
1	3
1	4
1	5
1	6
1	7
2	2
3	3
3	4
3	5
3	6
3	7
4	4
4	7
5	5
6	6
7	7

リスト7-29　**階層の深さを求めるクエリ(閉包テーブル)**

```
SELECT O.emp, COUNT(*) AS depth
  FROM OrgChart2 O INNER JOIN Closure C
    ON O.tree_id = C.child
 GROUP BY O.emp
 ORDER BY depth;
```

図7-24 実行結果

```
emp  | depth
------+-------
足立 |     1
猪狩 |     2
上田 |     2
大神 |     3
江崎 |     3
加藤 |     3
木島 |     4
```

たしかにクエリの簡単さという点では閉包テーブルに軍配が上がりますね。再帰計算も行う必要なく深さの制限なしでクエリが書けますもんね。

それが閉包テーブルの利点ね。部分木の取得なども比較的簡単なクエリで書けるわ。まあ結合とサブクエリは必要なんだけど（**リスト7-30、図7-25**）。

リスト7-30 上田氏の部下を全員求める（部分木の取得）

```
SELECT O2.emp
  FROM (SELECT O.emp, C.child, O.tree_id
          FROM OrgChart2 O INNER JOIN Closure C
            ON O.tree_id = C.parent
         WHERE O.emp = '上田') TMP
      INNER JOIN OrgChart2 O2
         ON O2.tree_id = TMP.child;
```

図7-25 実行結果

```
emp
------
上田
江崎
大神
加藤
木島
```

部分木の取得も簡単だなあ。

最後に、リーフノードを求めてごらんなさい。

リーフノードは……Closureテーブルに1行しか登場しないノードを選択すればいいのか(**リスト7-31**、**図7-26**)。簡単簡単。

リスト7-31 **リーフノードを求める**

```
SELECT O.emp
  FROM (SELECT parent,
               COUNT(*) OVER (PARTITION BY parent) AS cnt
          FROM Closure) TMP
           INNER JOIN OrgChart2 O
    ON O.tree_id = TMP.parent
 WHERE cnt = 1;
```

図7-26 **実行結果**

```
 emp
------
 猪狩
 大神
 加藤
 木島
```

OKよ。反対にルートノードを求める場合は、Closureテーブルで最も行数が多いノードを求めることになるわ。

そうすると、まとめるなら今後有力な選択肢は、

- 隣接リストモデルで再帰共通表式を使う
- 閉包テーブルを使う

のどちらかってことですね。ただ再帰共通表式って再帰の計算がちょっとわかりにくくないですか。

クエリが入れ子状に実行されていく再帰の動作をイメージするのが慣れるまで難しいかもね。構造は簡単だから、次のテンプレートを覚えてしまえばある程度機械的に書くことができるようになるのだけど(**リスト7-32**)。

リスト7-32 **再帰共通表式のテンプレート**

```
WITH RECURSIVE <共通表式名> (列1, 列2 ...) AS
(SELECT 列1, 列2 ... /* 始点となるクエリ */
   FROM <ベーステーブル>
```

```
  UNION ALL
  SELECT 列1, 列2 ... /* 再帰的に繰り返されるクエリ */
    FROM <共通表式名>
   WHERE <終了条件>)
SELECT 列1, 列2 ...
   FROM <共通表式名>;
```

※OracleとSQL ServerではRECURSIVEを削除すること

こんな風に、基本的には始点となるクエリと再帰的に繰り返されるクエリをUNION ALLでマージしてあげるだけよ。後者のほうに結合などが入ることもあるわ。木の探索アルゴリズムには深さ優先検索（DEPTH FIRST）と幅優先検索（BREADTH FIRST）の2通りがあるのだけど、これもオプションで指定できるわ。これは各自調べてもらうとしましょう。
あとさっきロバートも言ってたけど、再帰はCPUやメモリに負荷をかける演算だからリソース面が少し心配ね。製造業の**部品表（BOM：*Bill of Materials*）**のような大規模なツリー構造を扱ったときにどうなるか、未知数のところがあるわ。もしかするとリソース枯渇の現象が起きるかもしれない[注9]。

うーん、グッドノウハウ認定されるまではあと一歩というところですね。

あと、木が小さくても循環グラフ（**図7-27**、**リスト7-33**）になっていると簡単に**無限再帰クエリ**（**リスト7-34**）が作れてしまうから、そこも再帰共通表式で注意が必要な点ね。これは再帰の計算数の上限制限がかけられていないPostgreSQLのようなDBMSだとリソースを食い潰してしまう危険があるわ[注10]。

注9 著者の手元の環境であるPostgreSQL 16.3で無限再帰クエリを実行したところ、CPU使用率は5%程度を推移してそれほどの負荷はなかったのですが、psqlプロセスのメモリ消費量が単純増加していくという怖い現象が見られました。計算の途中結果が膨れ上がっているのではないかと推測されます。

注10 Oracleでは循環グラフを検知すると以下のようなエラーが発生します。非常に気が利いています。
`ERROR:ORA-32044: 再帰的WITH問合せの実行中にサイクルが検出されました。`

図7-27　**循環グラフ**

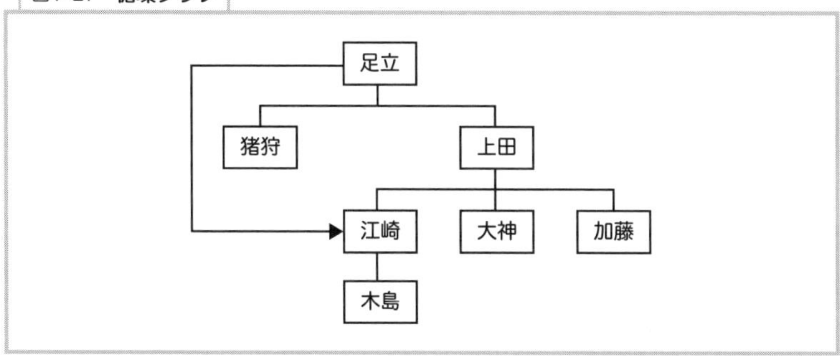

リスト7-33　**循環グラフを作る**

```
UPDATE OrgChart
   SET boss = '江崎'
 WHERE emp = '足立';
```

リスト7-34　**無限再帰クエリ**

読者の環境での実行は推奨しませんが、もし実行するときにはリソース消費をモニタリングしながら慎重に実行してください

```
WITH RECURSIVE Traversal (emp, boss, depth) AS
(SELECT O1.emp, O1.boss, 1 AS depth /* 開始点となるクエリ */
   FROM OrgChart O1
  WHERE emp = '足立'
 UNION ALL
 SELECT O2.emp, O2.boss,
        (T.depth + 1) AS depth /* 再帰的に繰り返されるクエリ */
   FROM OrgChart O2, Traversal T
  WHERE T.emp = O2.boss)
SELECT emp, boss, depth
  FROM Traversal;
```

※OracleとSQL ServerではRECURSIVEを削除すること

隣接リストモデルと再帰共通表式の組み合わせが使い物になるかは、今後実際に開発現場で使われていくことでデータが蓄積され、評価が定まるでしょう。大規模なツリーを扱う際には、DBMSが許可している再帰の深さの上限にも注意する必要があります。たとえばMySQLでは`cte_max_recursion_depth`というパラメータで制限されておりデフォルトは1000です。SQL Serverではデフォルト100に制限されており、`MAXRECURSION`パラ

メータで制御します。たとえばSQL Serverでのエラーメッセージは次のようになります。

```
Msg 530, Level 16, State 1, Line 1
ステートメントが終了しました。ステートメントの完了前に最大再帰数 100 に達しました。
```

MySQLでのエラーメッセージは下記のようになります。

```
ERROR 3636 (HY000): Recursive query aborted after 1001 iterations. Try increasin
g @@cte_max_recursion_depth to a larger value.
```

OracleとPostgreSQLには特に上限を指定するパラメータはありません。

著者としては、テーブル定義がすっきりする隣接リストモデルをまずは推したいと考えています。昔からあるモデルということもあり、ロバートもさっき言ったように、すでにこのモデルでテーブルを作ってしまっている現場も多くあります。そういう現場にとって、再帰共通表式は福音になるはずです。OracleのCONNECT BYのような実装依存の機能に頼らなくてよくなります(**リスト7-35**、**図7-28**)。無限ループにだけは気を付けてください。

リスト7-35 **Oracleでのみ使用可能な階層問い合わせ(CONNECT BY)**

```
SELECT emp, boss, LEVEL
  FROM OrgChart
 START WITH boss IS NULL
CONNECT BY PRIOR emp = boss;
```

図7-28 **実行結果**

```
emp     boss    level
------  ------ -----
足立               1
猪狩    足立       2
上田    足立       2
加藤    上田       3
大神    上田       3
江崎    上田       3
木島    江崎       4
```

ただ、OracleのCONNECT BY句を使った問い合わせは、独自拡張の利点として実行計画が最適化されており、リソース消費も少なくなっています(**図7-29**)。

図7-29　**実行計画（OracleのCONNECT BY句）**

```
--------------------------------------------------------------------------------------------------
| Id  | Operation                                | Name     | Rows  | Bytes | Cost (%CPU)| Time     |
--------------------------------------------------------------------------------------------------
|   0 | SELECT STATEMENT                         |          |     3 |   108 |     7  (15)| 00:00:01 |
|*  1 |  CONNECT BY NO FILTERING WITH START-WITH|          |       |       |            |          |
|   2 |   TABLE ACCESS FULL                      | ORGCHART |     7 |    98 |     6   (0)| 00:00:01 |
--------------------------------------------------------------------------------------------------

Predicate Information (identified by operation id):
---------------------------------------------------

   1 - access("BOSS"=PRIOR "EMP")
       filter("BOSS" IS NULL)
```

Oracle限定でもよいという条件下で階層問い合わせのクエリを最適化したい場合には、一つの選択肢にはなり得ます。

グレーノウハウのほうがアンチパターンより判断が難しい

（17:00、休憩室。3人がテーブルを囲んでぐったりしている。）

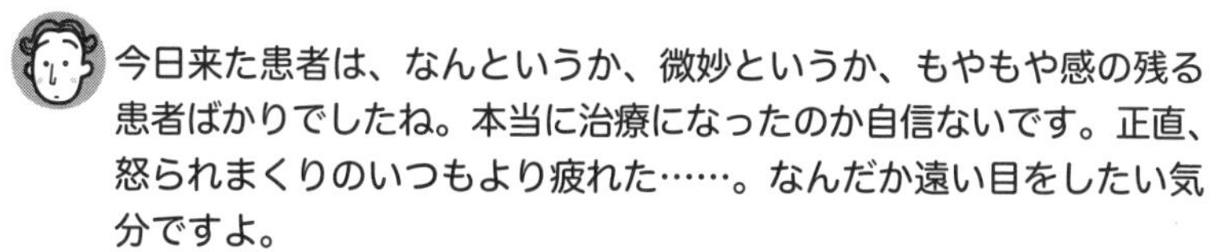

今日来た患者は、なんというか、微妙というか、もやもや感の残る患者ばかりでしたね。本当に治療になったのか自信ないです。正直、怒られまくりのいつもより疲れた……。なんだか遠い目をしたい気分ですよ。

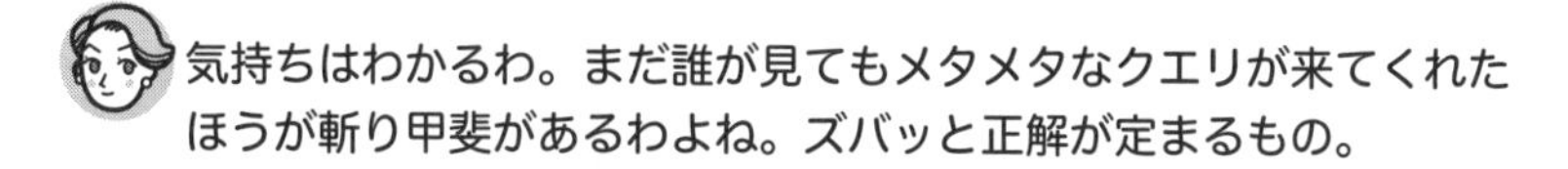

気持ちはわかるわ。まだ誰が見てもメタメタなクエリが来てくれたほうが斬り甲斐があるわよね。ズバッと正解が定まるもの。

グレーノウハウというのはそういうものだ。熟練のDBエンジニアでも判断に迷うのだから新米のお前が悩むのは不思議ではない。だがお前の感じるその微妙なモヤモヤから逃げず業務要件と突き合わせて最適解を見つけてこそのプロだ。

再帰と入れ子集合

本章では隣接リストモデルのテーブルから再帰的な入れ子の計算を行うことで木構造を検索する手法を紹介しましたが(厳密には内部的な処理は反復であって再帰ではないとする見解もあるのですが注a)、再帰による入れ子集合とSQLは縁が深く、ウィンドウ関数が登場する前のSQLでは、連番の生成や移動平均の計算などを再帰的な入れ子集合を作ることで実現していました。たとえば**リスト7-a**、**リスト7-b**のようなクエリです(**図7-a**)。

リスト7-a　**連番生成のテストテーブル**

```
CREATE TABLE NestedSets
(key_col CHAR(1) NOT NULL PRIMARY KEY);

INSERT INTO NestedSets VALUES ('A');
INSERT INTO NestedSets VALUES ('B');
INSERT INTO NestedSets VALUES ('C');
INSERT INTO NestedSets VALUES ('D');
INSERT INTO NestedSets VALUES ('E');
```

リスト7-b　**再帰的な入れ子で連番を生成する**

```
SELECT key_col,
       (SELECT COUNT(*)
          FROM NestedSets N1
         WHERE N1.key_col <= N2.key_col) AS row_num
  FROM NestedSets N2;
```

図7-a　**実行結果**

```
 key_col | row_num
---------+---------
 A       |       1
 B       |       2
 C       |       3
 D       |       4
 E       |       5
```

注a　「PostgreSQL 16.0文書 7.8. WITH問い合わせ(共通テーブル式)」
https://www.postgresql.jp/document/16/html/queries-with.html

このクエリが何をしているかというと、row_num列を作っている相関サブクエリは、各行について**図7-b**のような1つずつ要素数が増えていくS1〜S5までの行集合を作ってその要素数をCOUNT(*)でカウントしているのです。

図7-b **再帰集合による自然数の生成**

```
S1 = A:A
S2 = B:A, B
S3 = C:A, B, C
S4 = D:A, B, C, D
S5 = E:A, B, C, D, E
```

このように見ると、S1からS5までの集合は、**図7-c**のような入れ子状の再帰的集合を形成していることがわかります。

図7-c **自然数の入れ子集合**

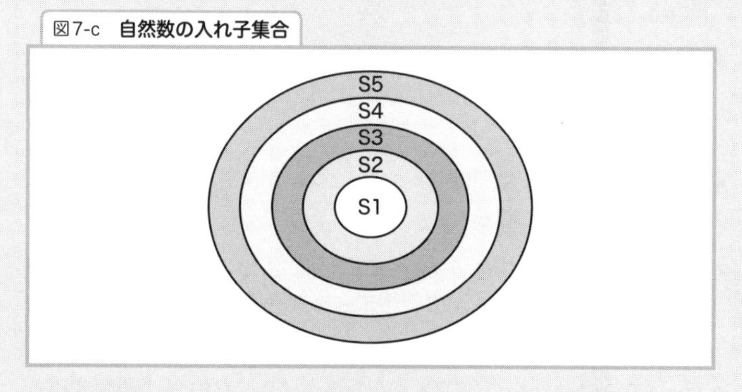

集合の包含関係の記号を使って表せば下記のようになります。

- $S1 \subset S2 \subset S3 \subset S4 \subset S5$

今となってはもうウィンドウ関数のおかげでこのような複雑かつパフォーマンスも悪い手段を使う必要はなくなりましたが、昔のSQLはこのように集合論的な考え方をする機会が多かった、という昔話です。お付き合いいただきありがとうございました。

まとめ

- SQLコーディングでは正解と不正解がはっきり決まるが、テーブル設計はもっと微妙で判断に悩むケースがあり、それをグレーノウハウという
- OTLTは乱脈な使い方(EAV)は許されるべきではないが、各種のマスタを一つにまとめるOTLTにはメリットもいくつかあり、使うか否か悩ましい
- 列持ちテーブルは一般的に使うべきではないが、帳票のフォーマットにテーブルレイアウトを合わせたい場合にフロントエンドのテーブルとして作るのはアリ。列持ちへのピボットもCASE式で簡単に行える
- アドホックな集計キーはCASE式のクエリで対応できるので、原則作るべきではない。頻繁に使うようであればビューとして定義する
- サロゲートキーも原則使うべきではないが、汚い業務仕様にシステムが合わせねばならないときには重宝する
- シャーディングはパーティショニングによって代替できるのが望ましいが、エディションの制限によって使えない場合などはシャーディングも選択肢となり得る
- データマートはけっしてアンチパターンではないが、利用する際は節度を持って利用し、設計書をきちんと残さないとデータマートが乱立してカオスな状態になる。また、バッチ処理に負荷を寄せることになるため十分なバッチウィンドウの確保が必要
- 隣接リストモデルは、再帰共通表式のサポートが進んだおかげで、アンチパターンからグレーノウハウに昇格した。パフォーマンスしだいでは今後木構造を扱うグッドノウハウになる可能性を秘めている。そうでなかった場合は、閉包テーブルモデルがバックアッププランとなる

演習問題

解答393ページ

演習7-1

カルテ4の市町村（`Municipality`）テーブルを、開始年度と終了年度を付加するようにテーブル定義を変更してください。

ヒント：主キーが何になるかに注意してください。

演習7-2

サロゲートキーを使う場合に実装方法として以下の2つの機能が候補になり得ます。

- シーケンスオブジェクト
- ID列（オートナンバリング列）

それぞれ連番を払い出すDBMSの機能ですが、サロゲートキーとして使う場合に、どのようなメリット・デメリットがあるか調べてください。

演習7-3

データマートを作る手段としては、通常のテーブル、ビュー、マテリアライズド・ビューの3種類があります。それぞれのメリット、デメリットを調べて評価してください。

演習7-4

カルテ7で見た隣接リストモデルの組織図テーブル`OrgChart`から、リーフノード（自分より下にノードを持たない最下端のノード）を求めるクエリを考えてください。

ヒント：単純に考えるとハマるSQLの汚い仕様があります。そこをうまく回避してください。

演習7-5

隣接リストモデルで利用する再帰共通表式の練習をしましょう。SQLで1から100の数を再帰共通表式で生成してください。テーブルは使いません（Oracleだけは擬似表DUALを使いますが、23ai以降は不要となりました）。もし自然数の生成ができた方は、今度はフィボナッチ数列（0, 1, 1, 2, 3, 5, 8, 13, ...）を再帰共通表式で生成してみてください。

第8章

集合指向アレルギー

なぜSQLはエンジニアにとってわかりにくいのか

本章で学ぶ内容

SQLではデータをレコードの集合としてとらえる考え方が基本となりますが、これは多くの手続き型言語で育ってきたプログラマーにとっては考え方を切り替える必要があり、SQLを難しいと感じる大きな要因となっています。本章ではHAVING句の使い方を学ぶことでSQLの集合指向言語としての本質に迫ります。そして、集合指向のHAVING句と手続き的なウィンドウ関数の間に機能的に相似の関係があるという、一見すると不思議な現象を理解します。

(13:00、手術室。ロバート、ヘレン、ワイリーが患者の到着を待っている。)

遅いな。救急隊員からの連絡はないのか。

もうすぐ到着するとのことです。道が混んでいるようで。

そうか。そう言えばお前こないだ大学でSQLの単位落としたそうだな。まったくここで何を学んどるんだ。

ギクッ。なぜそれを。

♫～

追試では頑張りますから。あ、ほら患者が来ました！

まったく……。

HAVING句による集合の条件指定

カルテ1 **リスト8-1**のアドレス帳テーブルから同じ家族（family_id）でありながら住所の異なるデータを抽出したい。

リスト8-1　**テーブル定義：アドレス帳**

```
CREATE TABLE Addresses
(name VARCHAR(32) NOT NULL,
 family_id INTEGER NOT NULL,
 address VARCHAR(64) NOT NULL,
   CONSTRAINT pk_Addresses PRIMARY KEY(name));
```

Addresses: アドレス帳テーブル　name: 名前　family_id: 家族ID　address: 住所

Addresses

name **(名前)**	**family_id** **(家族ID)**	**address** **(住所)**
前田 義明	100	東京都港区虎ノ門3-2-**29**
前田 由美	100	東京都港区虎ノ門3-2-**92**
加藤 裕也	200	東京都新宿区西新宿2-8-1
加藤 勝	200	東京都新宿区西新宿2-8-1
ホームズ	300	ベーカー街221B
ワトソン	400	ベーカー街221B
新藤 一郎	500	新潟県南魚沼郡湯沢町湯沢**2494**
新藤 次郎	500	新潟県南魚沼郡湯沢町湯沢**2494**
新藤 三郎	500	新潟県南魚沼郡湯沢町湯沢**3494**

前田家と新藤家が選択されることになるわけですね。

どれ、患者のコードを見せてみろ。

こちらです(リスト8-2、図8-1)。

リスト8-2 患者のコード：自己結合を使う

```
SELECT DISTINCT A1.name, A1.address
  FROM Addresses A1 INNER JOIN Addresses A2
    ON A1.family_id = A2.family_id
   AND A1.address <> A2.address ;
```

図8-1 実行結果

```
   name    |           address
-----------+-----------------------------
 前田 義明 | 東京都港区虎ノ門3-2-29
 前田 由美 | 東京都港区虎ノ門3-2-92
 新藤 一郎 | 新潟県南魚沼郡湯沢町湯沢2494
 新藤 次郎 | 新潟県南魚沼郡湯沢町湯沢2494
 新藤 三郎 | 新潟県南魚沼郡湯沢町湯沢3494
```

自己結合をHAVING句によって置き換える

自己結合を使って、家族が同じで住所が違うという条件をシンプルに表現しているわね。

コードの意味も明確だし、簡潔だし、そんなに悪いコードには見えないのですけど。

うむ。そこまで重症ではない。だがこのクエリはパフォーマンスにさらなる改善の余地がある。このコードは自己非等値結合を使っているため高コストになりやすく実行計画の変動リスクがあるのと、テーブルを2回スキャンしているのも無駄だ。実行計画を出してみろ。

こちらです(図8-2、図8-3)。

図8-2　自己結合の実行計画(PostgreSQL)

```
                              QUERY PLAN
---------------------------------------------------------------------------
 HashAggregate  (cost=2.66..2.75 rows=9 width=45)
   Group Key: a1.name, a1.address
   ->  Hash Join  (cost=1.20..2.59 rows=15 width=45)
         Hash Cond: (a1.family_id = a2.family_id)
         Join Filter: ((a1.address)::text <> (a2.address)::text)
         ->  Seq Scan on addresses a1  (cost=0.00..1.09 rows=9 width=49)
         ->  Hash  (cost=1.09..1.09 rows=9 width=36)
               ->  Seq Scan on addresses a2
                     (cost=0.00..1.09 rows=9 width=36)
```

図8-3　自己結合の実行計画(Oracle)

```
-----------------------------------------------------------------------------
| Id  | Operation          | Name      | Rows  | Bytes | Cost (%CPU)| Time     |
-----------------------------------------------------------------------------
|   0 | SELECT STATEMENT   |           |     9 |   855 |     5  (20)| 00:00:01 |
|   1 |  HASH UNIQUE       |           |     9 |   855 |     5  (20)| 00:00:01 |
|*  2 |   HASH JOIN SEMI   |           |     9 |   855 |     4   (0)| 00:00:01 |
|   3 |    TABLE ACCESS FULL| ADDRESSES |     9 |   432 |     2   (0)| 00:00:01 |
|   4 |    TABLE ACCESS FULL| ADDRESSES |     9 |   423 |     2   (0)| 00:00:01 |
-----------------------------------------------------------------------------


Predicate Information (identified by operation id):
---------------------------------------------------


   2 - access("A1"."FAMILY_ID"="A2"."FAMILY_ID")
       filter("A1"."ADDRESS"<>"A2"."ADDRESS")
```

たしかにどちらもテーブルスキャンが2回と、ハッシュ結合が行われていますね。

うむ。結合がこのコードの元凶なわけだ。結合を消去してやるのが今回の目的だ。さて、どう考える？

見当もつかないであります(キリッ)。

こりゃ単位を落とすわけだ……。

しょうがないわね……まず考えられるのはHAVING句を使うことね。HAVING句は、集約された集合に対する条件を設定できるわ(リ

スト8-3、図8-4)。

リスト8-3　ヘレンの解答：HAVING句を使う

```
SELECT family_id
  FROM Addresses
 GROUP BY family_id
HAVING MIN(address) <> MAX(address);
```

図8-4　実行結果

```
family_id
-----------
      100
      500
```

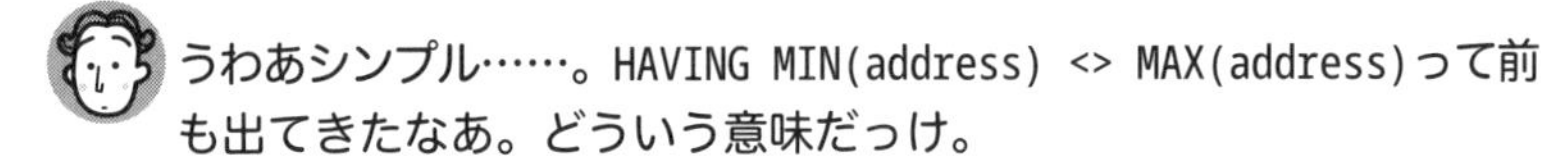

うわあシンプル……。HAVING MIN(address) <> MAX(address)って前も出てきたなあ。どういう意味だっけ。

以前(100ページ)で見たわね。覚えてる？

最大値と最小値が異なるという意味の条件ですよね……あ、そうか。住所がみんな同じなら、グループの中に値は一つしか存在しないから最大値と最小値が一致するのか。その逆で、最大値と最小値が一致しないということは、複数の値が存在するという証拠になるんですね。

そういうこと。

MAX関数が数値型以外に使われているのは何度見ても慣れないなあ……。

そのうち慣れるわよ。そうね、あと100個も症例見れば。

うひゃあ。

(気取った調子で)さて諸君、実行計画を見てみよう。テーブルへのスキャンが1回に減っているのが確認できる(図8-5、図8-6)。

図8-5　HAVING句の実行計画(PostgreSQL)

```
                              QUERY PLAN
----------------------------------------------------------------
HashAggregate  (cost=1.16..1.22 rows=5 width=4)
  Group Key: family_id
  Filter: (min((address)::text) <> max((address)::text))
  ->  Seq Scan on addresses  (cost=0.00..1.09 rows=9 width=36)
```

図8-6　HAVING句の実行計画(Oracle)

```
-------------------------------------------------------------------------------
| Id | Operation          | Name      | Rows | Bytes | Cost (%CPU)| Time     |
-------------------------------------------------------------------------------
|  0 | SELECT STATEMENT   |           |    9 |   423 |     3  (34)| 00:00:01 |
|* 1 |  FILTER            |           |      |       |            |          |
|  2 |   HASH GROUP BY    |           |    9 |   423 |     3  (34)| 00:00:01 |
|  3 |    TABLE ACCESS FULL| ADDRESSES |    9 |   423 |     2   (0)| 00:00:01 |
-------------------------------------------------------------------------------

Predicate Information (identified by operation id):
---------------------------------------------------

   1 - filter(MIN("ADDRESS")<>MAX("ADDRESS"))
```

本当だ。結合が消えたことでテーブルスキャンが1回に減りましたね。ところでいまさらですけど、GROUP BY句って計算にハッシュが使われるんですね。

昔はソートが使われていたけど、最近はハッシュが使われることが増えたわね[注1]。

HAVING句は動作がわかりにくくてSQL初級者からは敬遠されがちだが、極値関数やCASE式と組み合わせることで強力な表現が可能だ。使わないのは実にもったいない。これを**集合指向アレルギー**という。SQLの集合論的な考え方に馴染みのない手続き型言語で育ったプログラマーが罹(かか)りやすい。

ちなみにHAVING句と同じ考え方でウィンドウ関数を使っても実現できるわ(**リスト8-4**、**図8-7**)。こっちのが行の順序を使ってるか

注1　Oracleでは10gからGROUP BY句の計算にハッシュが使われるようになりました。

ら、手続き型のプログラマーにも理解しやすいでしょうね。

リスト8-4 **ウィンドウ関数による解**

```
SELECT name, address
  FROM (SELECT name, address,
               MAX(address) OVER(PARTITION BY family_id) max_address,
               MIN(address) OVER(PARTITION BY family_id) min_address
          FROM Addresses) MAX_MIN
 WHERE max_address <> min_address;
```

図8-7 **実行結果**

```
  name     |           address
-----------+----------------------------
 前田 義明 | 東京都港区虎ノ門3-2-29
 前田 由美 | 東京都港区虎ノ門3-2-92
 新藤 一郎 | 新潟県南魚沼郡湯沢町湯沢2494
 新藤 次郎 | 新潟県南魚沼郡湯沢町湯沢2494
 新藤 三郎 | 新潟県南魚沼郡湯沢町湯沢3494
```

ウィンドウ関数は集約はしないからname列やaddress列まで結果に表示できるのがいいところですね。

うむ、それがウィンドウ関数の利点だ。こちらでもテーブルアクセスは1回に減っている(**図8-8**、**図8-9**)。

図8-8 **実行計画(PostgreSQL)**

```
                          QUERY PLAN
------------------------------------------------------------
 Subquery Scan on max_min  (cost=1.23..1.53 rows=9 width=45)
   Filter: (max_min.max_address <> max_min.min_address)
   ->  WindowAgg  (cost=1.23..1.41 rows=9 width=113)
         ->  Sort  (cost=1.23..1.26 rows=9 width=49)
               Sort Key: addresses.family_id
               ->  Seq Scan on addresses
                      (cost=0.00..1.09 rows=9 width=49)
```

図8-9 **実行計画(Oracle)**

```
---------------------------------------------------------------------------
| Id  | Operation          | Name      | Rows  | Bytes | Cost (%CPU)| Time     |
---------------------------------------------------------------------------
|   0 | SELECT STATEMENT   |           |     9 |  1080 |     3  (34)| 00:00:01 |
|*  1 |  VIEW              |           |     9 |  1080 |     3  (34)| 00:00:01 |
```

```
|   2 |   WINDOW SORT        |           |     9 |   432 |     3  (34)| 00:00:01 |
|   3 |    TABLE ACCESS FULL| ADDRESSES |     9 |   432 |     2   (0)| 00:00:01 |
----------------------------------------------------------------------------------

Predicate Information (identified by operation id):
---------------------------------------------------

   1 - filter("MAX_MIN"."MAX_ADDRESS"<>"MIN_ADDRESS")
```

GROUP BY句はハッシュを使ってたのにウィンドウ関数はソートを使うんですね。

今はな。ウィンドウ関数をハッシュで計算するという研究もされている。もし良好な結果が得られれば将来的にはハッシュが使われることになるかもしれん。今のところはどの実装もソートを使っている。

HAVING句とウィンドウ関数、どちらを使えばいいのでしょう？

ソートとハッシュのどちらがいいか、という問題だから一概には言えないのだけど、体感的にはどっちも大して パフォーマンスは変わらないわね。ヒラで(集約せずに)結果が欲しい場合にはウィンドウ関数を使えばいいんじゃないかしら。

そういうもんですかね。

HAVING句の力 ──四角ではなく円を描け

(手術室の電話が鳴る。ワイリーが電話に出る。)

はい……はい、受け入れ可能です。

(ガチャリ)もう一人患者が来るそうです。

よし急いで準備しろ。

カルテ2 **リスト8-5**の部署テーブル（Departments）から、課のセキュリティチェックがすべて終わっている（check_flagがすべて「完了」）部署を選択したい（**図8-10**）。

リスト8-5　**部署テーブル**

```
CREATE TABLE Departments
(department  CHAR(16) NOT NULL,
 division    CHAR(16) NOT NULL,
 check_flag       CHAR(8)  NOT NULL,
  CONSTRAINT pk_Departments PRIMARY KEY (department, division));
```

Departments: 部署テーブル　department: 部署名　division: 課名　check_flag: チェックフラグ

Departments

department（部署名）	division（課名）	check_flag（チェックフラグ）
営業部	一課	完了
営業部	二課	完了
営業部	三課	未完
研究開発部	基礎理論課	完了
研究開発部	応用技術課	完了
総務部	一課	完了
人事部	採用課	未完

図8-10　**求める結果**

```
department
----------
研究開発部
総務部
```

これって単純に考えてこれじゃダメなんですかね？（**リスト8-6**）

リスト8-6　**ワイリーの答え：その1（間違い）**

```
SELECT DISTINCT department
  FROM Departments
 WHERE check_flag = '完了';
```

  このダボが！

 ん？

 え？

 オホホ、何でもないわ。空耳空耳。ほら、ワイリー、これじゃ三課が未完の営業部まで含まれてしまうでしょ（**図8-11**）。

図8-11　**実行結果**

```
    department
------------------
 総務部
 研究開発部
 営業部
```

 あ……本当だ。そっか部署の**全部の**課で「完了」じゃないと選択しちゃダメなんだ。ようし集合に対する条件はHAVING句で設定するんだから、こうして……できました！（**リスト8-7**、**図8-12**）

リスト8-7　**ワイリーの答え：その2**

```
SELECT department
  FROM Departments D1
 GROUP BY department
HAVING COUNT(*) =  (SELECT COUNT(*)
                      FROM Departments D2
                     WHERE check_flag = '完了'
                       AND D1.department = D2.department
                     GROUP BY department);
```

図8-12　**実行結果**

```
    department
------------------
 総務部
 研究開発部
```

今度は結果は合っとる。問題はまたパフォーマンスだ。せっかくHAVING句を使っているのに、サブクエリを使ったことでテーブルスキャンが2回発生しておる。これじゃせっかくのHAVING句も台なしだ。お前のサブクエリ・パラノイアも相当重症だな（図8-13、図8-14）。

図8-13　サブクエリ・パラノイアの実行計画（PostgreSQL）

```
                        QUERY PLAN
---------------------------------------------------------------
HashAggregate  (cost=1.11..5.62 rows=1 width=24)
  Group Key: d1.department
  Filter: (count(*) = (SubPlan 1))
  ->  Seq Scan on departments d1  (cost=0.00..1.07 rows=7 width=24)
  SubPlan 1
    ->  GroupAggregate  (cost=0.00..1.12 rows=1 width=32)
          ->  Seq Scan on departments d2
                (cost=0.00..1.10 rows=1 width=24)
              Filter: ((check_flag = '完了'::bpchar)
                   AND (d1.department = department))
```

図8-14　サブクエリ・パラノイアの実行計画（Oracle）

```
-------------------------------------------------------------------------------
| Id  | Operation            | Name        | Rows  | Bytes | Cost (%CPU)| Time     |
-------------------------------------------------------------------------------
|   0 | SELECT STATEMENT     |             |     1 |    17 |     3  (34)| 00:00:01 |
|*  1 |  FILTER              |             |       |       |            |          |
|   2 |   HASH GROUP BY      |             |     1 |    17 |     3  (34)| 00:00:01 |
|   3 |    TABLE ACCESS FULL | DEPARTMENTS |     7 |   119 |     2   (0)| 00:00:01 |
|   4 |   SORT GROUP BY NOSORT|            |     1 |    27 |     2   (0)| 00:00:01 |
|*  5 |    TABLE ACCESS FULL | DEPARTMENTS |     1 |    27 |     2   (0)| 00:00:01 |
-------------------------------------------------------------------------------

Predicate Information (identified by operation id):
---------------------------------------------------

   1 - filter(COUNT(*)= (SELECT COUNT(*) FROM "DEPARTMENTS" "D2" WHERE
              "CHECK_FLAG"='完了' AND "D2"."DEPARTMENT"=:B1 GROUP BY "DEPARTMENT"))
   5 - filter("CHECK_FLAG"='完了' AND "D2"."DEPARTMENT"=:B1)
```

たしかにどちらもテーブルスキャンが2回発生してますね。どうしてもサブクエリに頼っちゃうんですよね……。

SQLのような集合指向言語においては、常に行集合の観点から考え

てあげるの。HAVING句での条件はCASE式で作ってあげればいいのよ(**リスト8-8**、**図8-15**)。

リスト8-8　**ヘレンの解：CASE式を使う**

```
SELECT department
  FROM Departments
 GROUP BY department
HAVING COUNT(*) = SUM(CASE WHEN check_flag = '完了'
                           THEN 1 ELSE 0 END);
```

図8-15　**実行結果**

```
    department
-------------------
総務部
研究開発部
```

そっか、CASE式はHAVING句でも使えたんですね。

このようにCASE式で行が特定の条件を満たすかどうかを調べる関数のことを**特性関数**、または集合の定義をしているという意味で**定義関数**と呼ぶ[注2]。

この場合はCASE式で「完了」を1、「未完」を0に変換して、合計が全行数と一致するか調べているんですね。

誰かさんはCASE式なんてラベルの張り替えをしているにすぎないなんて言ってたけど、そろそろCASE式の強力さがわかってきたかしら。

いや……実際、応用方法が広くて驚いています。HAVING句と組み合わせると強力無比ですね。

この問題は、以下のような集合のサブセットの図を描いてみるとわかりやすいわ(**図8-16**)。

注2　Snowflakeの実装依存になるため詳細は省きますが、特性関数を簡単に記述できるBOOLAND_AGGという関数もあります。興味のある方は以下を参照
https://docs.snowflake.com/ja/sql-reference/functions/booland_agg

図8-16 HAVING句による集合に対する条件指定

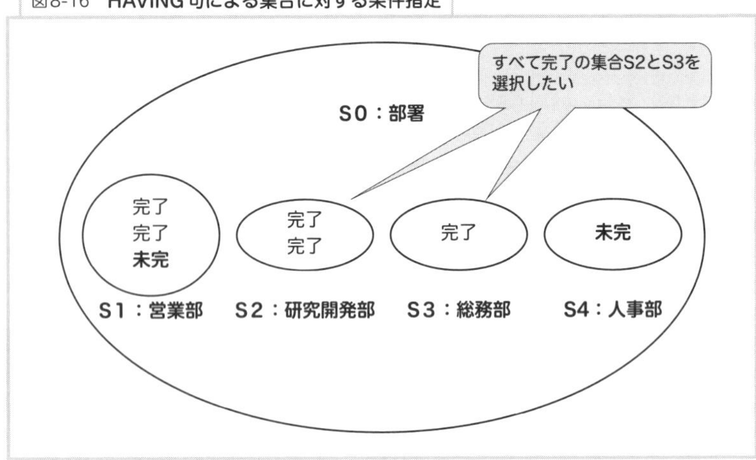

なるほど、この図を描けばどんな条件に合致する集合を選択すればいいか、一目瞭然ですね。

そういうこと。これが集合指向言語における考え方の基本よ。手続き型言語では処理のルーチンを四角で表すけど、**集合指向言語では円を描いて考えるのがコツなの。**

では実行計画も見ておこう(図8-17、図8-18)。

図8-17 HAVING句の実行計画(PostgreSQL)

```
                           QUERY PLAN
-----------------------------------------------------------------
 HashAggregate  (cost=1.14..1.19 rows=1 width=24)
   Group Key: department
   Filter: (count(*) = sum(CASE WHEN (check_flag = '完了'::bpchar)
                              THEN 1 ELSE 0 END))
   ->  Seq Scan on departments  (cost=0.00..1.07 rows=7 width=37)
```

図8-18 HAVING句の実行計画(Oracle)

```
-------------------------------------------------------------------------------
| Id  | Operation            | Name         | Rows  | Bytes | Cost (%CPU)| Time     |
-------------------------------------------------------------------------------
|   0 | SELECT STATEMENT     |              |     1 |    27 |     3  (34)| 00:00:01 |
|*  1 |  FILTER              |              |       |       |            |          |
```

```
|   2 |   HASH GROUP BY      |             |     1 |    27 |     3  (34)| 00:00:01 |
|   3 |    TABLE ACCESS FULL| DEPARTMENTS |     7 |   189 |     2   (0)| 00:00:01 |
-----------------------------------------------------------------------------------

Predicate Information (identified by operation id):
---------------------------------------------------

   1 - filter(COUNT(*)=SUM(CASE  WHEN "CHECK_FLAG"='完了' THEN 1 ELSE 0 END))
```

これでコードも実行計画もきれいすっきり。うーん我ながらエレガントだわ。

これとほとんど同じ解を、実はウィンドウ関数でも求めることができる(**リスト8-9**、**図8-19**)。

リスト8-9　**ウィンドウ関数による解**

```
SELECT  department, division, check_flag
  FROM (SELECT department, division, check_flag,
               SUM(CASE WHEN check_flag = '完了'
                        THEN 1 ELSE 0 END) OVER DPT completed_cnt,
               COUNT(*) OVER DPT all_cnt
          FROM Departments
          WINDOW DPT AS (PARTITION BY department)) TMP
 WHERE completed_cnt = all_cnt;
```

図8-19　**実行結果**

```
     department      |       division       | check_flag
---------------------+----------------------+------------
 研究開発部          | 基礎理論課           | 完了
 研究開発部          | 応用技術課           | 完了
 総務部              | 一課                 | 完了
```

えっと、これもCOUNT(*)の全行数と、SUM関数の完了した行数の結果を比べているわけですか。すごいな。HAVING句でやってた比較をウィンドウ関数で作れるんだ。

サブクエリ内のウィンドウ関数の結果を見ればもっとはっきりわかるわ。ウィンドウ関数の良いところは、こうやって一部分だけ抜き出してきて、さっと実行結果を見れるところね。デバッグが捗るわ(**リスト8-10**、**図8-20**)。

リスト8-10 サブクエリ内のウィンドウ関数の値を見てみる

```
SELECT department,
       SUM(CASE WHEN check_flag = '完了'
                THEN 1 ELSE 0 END) OVER DPT completed_cnt,
       COUNT(*) OVER DPT all_cnt
  FROM Departments
  WINDOW DPT AS (PARTITION BY department);
```

図8-20 実行結果

```
   department          | completed_cnt | all_cnt
-----------------------+---------------+---------
 営業部                 |             2 |       3   ← 不一致
 営業部                 |             2 |       3   ← 不一致
 営業部                 |             2 |       3   ← 不一致
 研究開発部             |             2 |       2   ← 一致
 研究開発部             |             2 |       2   ← 一致
 人事部                 |             0 |       1   ← 不一致
 総務部                 |             1 |       1   ← 一致
```

なるほど、これなら完了している課の数を数えるcompleted_cnt列と、すべての課のall_cnt列を同じレベルで比較できますね。こっちもすごいテクニックだ。

実行計画もきれいになってるわ。見ておきましょう(図8-21、図8-22)。

図8-21 ウィンドウ関数の解の実行計画(PostgreSQL)

```
                  QUERY PLAN
-------------------------------------------------------
 Subquery Scan on tmp  (cost=1.17..1.41 rows=1 width=60)
   Filter: (tmp.completed_cnt = tmp.all_cnt)
   ->  WindowAgg  (cost=1.17..1.33 rows=7 width=76)
         ->  Sort  (cost=1.17..1.19 rows=7 width=60)
               Sort Key: departments.department
               ->  Seq Scan on departments
                     (cost=0.00..1.07 rows=7 width=60)
```

図8-22 ウィンドウ関数の解の実行計画(Oracle)

```
-------------------------------------------------------------------------------
| Id  | Operation          | Name        | Rows  | Bytes | Cost (%CPU)| Time     |
-------------------------------------------------------------------------------
|   0 | SELECT STATEMENT   |             |     7 |   504 |     3  (34)| 00:00:01 |
```

```
|* 1 |  VIEW              |              |    7 |  504 |    3  (34)| 00:00:01 |
|  2 |   WINDOW SORT      |              |    7 |  301 |    3  (34)| 00:00:01 |
|  3 |    TABLE ACCESS FULL| DEPARTMENTS |    7 |  301 |    2   (0)| 00:00:01 |
---------------------------------------------------------------------------------

Predicate Information (identified by operation id):
---------------------------------------------------

   1 - filter("COMPLETED_CNT"="ALL_CNT")
```

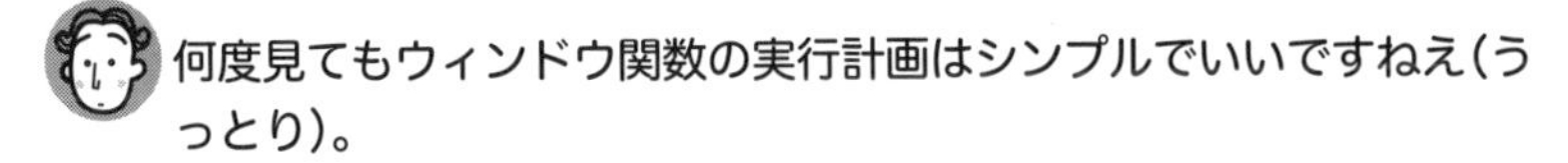

何度見てもウィンドウ関数の実行計画はシンプルでいいですねえ（うっとり）。

あなたにもこの良さがわかってきたようね（うっとり）。

どちらの解法も行ではなく、行の集合に対する条件を作ることによって問題を解いている。「**これぞ集合指向**」というSQLの真骨頂だな。HAVING句が伝統的で昔からあるSQLのコア機能であるのに対してウィンドウ関数は比較的新しい手続き型的な考え方をする機能なのに、両者に通底するものがあるというのは興味深いことだな。実に興味深い。学究心をそそられる。

SQLの七不思議――NULLはSQLの鬼門だが便利なトリックにも使える

もう少しHAVING句の練習したいんですけど、似たような症例ないですかね？

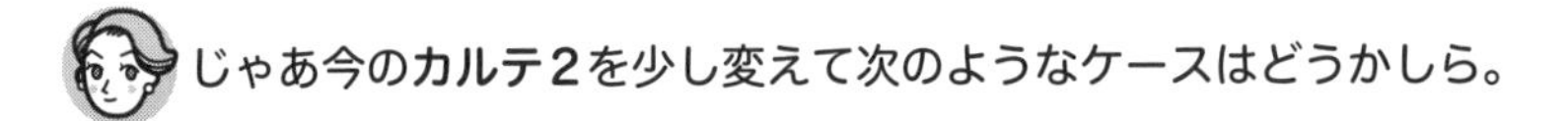

じゃあ今の**カルテ2**を少し変えて次のようなケースはどうかしら。

カルテ3　部署テーブル2（Departments2）（**リスト8-11**）から、課のセキュリティチェックがすべて終わっている（check_dateがすべてNULLではない）部署を選択したい。

リスト8-11　**テーブル定義：部署テーブル2**

```
CREATE TABLE Departments2
(department  CHAR(16) NOT NULL,
 division    CHAR(16) NOT NULL,
 check_date  DATE,
   CONSTRAINT pk_Departments2 PRIMARY KEY (department, division));
```

Departments: 部署テーブル2　department: 部署名　division: 課名　check_date: チェック日付

Departments2

department **(部署名)**	**division** **(課名)**	**check_date** **(チェック日付)**
営業部	一課	2024-10-11
営業部	二課	2024-10-12
営業部	三課	
研究開発部	基礎理論課	2024-09-15
研究開発部	応用技術課	2024-08-20
総務部	一課	2024-09-11
人事部	採用課	

ははあ、今度はフラグの代わりに日付でチェックが完了したかどうかを判断するわけですか。

NULLにフラグみたいな意味を持たせるテーブル設計は本当はあまりよくないのだけど、たまに見かけるわ。昔は今ほどNULLの危険性が知られていなかったからね。

うーんと、HAVING句で特性関数を作るんですよね。単純にWHERE句で見つけようとすると三課がNULLの営業部まで含まれてしまうから……よしこれでどうだ（**リスト8-12**、**図8-23**）。

リスト8-12　**ワイリーの答え：HAVING句を使う**

```
SELECT department
  FROM Departments2
```

```
 GROUP BY department
HAVING COUNT(*) = SUM(CASE WHEN check_date IS NOT NULL
                           THEN 1 ELSE 0 END);
```

図8-23　**実行結果**

```
     department
-----------------------
 総務部
 研究開発部
```

お見事。いいじゃない。実行計画もスッキリしてるわね（図**8-24**、図**8-25**）。

図8-24　**HAVING句を使った解の実行計画（PostgreSQL）**

```
                              QUERY PLAN
-----------------------------------------------------------------------
 HashAggregate  (cost=1.12..1.17 rows=1 width=24)
   Group Key: department
   Filter: (count(*) = sum(CASE WHEN (check_date IS NOT NULL)
                               THEN 1 ELSE 0 END))
   ->  Seq Scan on departments2  (cost=0.00..1.07 rows=7 width=28)
```

図8-25　**HAVING句を使った解の実行計画（Oracle）**

```
-------------------------------------------------------------------------------
| Id  | Operation           | Name         | Rows  | Bytes | Cost (%CPU)| Time     |
-------------------------------------------------------------------------------
|   0 | SELECT STATEMENT    |              |     7 |   189 |     3  (34)| 00:00:01 |
|*  1 |  FILTER             |              |       |       |            |          |
|   2 |   HASH GROUP BY     |              |     7 |   189 |     3  (34)| 00:00:01 |
|   3 |    TABLE ACCESS FULL| DEPARTMENTS2 |     7 |   189 |     2   (0)| 00:00:01 |
-------------------------------------------------------------------------------

Predicate Information (identified by operation id):
---------------------------------------------------

   1 - filter(COUNT(*)=SUM(CASE  WHEN "CHECK_DATE" IS NOT NULL THEN 1 ELSE 0 END ))
```

これも集合の図を描くと何をやっているかわかりやすいわ。この図を見てもわかるとおり、HAVING句を使うと「すべての」という条件をとても作りやすくなるの（図**8-26**）。

図8-26 HAVING句でNULLを含まない集合を選択する

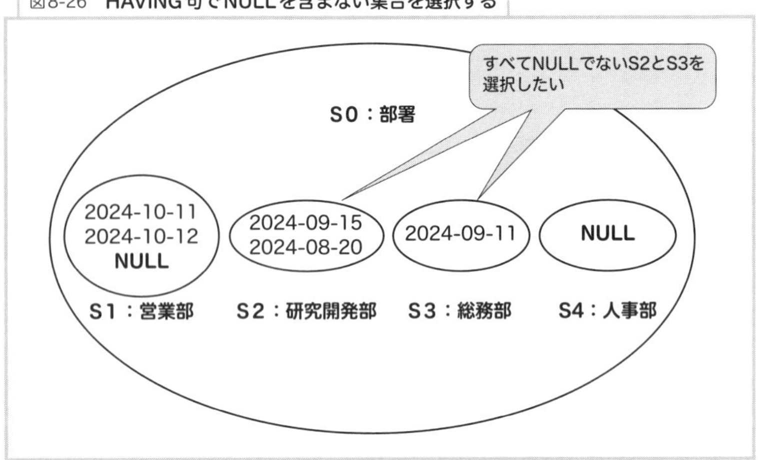

でもこの問題にはもっと簡単な別解があるのよ。

えっこれでも十分すぎるほど簡単な気がしますけど。

まあ見てみなさい(**リスト8-13**、**図8-27**)。

リスト8-13 ヘレンの答え：COUNT(列名)を使う

```
SELECT department
  FROM Departments2
 GROUP BY department
HAVING COUNT(*) = COUNT(check_date);
```

図8-27 実行結果

```
      department
-----------------------
 総務部
 研究開発部
```

え……なんだこれ。COUNT関数の引数で*を使うか列名を使うかで結果が違う……あ！ 例のSQL七不思議の一つ！

よく覚えていたわね。そう七不思議の一つ「COUNT(*)はNULLを数えるがCOUNT(列名)はNULLを数えない」よ。あの不思議仕様がこ

んなところで役に立つの。おもしろいでしょ。COUNT(*)とCOUNT(列名)の結果を表示してみればよくわかるわ(**リスト8-14**、**図8-28**)。

リスト8-14　**ヘレンの答えの中を見てみる**

```
SELECT department, COUNT(*) AS all_cnt, COUNT(check_date) as col_cnt
  FROM Departments2
 GROUP BY department;
```

図8-28　**実行結果**

```
     department        | all_cnt |  col_cnt
-----------------------+---------+-----------
 総務部                |       1 |         1   ← 一致
 人事部                |       1 |         0   ← 不一致
 研究開発部            |       2 |         2   ← 一致
 営業部                |       3 |         2   ← 不一致
```

あのときは「なんだろうこの謎仕様」と思いましたけど、こんな応用方法があったんですね。

実行計画もさっきのクエリと同じよ。簡単明瞭。

どうだ。お前にも**集合指向言語**としてのSQLの威力がわかってきただろう。これほどまでに便利な機能が用意されているのにもかかわらず、SQLはとっつきづらいといってアプリケーション側にデータを持ってきてループさせようとするコードが後を絶たん。まったく、そっちのがよっぽど複雑で性能の出ないアプリケーションができあがるのにな。集合指向アレルギーにも困ったものだ。

たとえばどんなコードになるんでしょうか？

ではためしに**カルテ2**の症例を見てみるとしよう。なかなかの酷さだ(**リスト8-15**)。

リスト8-15　**集合指向アレルギーとループ依存症の併発(Java＋PostgreSQL)**

```
import java.sql.*;

public class SecurityCheck {
    public static void main(String[] args) throws Exception {
```

```
/* 1) データベースへの接続情報 */
Connection con = null;
Statement st = null;
ResultSet rs = null;
String url = "jdbc:postgresql://localhost:5432/shop";
String user = "postgres";
String password = "test";
String strResult = null;

/* 2) 変数の初期化 */
String   strCurDepartment = "";
String   strOldDepartment = "";
String   strCheckflg = "";         /* 完了または未完 */
boolean  blCompleted = true;       /* 完了フラグ */


/* 3) JDBCドライバの定義 */
Class.forName("org.postgresql.Driver");

/* 4) PostgreSQLへの接続 */
con = DriverManager.getConnection(url, user, password);
st = con.createStatement();

/* 5) SELECT文の実行 */
 rs = st.executeQuery("SELECT * FROM Departments " +
                              "ORDER BY department, division");


/* 6) ヘッダの表示 */
String strHeader = " department" + "\n" + "-----------" + "\n" ;
System.out.print(strHeader);

//最初の行かどうかを判断するカウンタ
int rowCnt = 0;

/* 7) 結果セットを1行ずつループ */
while (rs.next()){

    rowCnt ++;  /* 最初の行で1になる */


    strCurDepartment = rs.getString("department").trim();
    strCheckflg = rs.getString("check_flag").trim();

    /* 8) 部署が異なる場合（かつ最初の行でない場合）
       はブレークしてチェックフラグを確認 */
    if (strOldDepartment.equals(strCurDepartment) == false && rowCnt > 1){
```

```
                /* チェックフラグがtrueなら出力 */
                if (blCompleted == true){
                    System.out.print(strOldDepartment + "\n");
                }

                /* ブレークしたら完了フラグもtrueで初期化 */
                blCompleted = true;
            }


            /* 9) 一つでも未完の課があれば完了フラグをfalseにする */
            if (strCheckflg.equals("未完")) {
                blCompleted = false;
            }

            strOldDepartment = strCurDepartment;
        }

        /* チェックフラグがtrueなら最後の部署を出力 */
        if (blCompleted == true && rowCnt > 0){
            System.out.print(strCurDepartment + "\n");
        }

        /* 10) データベースとの接続を切断 */
        rs.close();
        st.close();
        con.close();
    }
}
```

うええ複雑……。例外条件も多いし、自分で書ける自信ないや。HAVING句のエレガントな解を見た後だと、やっちまった感ハンパないですね。

ワハハ、お前もいっちょまえの口を利くようになったな。まあたしかにまねする必要はないコードだ。集合指向アレルギーはしばしばこのようにループ依存症も併発する。可読性もパフォーマンスも悪い。当然メンテナンスなんて怖くてできない。こういうコードに限って、プロジェクトも後半になっていざ性能試験って時にパフォーマンスが悪くて大慌てするのさ。まったく、最初からSQLに処理を寄せておけばよいものを。ちょっとした工夫で惨劇は防げるのにな。

(受話器を置いて)次の患者来るそうよ。同時に2つだって。どっちも重症みたい。

よし手分けするぞ、ヘレン片方頼まれてくれるか。ワイリー、ワシについてこい。

うぃーす！

頼まれましょう！

スロークエリのキャプチャ方法

データベースにおいてスロークエリが発生した場合(またはデータベースの遅延が強く疑われた場合)、チューニングの前にまずは遅いクエリが本当に発生しているのか特定しなければなりません[注a]。DBMSごとにやり方は違いますが、スロークエリを抽出するための機能が用意されています。

Oracleの場合

まずOracleの場合は、StatspackとAWR(*Automatic Workload Repository*)というチューニングに必要な情報を出力する機能があります。Statspackはエディションによらず使えますが、AWRはEnterprise EditionのDiagnostics Packのライセンスを購入する必要があります。どちらの機能も、ある一定期間(AWRの場合、デフォルトで1時間おき)に発生したスロークエリとどんな処理に時間がかかっていたのか(待機イベント)などの情報が出力され、パフォーマンスチューニングのための重要な手がかりを提供してくれます。

- 「基本からわかる！高性能×高可用性データベースシステムの作り方　第13回 AWRレポート作成とAWRスナップショット取得(CDB全体)」
  https://blogs.oracle.com/otnjp/post/kusakabe-013-awr-report

- 「サポートのトップエンジニアが語るワンランク上のStatspack活用術！」
  https://www.ashisuto.co.jp/db_blog/article/oracledb-statspack-usage.html

注a　更新が数多く発生している場合、まれにSQL文ではなくコミットが遅延するというケースもあります。

SQL Serverの場合

SQL ServerにはOracleのAWR/Statspackのような性能関連の情報を出力する機能がデフォルトでは提供されていません。遅延SQLのトレースを行うには、SQL Server Profilerを使う、スクリプトを作成する、動的管理ビューを利用して統計情報の抽出を行うしかありません。SQL Server Profilerは負荷が高いため商用環境での利用は推奨されていません。

- 「SQL Serverの利用時に遅いクエリを特定する方法」
  https://dev.intra-mart.jp/sqlserver_sql_trace/

PostgreSQLとMySQLの場合

PostgreSQLとMySQLの場合は、スロークエリログを出力できます。これも、遅延するクエリを把握するための基本情報が含まれているので、運用では必ず出力してほしいログです。

PostgreSQLでは設定ファイルのpostgresql.confに`logging_collector=on`でロギングを有効化して`log_min_duration_statement=`<許容できないレスポンス時間（ミリ秒）>というパラメータ設定を行うことでログに閾値を超えたクエリを出力できます。デフォルトでは`log_min_duration_statement`パラメータは無効化されています。

- 「PostgreSQL 障害発生に備えて設定すべき3つのログ関連パラメーター」
  https://www.ashisuto.co.jp/db_blog/article/20151117_logging_parameter.html

MySQLの場合は、`long_query_time`というパラメータで閾値を設定します。値はマイクロ秒の精度まで指定できます。こちらもデフォルトでは無効になっているので、必ず運用時には有効化する必要があります。有効にするにはコマンドでMySQLのグローバル変数`slow_query_log`をONに変更する必要があります。

```
mysql> SET GLOBAL slow_query_log = 'ON';

mysql> SHOW GLOBAL variables LIKE 'slow_query_log';

+----------------+-------+
| Variable_name  | Value |
+----------------+-------+
| slow_query_log | ON    |
+----------------+-------+
```

- 「MySQL 8.0 リファレンスマニュアル 5.4.5 スロークエリーログ」
  https://dev.mysql.com/doc/refman/8.0/ja/slow-query-log.html

Db2の場合

Db2でスロークエリをキャプチャする方法はいくつか方法がありますが、MON_GET_PKG_CACHE_STMT表関数を使うことでデータベース・パッケージ・キャッシュ内のSQL文について実行時間やCPU使用時間などを調べることができます。

- 「MON_GET_PKG_CACHE_STMT 表関数 - パッケージ・キャッシュ・ステートメント・メトリックの取得」
  https://www.ibm.com/docs/ja/db2/11.5?topic=mpf-mon-get-pkg-cache-stmt-table-function-get-package-cache-statement-metrics

何はともあれログが必要

運用ではエラーログは必ず出力するよう設定されると思います。しかし、意識の低いプロジェクトだと性能関連のログ設計は見落とされがちです。忘れずに運用設計に組み込んでいただきたいと思います。本番環境でいざ性能問題が発生したとき、何の手がかりもないとチューニングが困難になります。というかスロークエリが特定できないとチューニングに入れません。ファクトに基づかず、当てずっぽうであちこちパラメータを弄ってみる、というとんでもない「チューニング」をするケースも著者は見たことがありますが、まねはしないでいただきたいものです。データベースは最も性能問題が発生しやすい場所であるため、スロークエリをキャプチャするしくみは運用上必須です。

まとめ

- HAVING句は集合指向言語であるSQLの重要な武器。CASE式の特性関数と組み合わせることで威力を発揮する
- HAVING句とウィンドウ関数は、ほぼ同値の結果を得ることができる。パフォーマンスも大きな違いはない
- 手続きではなく集合の観点から考えることがSQLでは大事
- 集合の観点から考えられないとループ依存症を発症し、コードの可読性も悪いうえにのちのちパフォーマンス問題に苦しむことになる
- 性能関連のログは本番運用では必ず出力すること。ログがないと遅延時にスロークエリを特定できない

演習問題

解答401ページ

演習8-1

カルテ1の問題をHAVING句を使って違う解き方をしてください。

ヒント：人によってはむしろこちらの解のほうが「自然」に感じるかもしれません。

演習8-2

カルテ2の問題をウィンドウ関数もHAVING句も使わずに解いてください（もちろんSQLだけで）。

ヒント：少し特殊な述語を使います。

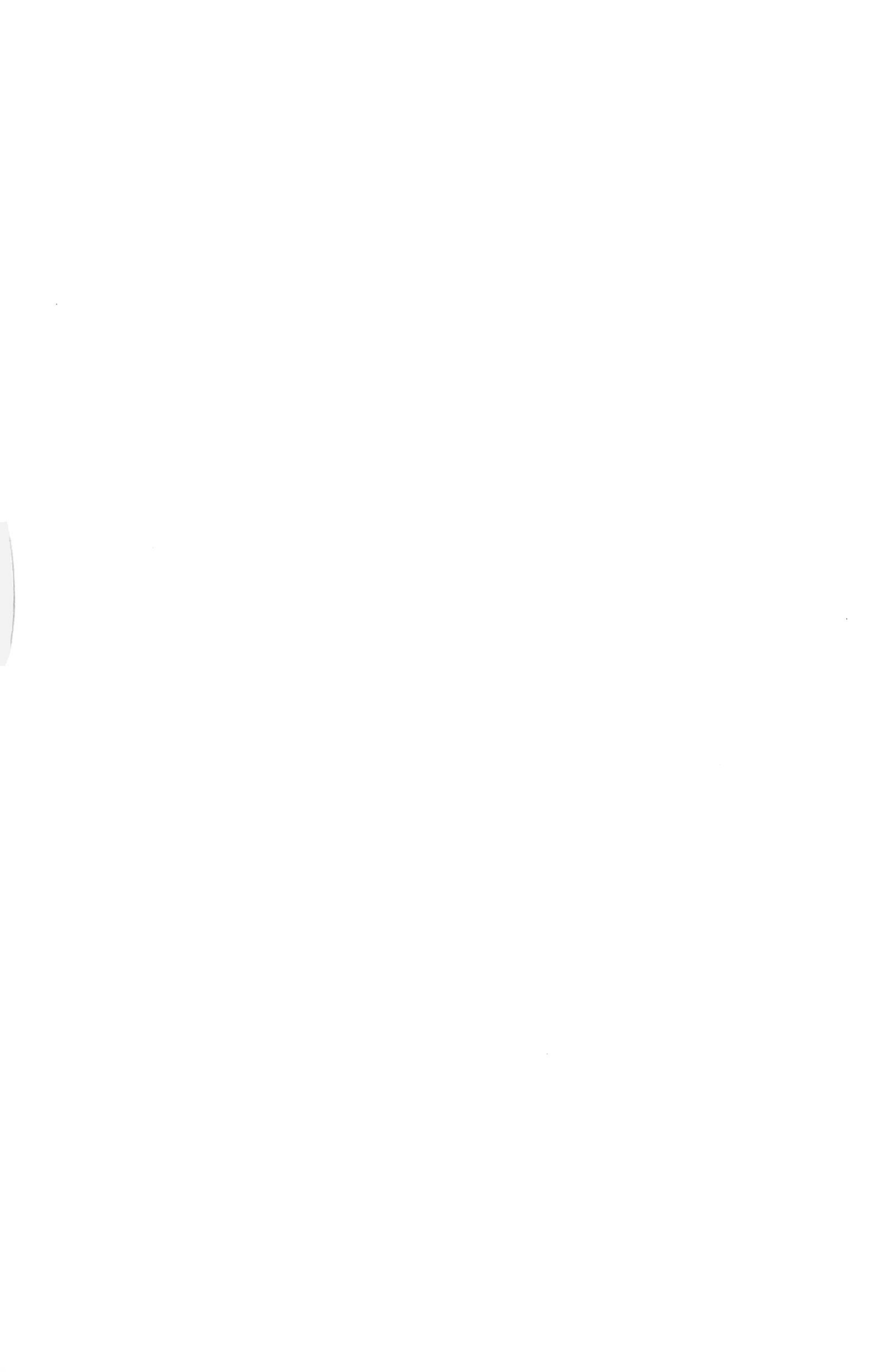

第9章

リレーショナル原理主義病

ウィンドウ関数は邪道なのか

本章で学ぶ内容

世の中には新しいことに抵抗を示す守旧派というのが何につけ存在します。SQLにおいてもそれは例外ではなく、ウィンドウ関数に対する根強い抵抗を感じる人々がいます。しかし、現在のモダンなSQLプログラミングにおいてウィンドウ関数は必須の機能であり、コードを簡潔に書けるようになりパフォーマンスも向上するなどいいことずくめです。少し最初がとっつきづらいのは事実ですが、マスターしないでSQL中級者に上がることはできません。本章ではウィンドウ関数の重要性を再度確認しておきたいと思います。

LAGとLEADによる行間比較

(8:00 手術室 早朝から3人が患者のSQLを前に話し合っている)

カルテ1 **リスト9-1**のようなサーバの負荷量をサンプリングで記録するテーブルServerLoadがある。このテーブルから、ある行について1つ前の時刻の負荷量との差分を求めたい。

リスト9-1 **サーバ負荷テーブル**

```
CREATE TABLE ServerLoad
( server_id CHAR(1) NOT NULL,
  time TIMESTAMP NOT NULL,
  server_load INTEGER NOT NULL,
    PRIMARY KEY(server_id, time));
```

ServerLoad: サーバ負荷テーブル. server_id: サーバID　time: 時刻　server_load: サーバ負荷

ServerLoad

server_id (サーバID)	time (時刻)	server_load (サーバ負荷)
A	2024-06-01 00:00:00	50
A	2024-06-01 00:00:15	45
A	2024-06-01 00:00:30	38
A	2024-06-01 00:00:45	70
B	2024-06-01 00:00:00	80
B	2024-06-01 00:00:15	100
B	2024-06-01 00:00:30	90
B	2024-06-01 00:00:45	60

患者のコードはこうね（**リスト9-2**、**図9-1**）。相関サブクエリを使って、1行前（すなわち1つ前の時刻）の負荷量のデータを持ってきているわ。

リスト9-2　**サブクエリによる前の行の取得**

```
SELECT server_id, time, server_load,
       server_load - (SELECT server_load
                        FROM ServerLoad SL2
                       WHERE SL1.server_id = SL2.server_id
                         AND time = (SELECT MAX(time)
                                       FROM ServerLoad SL3
                                      WHERE SL3.server_id = SL2.server_id
                                        AND SL1.time > SL3.time)) diff
  FROM ServerLoad SL1;
```

図9-1　**実行結果**

```
server_id |        time         | server_load | diff
-----------+---------------------+-------------+------
 A         | 2024-06-01 00:00:00 |          50 |
 A         | 2024-06-01 00:00:15 |          45 |   -5
 A         | 2024-06-01 00:00:30 |          38 |   -7
 A         | 2024-06-01 00:00:45 |          70 |   32
 B         | 2024-06-01 00:00:00 |          80 |
 B         | 2024-06-01 00:00:15 |         100 |   20
 B         | 2024-06-01 00:00:30 |          90 |  -10
 B         | 2024-06-01 00:00:45 |          60 |  -30
```

サーバの切り替わり

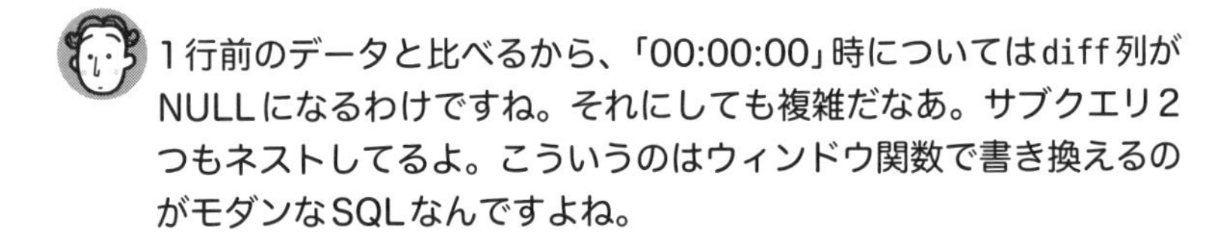

1行前のデータと比べるから、「00:00:00」時についてはdiff列がNULLになるわけですね。それにしても複雑だなあ。サブクエリ2つもネストしてるよ。こういうのはウィンドウ関数で書き換えるのがモダンなSQLなんですよね。

新しい機能を学ぼうとせず、昔の道具に固執する人はどの業界にも一定数いるわ。エンジニアも例外ではない。こういうのを**リレーショナル原理主義病**と言うわ。どちらかと言うと精神科の領分だけど。ワイリー、この時代遅れのクエリをウィンドウ関数で書き換えるとどうなるかしら。

よし、1行前というのをフレーム句で表現してやって……できました(**リスト9-3**)。

リスト9-3　**ワイリーの解：ウィンドウ関数**

```
SELECT server_id, time, server_load,
       MAX(server_load) OVER (PARTITION BY server_id ORDER BY time
                              ROWS BETWEEN 1 PRECEDING
                                       AND 1 PRECEDING) old_load,
       server_load - MAX(server_load)
                     OVER (PARTITION BY server_id
                                   ORDER BY time
                              ROWS BETWEEN 1 PRECEDING
                                       AND 1 PRECEDING) diff
  FROM ServerLoad;
```

まあ悪くない。ウィンドウ関数の使い方もだいぶ様になってきたじゃないか。

ROWS BETWEEN 1 PRECEDING AND 1 PRECEDINGのフレーム句でカレント行の1行前を指定しているのがポイントね。でもこのクエリはさらに単純化できるわ。

えっ、まだ簡単になるんですか？

LAG関数忘れた？ 第1章で見たやつ。

あー、ありましたね(**リスト9-4**、**図9-2**)。

リスト9-4　**ヘレンの解：LAG関数を使う**

```
SELECT server_id, time, server_load,
       LAG(server_load, 1) OVER(PARTITION BY server_id
                                     ORDER BY time) old_load,
       server_load - LAG(server_load,1) OVER(PARTITION BY server_id
                                                  ORDER BY time) diff_load
  FROM ServerLoad;
```

図9-2　**結果は同じ**

```
 server_id |        time         | server_load | old_load | diff_load
-----------+---------------------+-------------+----------+----------
 A         | 2024-06-01 00:00:00 |          50 |          |
 A         | 2024-06-01 00:00:15 |          45 |       50 |        -5
 A         | 2024-06-01 00:00:30 |          38 |       45 |        -7
 A         | 2024-06-01 00:00:45 |          70 |       38 |        32
 ----------------------------------------------------------------------
 B         | 2024-06-01 00:00:00 |          80 |          |
 B         | 2024-06-01 00:00:15 |         100 |       80 |        20
 B         | 2024-06-01 00:00:30 |          90 |      100 |       -10
 B         | 2024-06-01 00:00:45 |          60 |       90 |       -30
```

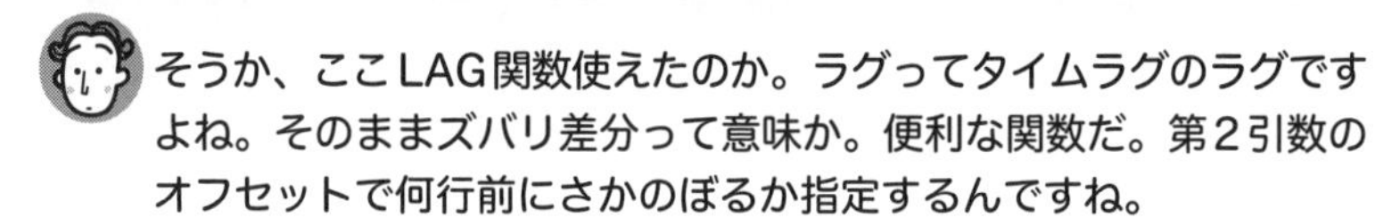

そうか、ここLAG関数使えたのか。ラグってタイムラグのラグですよね。そのままズバリ差分って意味か。便利な関数だ。第2引数のオフセットで何行前にさかのぼるか指定するんですね。

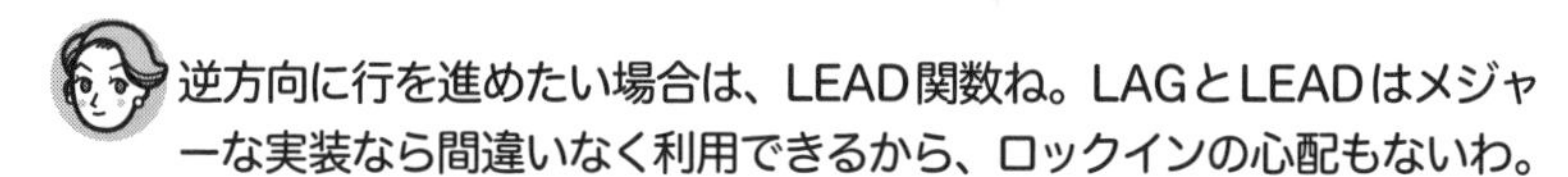

逆方向に行を進めたい場合は、LEAD関数ね。LAGとLEADはメジャーな実装なら間違いなく利用できるから、ロックインの心配もないわ。

うむ。これでかなりシンプルなクエリになった。だがこれで終わりではない。ここからさらにさらに簡略化できる。

まだ改善の余地があるんですか!?

LAG関数で2回同じウィンドウにアクセスしている。こういう場合はウィンドウに名前を付けて定義してやることでまとめることができる（**リスト9-5**）。

リスト9-5　**ロバートの解：ウィンドウ定義をまとめる**

```
SELECT server_id, time, server_load,
       LAG(server_load,1) OVER WINDOW_LAG old_load,
```

```
    server_load - LAG(server_load,1) OVER WINDOW_LAG diff_load
FROM ServerLoad
WINDOW WINDOW_LAG AS (PARTITION BY server_id ORDER BY time);
```

うわあシンプル……。ここまでクエリを簡単にできるんだ。

ウィンドウ関数がいかに強力かよくわかる症例だったな。ウィンドウ関数の良いところは、見た目がシンプルで可読性が上がるだけでなく、パフォーマンスも良くなることだ。ワイリー、患者のクエリとワシのクエリの実行計画を比較してみろ。

はい(図9-3、図9-4)。

図9-3 相関サブクエリの実行計画(PostgreSQL)

```
                              QUERY PLAN
----------------------------------------------------------------------
 Seq Scan on serverload sl1  (cost=0.00..82.54 rows=8 width=18)
   SubPlan 2
     ->  Seq Scan on serverload sl2  (cost=0.00..10.18 rows=1 width=4)
           Filter: ((sl1.server_id = server_id) AND ("time" = (SubPlan 1)))
           SubPlan 1
             ->  Aggregate  (cost=1.12..1.13 rows=1 width=8)
                   ->  Seq Scan on serverload sl3
                         (cost=0.00..1.12 rows=1 width=8)
                         Filter: ((sl1."time" > "time")
                              AND (server_id = sl2.server_id))
```

図9-4 相関サブクエリの実行計画(Oracle)

```
-----------------------------------------------------------------------------
| Id  | Operation            | Name       | Rows  | Bytes | Cost (%CPU)| Time     |
-----------------------------------------------------------------------------
|   0 | SELECT STATEMENT     |            |     8 |   128 |    42   (0)| 00:00:01 |
|*  1 |  FILTER              |            |       |       |            |          |
|*  2 |   TABLE ACCESS FULL  | SERVERLOAD |     4 |    64 |     2   (0)| 00:00:01 |
|   3 |   SORT AGGREGATE     |            |     1 |    13 |            |          |
|*  4 |    TABLE ACCESS FULL | SERVERLOAD |     1 |    13 |     2   (0)| 00:00:01 |
|   5 |  TABLE ACCESS FULL   | SERVERLOAD |     8 |   128 |     2   (0)| 00:00:01 |
-----------------------------------------------------------------------------

Predicate Information (identified by operation id):
---------------------------------------------------

   1 - filter("TIME"= (SELECT MAX("TIME") FROM "SERVERLOAD" "SL3" WHERE
```

```
          "SL3"."TIME"<:B1 AND "SL3"."SERVER_ID"=:B2))
 2 - filter("SL2"."SERVER_ID"=:B1)
 4 - filter("SL3"."TIME"<:B1 AND "SL3"."SERVER_ID"=:B2)
```

患者のコードでは、PostgreSQLもOracleも、テーブルへのフルスキャンが3回発生していますね。

そうね。これはかなり高コストな実行計画よ。テーブルの行数が増えたときが心配になるわね。

一方、ワシのクエリの実行計画はこうなる(図9-5、図9-6)。

図9-5　ウィンドウ関数の実行計画(PostgreSQL)

```
                QUERY PLAN
--------------------------------------------------
WindowAgg  (cost=1.20..1.38 rows=8 width=22)
  ->  Sort  (cost=1.20..1.22 rows=8 width=14)
        Sort Key: server_id, "time"
        ->  Seq Scan on serverload
              (cost=0.00..1.08 rows=8 width=14)
```

図9-6　ウィンドウ関数の実行計画(Oracle)

```
-----------------------------------------------------------------------------
| Id  | Operation          | Name       | Rows  | Bytes | Cost (%CPU)| Time     |
-----------------------------------------------------------------------------
|   0 | SELECT STATEMENT   |            |     8 |   128 |     3  (34)| 00:00:01 |
|   1 |  WINDOW SORT       |            |     8 |   128 |     3  (34)| 00:00:01 |
|   2 |   TABLE ACCESS FULL| SERVERLOAD |     8 |   128 |     2   (0)| 00:00:01 |
-----------------------------------------------------------------------------
```

美しい……実に美しい実行計画じゃないか。(うっとり)

(きもちわる)たしかにテーブルへのアクセスが1回に減ってますね。ウィンドウ関数様様ですね。本当に便利な機能だ。

まったく、便利な機能だよなあ……こんなに便利なのにな。

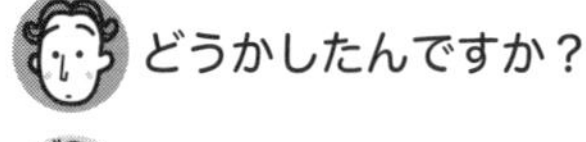

どうかしたんですか？

……いやなんでもない。

（外で救急車のサイレンの音が鳴る）

開始地点からの差分の計算

ロバート、ワイリー、次のお客さんの到着よ。

今日も忙しいこった。ま、商売繁盛はいいことか。

カルテ2 StockPriceテーブル（**リスト9-6**）はさまざまなタイミングでのいろいろな会社の株価を格納している。各会社について始点の株価と各時点での株価の差分を計算したい。

リスト9-6 **株価テーブル**

```
CREATE TABLE StockPrice
(company CHAR(8) NOT NULL,
 time TIMESTAMP NOT NULL,
 price INTEGER NOT NULL,
   CONSTRAINT pk_StockPrice PRIMARY KEY (company,time));
```

StockPrice:株価テーブル company:会社 time:時刻 price:株価

StockPrice

company（会社）	time（時刻）	price（株価）
A社	2024-06-01 00:00:00	273
A社	2024-06-01 00:10:00	560
A社	2024-06-01 00:55:00	145
A社	2024-06-01 01:22:00	800
B社	2024-07-01 00:00:00	156
B社	2024-07-02 17:00:20	40
B社	2024-07-02 18:32:11	123
B社	2024-07-02 23:45:21	907

たとえば上場したときの株価と比べて今どうなってるかを調べたい、というようなケースですね。これもよくありそうな要件だ。求めたい結果は、下図のdiff列ですね(**図9-7**)。

図9-7　**実行結果**

```
 company  |        time         | price | start_value | diff
----------+---------------------+-------+-------------+------
 A社      | 2024-06-01 00:00:00 |   273 |         273 |    0
 A社      | 2024-06-01 00:10:00 |   560 |         273 |  287
 A社      | 2024-06-01 00:55:00 |   145 |         273 | -128
 A社      | 2024-06-01 01:22:00 |   800 |         273 |  527
 B社      | 2024-07-01 00:00:00 |   156 |         156 |    0
 B社      | 2024-07-02 17:00:20 |    40 |         156 | -116
 B社      | 2024-07-02 18:32:11 |   123 |         156 |  -33
 B社      | 2024-07-02 23:45:21 |   907 |         156 |  751
```

そうね。さっきの問題は比較対象が1行前だったけど、今度は常に最初の行のprice列と比較したいというわけね。患者のコードはこうよ(**リスト9-7**)。

リスト9-7　**患者のコード**

```
SELECT company, time,
       price - (SELECT price
                  FROM StockPrice SP1
                 WHERE SP1.company = SP3.company
                   AND time = (SELECT MIN(time)
                                 FROM StockPrice SP2
                                WHERE SP1.company = SP2.company)) AS diff
  FROM StockPrice SP3;
```

なんという醜いコードだ。こんな複雑で時代遅れなコードはさっさと淘汰されてしまえばいいのだ！

物騒なこと言わないの。患者だって困ってるんだから。

でもたしかに入れ子が深くて理解しにくいですね。これって**サブクエリパラノイア**でもありますよね。

リレーショナル原理主義は要するに古いSQL構文にこだわる病気だからな。結果としてサブクエリパラノイアを併発することが多くなる。ワイリー、お前ならどう治療する？

常に最初の行との比較か……やっぱり行間比較となればウィンドウ関数ですね。確かパーティション内で最初の値を取得するFIRST_VALUE関数ってのがありましたよね。

おっ、鋭いわね。

ここをこうして……できました(**リスト9-8**)。

リスト9-8 **ワイリーの解：FIRST_VALUE関数**

```
SELECT company, time, price,
       FIRST_VALUE(price) OVER WINDOW_FIRST start_value,
       price - FIRST_VALUE(price) OVER WINDOW_FIRST diff
  FROM StockPrice
  WINDOW WINDOW_FIRST AS (PARTITION BY company ORDER BY time);
```

ほほう。いいじゃないか。きちんとウィンドウの定義も1ヵ所にまとめてある。お前にも成長という概念があるんだな。

ウィンドウ関数、本当にすばらしい機能ですねえ。やっぱり頼れる相棒、ウィンドウ関数最強伝説。

……

反対にウィンドウの最後の行を取得したい場合はLAST_VALUE関数が使えるわ。

さて、実行計画も比較しておこう。まずは患者のクエリの実行計画だ(**図9-8、図9-9**)。

図9-8 **患者の実行計画(PostgreSQL)**

```
                              QUERY PLAN
------------------------------------------------------------------------
Seq Scan on stockprice sp3  (cost=0.00..81.74 rows=8 width=23)
```

```
  SubPlan 2
    ->  Seq Scan on stockprice sp1  (cost=0.00..10.08 rows=1 width=4)
          Filter: ((company = sp3.company) AND ("time" = (SubPlan 1)))
          SubPlan 1
            ->  Aggregate  (cost=1.11..1.12 rows=1 width=8)
                  ->  Seq Scan on stockprice sp2
                        (cost=0.00..1.10 rows=4 width=8)
                      Filter: (sp1.company = company)
```

図9-9 患者の実行計画(Oracle)

```
--------------------------------------------------------------------------------------------
| Id  | Operation                      | Name         | Rows  | Bytes | Cost (%CPU)| Time     |
--------------------------------------------------------------------------------------------
|   0 | SELECT STATEMENT               |              |     8 |   192 |    17   (0)| 00:00:01 |
|   1 |  NESTED LOOPS                  |              |     1 |    46 |     3   (0)| 00:00:01 |
|   2 |   NESTED LOOPS                 |              |     1 |    46 |     3   (0)| 00:00:01 |
|   3 |    VIEW                        | VW_SQ_1      |     1 |    22 |     2   (0)| 00:00:01 |
|   4 |     SORT GROUP BY              |              |     1 |    20 |     2   (0)| 00:00:01 |
|*  5 |      TABLE ACCESS FULL         | STOCKPRICE   |     4 |    80 |     2   (0)| 00:00:01 |
|*  6 |    INDEX UNIQUE SCAN           | PK_STOCKPRICE |    1 |       |     0   (0)| 00:00:01 |
|   7 |   TABLE ACCESS BY INDEX ROWID| STOCKPRICE   |     1 |    24 |     1   (0)| 00:00:01 |
|   8 |  TABLE ACCESS FULL             | STOCKPRICE   |     8 |   192 |     2   (0)| 00:00:01 |
--------------------------------------------------------------------------------------------

Predicate Information (identified by operation id):
---------------------------------------------------

   5 - filter("SP2"."COMPANY"=:B1)
   6 - access("SP1"."COMPANY"="ITEM_1" AND "TIME"="MIN(TIME)")
       filter("SP1"."COMPANY"=:B1)
```

3回もテーブルへのアクセスが発生している。まったく見るに堪えんよ。

ウィンドウ関数のほうはどうなるかというと……(図9-10、図9-11)

図9-10 FIRST_VALUE関数の実行計画(PostgreSQL)

```
                              QUERY PLAN
--------------------------------------------------------------------------
 WindowAgg  (cost=1.20..1.38 rows=8 width=31)
   ->  Sort  (cost=1.20..1.22 rows=8 width=23)
         Sort Key: company, "time"
         ->  Seq Scan on stockprice  (cost=0.00..1.08 rows=8 width=23)
```

図9-11 FIRST_VALUE関数の実行計画(Oracle)

```
-----------------------------------------------------------------------------------
| Id  | Operation          | Name       | Rows  | Bytes | Cost (%CPU)| Time     |
-----------------------------------------------------------------------------------
|   0 | SELECT STATEMENT   |            |     8 |   192 |     3  (34)| 00:00:01 |
|   1 |  WINDOW SORT       |            |     8 |   192 |     3  (34)| 00:00:01 |
|   2 |   TABLE ACCESS FULL| STOCKPRICE |     8 |   192 |     2   (0)| 00:00:01 |
-----------------------------------------------------------------------------------
```

うーんシンプル。どっちもテーブルスキャン1回にソート1回か。

本当、いつ見てもウィンドウ関数の実行計画は美しいわよね。

UPDATE文でもウィンドウ関数
——NULLの埋め立て

次の患者来ました！

千客万来、よし、カルテ出せ。

カルテ3 前の枝番のレコードと同じ値であればval列がNULLで値が省略されているOmitTblテーブル(**リスト9-9**)がある。このままでは集計に不便なので、val列のNULLに値を復元したい。

リスト9-9 **省略テーブル**

```
CREATE TABLE OmitTbl
(keycol CHAR(8) NOT NULL,
 seq    INTEGER NOT NULL,
 val    INTEGER ,
  CONSTRAINT pk_OmitTbl PRIMARY KEY (keycol, seq));
```

OmitTbl: 省略テーブル keycol; キーカラム seq: 枝番 val: 値

OmitTbl

keycol（キーカラム）	seq（枝番）	val（値）
A	1	50
A	2	
A	3	
A	4	70
A	5	
A	6	900
B	1	10
B	2	20
B	3	
B	4	3
B	5	
B	6	

うわあ、テーブル作るときにちゃんとval列に全部値を入れておいてくれればよかったのに。意味わかんないよ。

ワイリー、お前は知らんだろうが、昔は紙のデータをパンチ入力する際に打鍵数を減らすために前の値と同じだったら省略するという措置はけっこうメジャーだったんだ。まあ過去の遺物のようなテーブルだ。たまに見かける。

なるほど。患者のコードがこちらです（**リスト9-10**）。

リスト9-10　**患者3のコード：UPDATE文で相関サブクエリを用いている**

```
UPDATE OmitTbl
   SET val = (SELECT val
                FROM OmitTbl O1
               WHERE O1.keycol = OmitTbl.keycol
                 AND O1.seq = (SELECT MAX(seq)
                                 FROM OmitTbl O2
                                WHERE O2.keycol = OmitTbl.keycol
                                  AND O2.seq < OmitTbl.seq
                                  AND O2.val IS NOT NULL))
 WHERE val IS NULL;
```

たしかにNULLは埋め立てられていますね。業務要件は満たしているのか。サブクエリのネストは深いですけど（図9-12、図9-13、図9-14）。

図9-12　実行結果

```
 keycol   | seq | val
----------+-----+-----
A         |   1 |  50
A         |   2 |  50   ← 埋め立てられた
A         |   3 |  50   ← 埋め立てられた
A         |   4 |  70
A         |   5 |  70   ← 埋め立てられた
A         |   6 | 900
B         |   1 |  10
B         |   2 |  20
B         |   3 |  20   ← 埋め立てられた
B         |   4 |   3
B         |   5 |   3   ← 埋め立てられた
B         |   6 |   3   ← 埋め立てられた
```

図9-13　患者3の実行計画(PostgreSQL)

```
                              QUERY PLAN
----------------------------------------------------------------------
Update on omittbl  (cost=0.00..3.50 rows=0 width=0)
  ->  Seq Scan on omittbl  (cost=0.00..3.50 rows=1 width=10)
        Filter: (val IS NULL)
        SubPlan 2
          ->  Seq Scan on omittbl o1  (cost=1.19..2.38 rows=1 width=4)
                Filter: ((keycol = omittbl.keycol) AND (seq = $3))
                InitPlan 1 (returns $3)
                  ->  Aggregate  (cost=1.18..1.19 rows=1 width=4)
                        ->  Seq Scan on omittbl o2
                              (cost=0.00..1.18 rows=2 width=4)
                             Filter: ((val IS NOT NULL)
                                  AND (seq < omittbl.seq)
                                  AND (keycol = omittbl.keycol))
```

図9-14　患者3の実行計画(Oracle)

```
-------------------------------------------------------------------------------
| Id  | Operation            | Name    | Rows  | Bytes | Cost (%CPU)| Time     |
-------------------------------------------------------------------------------
|   0 | UPDATE STATEMENT     |         |     1 |    15 |     4  (25)| 00:00:01 |
|   1 |  UPDATE              | OMITTBL |       |       |            |          |
|*  2 |   TABLE ACCESS FULL  | OMITTBL |     1 |    15 |     2   (0)| 00:00:01 |
```

```
|   3 |   TABLE ACCESS BY INDEX ROWID| OMITTBL    |     1 |    15 |     1   (0)| 00:00:01 |
|*  4 |    INDEX UNIQUE SCAN         | PK_OMITTBL |     1 |       |     1   (0)| 00:00:01 |
|   5 |     SORT AGGREGATE           |            |     1 |    15 |            |          |
|*  6 |      TABLE ACCESS FULL       | OMITTBL    |     1 |    15 |     2   (0)| 00:00:01 |
-----------------------------------------------------------------------------------------

Predicate Information (identified by operation id):
---------------------------------------------------

   2 - filter("VAL" IS NULL)
   4 - access("O1"."KEYCOL"=:B1 AND "O1"."SEQ"= (SELECT MAX("SEQ") FROM "OMITTBL"
              "O2" WHERE "O2"."VAL" IS NOT NULL AND "O2"."SEQ"<:B2 AND "O2"."KEYCOL"=:B3))
   6 - filter("O2"."VAL" IS NOT NULL AND "O2"."SEQ"<:B1 AND "O2"."KEYCOL"=:B2)
```

テーブルスキャンの嵐ですね。

こんだけサブクエリのネストが深ければな、しかたない。自業自得だ。

それで、治療のプランは思い付いた？

うーん、前の行との比較なわけだから、やっぱりウィンドウ関数……だとは思うんですけど。わかった！ NULLを無視するIGNORE NULLSを使うんだ(**リスト9-11**)。

リスト9-11　**NULLを埋め立てるSELECT文：IGNORE NULLSオプション**

```
SELECT keycol, seq,
       LAST_VALUE(val) IGNORE NULLS
              OVER(PARTITION BY keycol
                       ORDER BY seq)
  FROM OmitTbl;
```

お見事！ 第1章で使ったLAST_VALUE関数とIGNORE NULLSオプションをちゃんと覚えていたのは偉いわ。あとはこれをUPDATE文の中に組み込むだけよ。

ヘレン先生に褒められると俄然（がぜん）やる気が出てきますよ。確かOracleではUPDATE文で共通表式が使えないんでしたよね。じゃあいったんこれをビューにして(**リスト9-12**)。

リスト9-12 NULLを埋め立てるUPDATE文：ウィンドウ関数を使う

```
CREATE VIEW NoNULL (keycol, seq, val) AS
(SELECT keycol, seq,
        LAST_VALUE(val) IGNORE NULLS
                OVER(PARTITION BY keycol
                         ORDER BY seq)
  FROM OmitTbl);

UPDATE OmitTbl
   SET val = (SELECT val
                FROM NoNULL NN
               WHERE OmitTbl.keycol = NN.keycol
                 AND OmitTbl.seq = NN.seq)
 WHERE val IS NULL;
```

完璧ね。これならどのDBMSでも動くわ。

おやおや、こりゃ雹（ひょう）が降るんじゃないか。ワイリーがこんな気の利いた正解を出すとはな。どれ実行計画も確認しておこう。

はい、ただいま！（図9-15）

図9-15 ワイリーの解の実行計画(Oracle)

```
-----------------------------------------------------------------------------------
| Id  | Operation              | Name     | Rows  | Bytes | Cost (%CPU)| Time     |
-----------------------------------------------------------------------------------
|   0 | UPDATE STATEMENT       |          |     1 |    51 |     5  (20)| 00:00:01 |
|   1 |  UPDATE                | OMITTBL  |       |       |            |          |
|*  2 |   HASH JOIN OUTER      |          |     1 |    51 |     5  (20)| 00:00:01 |
|*  3 |    TABLE ACCESS FULL   | OMITTBL  |     1 |    15 |     2   (0)| 00:00:01 |
|   4 |    VIEW                | NONULL   |    12 |   432 |     3  (34)| 00:00:01 |
|   5 |     WINDOW SORT        |          |    12 |   180 |     3  (34)| 00:00:01 |
|   6 |      TABLE ACCESS FULL| OMITTBL  |    12 |   180 |     2   (0)| 00:00:01 |
-----------------------------------------------------------------------------------

Predicate Information (identified by operation id):
---------------------------------------------------

   2 - access("OMITTBL"."KEYCOL"="NN"."KEYCOL"(+) AND
              "OMITTBL"."SEQ"="NN"."SEQ"(+))
   3 - filter("VAL" IS NULL)
```

テーブルアクセスが2つに減りましたね。へへへ、やったね。

今日はやけに冴えてるじゃないか。しかし、PostgreSQLとMySQLではIGNORE NULLSオプションがサポートされていないのが返す返すも残念だな。両DBMSの開発陣の皆様には早期の対応を求める次第だ。

リレーショナル原理主義派との闘い

(15:00、休憩室で3人がコーヒーを飲んでいる)

ウィンドウ関数ってこんなに便利なのにフルで標準に入ったのはSQL:2003と、SQLの歴史の長さを考えるとけっこう遅かったんですね。フレーム句のサポートなんてSQL:2011だし。なんでもっと早く標準化されなかったんだろう。ウィンドウ関数がない時代のSQLコーディングっていったいどんな風だったんですか。想像できない。

それに関してはひと悶着あってな……。まあ、お前も知っておいたほうがのちのちのためにいいだろう。ありていに言ってしまうと、**ウィンドウ関数を気に入らない勢力**ってのがデータベース界には一定数いるんだ。

え、こんな便利なのに? なんでまた。ウィンドウ関数なしでSQL文書くなんて、ゲームの縛りプレイじゃあるまいし。

うむ……お前たちの世代がそう感じるのも無理はない。お前たちはウィンドウ・ネイティブ世代だからな。正確には、ウィンドウ関数がというより、その背景にある思想に反発する連中がいるのだ。ウィンドウ関数をSQL標準に入れるかどうかANSIで議論されたときにも、反対意見がかなり出た。ウィンドウ関数の導入を推進した人々は、反対意見に対してこう反論している。

4.[ウィンドウ関数の標準化に対する]反対意見に対する回答

4.1 "行単位の集計は伝統的なSQLの型(mold)にそぐわない"

そぐわないというなら、ストアドプロシージャだってそうだった。(SQLは本来的に非手続き型の言語だ)。あらゆる標準規格は市場が成長するに伴い生じる新しい問題に対処しなければならない。そして時に、その過程で古い型を破壊することもある。今日、SQLコミュニティはOLAP需要の高まりによる問題を突きつけられている。もしSQLがこの問題に前向きに取り組まなければ、SQLはデータベース産業の成長分野に背を向け、時代遅れの言語として顧みられなくなる危険を負うだろう。

――F. Zemke et al, "Introduction to OLAP functions", ANSI. NCITS H2-99-154r2[注1]
ftp://avalon.iks-jena.de/pub/mitarb/lutz/standards/sql/OLAP-99-154r2.pdf

「時代遅れの言語」か……。なんか、怒っているというか、切迫感のにじみ出た文章ですね。

うむ、それだけ反対意見が根強かったのだろう。固陋(ころう)な原理主義者に対するいらだちを感じる文章だよな。もともとリレーショナルデータベースが数学の集合論に基礎を持つことはお前も大学で習っただろう。その結果、テーブルの行は順序を持つべきではないとする意見を支持する論者は多い。SQLの大家であるJ.セルコはこう言っている[注2]。

行(row)はレコードではない。レコードはアプリケーションが読み込むことで初めて意味を持つ。レコードはシーケンシャルで、最初、最後、次、その前といった順序が意味を持つ。**行はいかなる物理的な順序も持たない**(ORDER BYはカーソルにおける句であって、SQLの一部ではない)。

RDBの生みの親であるコッド博士はチューリング賞受賞記念講演でこんな風にも言っているわ。

n項の関係(著者注:テーブルのこと)は数学的な意味での集合であり、**行の順序は本質的ではない**(immaterial)。

行は順序を持たない、かあ。理論的に厳密に従おうとすればそうなるのは、たしかにわかりますけど。それで行を順序付けるウィンドウ関数がよく思われないんですね。内部ではソートも行っているし。

注1 著者訳。OLAP関数というのはウィンドウ関数の古い呼び方です。

注2 ジョー・セルコ著『プログラマのためのSQL 第4版』翔泳社、2013年、p.3。強調は引用者による。

SQLにおいて集合論的アプローチが有効なのは事実なのだ。それは前回(第8章)HAVING句の威力を見たときにもわかっただろう。そこは否定せん。否定はしないが……。

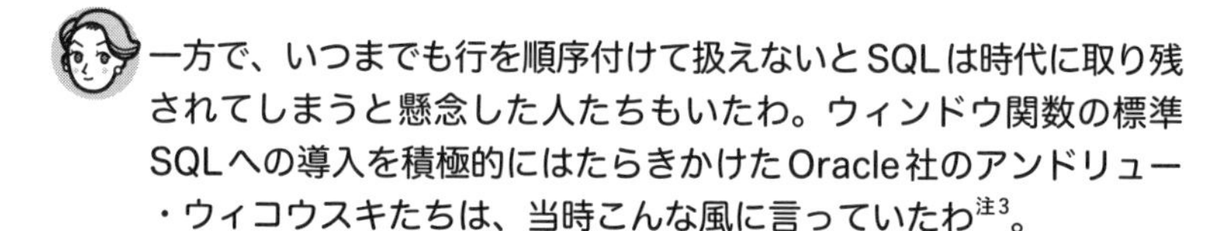
一方で、いつまでも行を順序付けて扱えないとSQLは時代に取り残されてしまうと懸念した人たちもいたわ。ウィンドウ関数の標準SQLへの導入を積極的にはたらきかけたOracle社のアンドリュー・ウィコウスキたちは、当時こんな風に言っていたわ[注3]。

SQLの欠陥の1つは、移動平均、累積、ランキング、パーセンタイル、LEADやLAGといったOLAPアプリケーションに必須の分析的計算をサポートしていないことだ。ウィンドウ関数は**順序づけられた**データの集合に対して作用する。これらの関数を現行のSQLで表現しようとすると自己結合が必要となり、お世辞にもエレガントとは呼べないし、パフォーマンスの最適化も困難である。

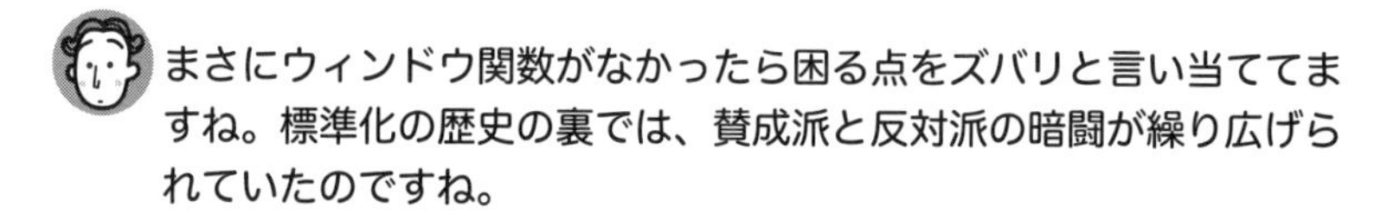
まさにウィンドウ関数がなかったら困る点をズバリと言い当ててますね。標準化の歴史の裏では、賛成派と反対派の暗闘が繰り広げられていたのですね。

そういうことだ。我々データベースのユーザーとしては素直にウィンドウ関数のサポートを喜べばいいのだが、この業界も歴史が長い分いろいろとしがらみが多いのだ。まあ、現場で治療にあたる身としては、ウィンドウ関数なしのSQLなどもはや考えられん。医者に抗生物質なしで細菌感染症の治療をしろと言うようなものだ。特にSQLが分析用途に使われるようになった現在では、ウィンドウ関数は必須の機能と言っていい。RDBとSQLを生み出した理論はもちろん重要だが、あまりにこだわりすぎるとリレーショナル原理主義病になってしまう。その成れの果てが今日担ぎ込まれてきたような患者たちだ。理論家は患者がどうなろうと知ったことではないかもしれんが、救命の現場で働くワシら実践家は常にバランス感覚が重要なのだ。

珍しくきれいにまとまったわね。

注3　"Analytic Functions in Oracle 8i", Srikanth Bellamkonda, Tolga Bozkaya, Bhaskar Ghosh Abhinav Gupta, John Haydu, Sankar Subramanian, Andrew Witkowski.
http://infolab.stanford.edu/infoseminar/archive/SpringY2000/speakers/agupta/paper.pdf

 ホント。先生らしくない。

 珍しくとはなんだ！ おい、次の患者が来た。いくぞ！ またリレーショナル原理主義病だ。

  へいへい。

まとめ

- リレーショナルデータベースは数学的に厳密な基礎付けを持つがゆえに、副産物としてリレーショナル原理主義派を生み出してしまった
- そのせいでウィンドウ関数のような行を順序付ける機能のサポートがなかなか進まなかった
- その結果、昔は高度な分析用途の計算のためには相関サブクエリのような難しい機能を使わざるを得なかった。これは読みづらいだけでなくパフォーマンスも悪かった
- しかしSQLが広くデータ分析用途に使われるようになった現在、ウィンドウ関数は必須の機能であり、実装でのサポートも十分に進んだ。現場でSQLを使う実務者はウィンドウ関数の使い方をマスターしなければならない

演習問題

解答403ページ

演習9-1

リスト9-13のような劇場のシートが埋まっているか(Occupied)、空席(Empty)かを管理する座席テーブルがあります。今このテーブルから3つの連続した空席(これをシーケンスと呼ぶことにする)をすべてリストアップしたい。これを実現するクエリを考えてください。

リスト9-13　**座席テーブル**

```
CREATE TABLE Seats
(seat   INTEGER NOT NULL,
 status CHAR(1) NOT NULL
   CHECK (status IN ('E', 'O')), -- Empty or Occupied
   CONSTRAINT pk_Sales PRIMARY KEY(seat));
```

Seats:座席テーブル　seat:座席番号　status:状態

Seats

seat (座席番号)	status (状態)
1	O
2	O
3	E
4	E
5	E
6	O
7	E
8	E
9	E
10	E
11	E
12	O
13	O
14	E
15	E

このサンプルデータから求められるシーケンスは次のようになります。

- 3〜5
- 7〜9
- 8〜10
- 9〜11

(7〜9)と(8〜10)などは同じ座席が重複して含まれていますが、こうしたシーケンスも区別して求めます。

さて、シーケンスをすべて求めるクエリを考えてください。解答はリレーショナル原理主義的なものとモダンSQL的なものと、2通りあります。

クエリができたら実行計画を取得して、パフォーマンスを評価してください。

演習9-2

演習9-1では座席は1列に並んでいましたが、今度は行の折り返しを考慮してline_id列を追加します（**リスト9-14**）。今度は、(9,10,11)のような並びは3席空いていても、10番と11番の間で折り返しが入るため有効ではありません。同じ行の並びに入っている3つ連続の空席のシーケンスを取得してください。

リスト9-14　**座席テーブル2**

```
CREATE TABLE Seats2
 ( seat   INTEGER NOT NULL,
   line_id CHAR(1) NOT NULL,
   status CHAR(1) NOT NULL
     CHECK (status IN ('E', 'O')),
     CONSTRAINT pk_Seats2 PRIMARY KEY(seat));
```

Seats2:座席テーブル2　seat:座席番号　line_id:行ID　status:状態

Seats2

seat (座席番号)	line_id (行 ID)	status (状態)
1	A	O
2	A	O
3	A	E
4	A	E
5	A	E
6	B	O
7	B	O
8	B	E
9	B	E
10	B	E
11	C	E
12	C	E
13	C	E
14	C	O
15	C	E

このサンプルデータから求められるシーケンスは次のようになります。

- 3～5
- 8～10
- 11～13

今度は、9～11のようなシーケンスは途中で行の折り返しが入るため結果からは除外しなければなりません。クエリができたら、実行計画を見てパフォーマンスを評価してください。

演習9-1と9-2は拙著『達人に学ぶSQL徹底指南書 第2版』(翔泳社、2018年)第10章「SQLで数列を扱う」から借りました。同書をお持ちの方は答えを見ないで解いてください。

演習9-3

カルテ3でNULLを埋め立てた`OmitTbl`に反対の操作をしたい。つまり、`val`列が前の行と同じだったらNULLで更新してください。

第 10 章

更新時合併症

冗長なサブクエリ、性能劣化、実装依存

本章で学ぶ内容

SQLは検索のための言語として作られたため、現在でも更新より検索のほうに重点的な機能拡張が行われています。しかし、その長い歴史の中で更新機能も拡充されてきており、便利な機能が多くあります。本章では、あまり顧みられることのないSQLの更新機能にスポットライトを当てます。

(9:00、病院の入口。ワイリーが扉の前をウロウロしている)

(郵便配達人を見て)あっ！ やぁやぁご苦労様。はいはい受け取っておくよ……(郵便物を物色して)うーん違うな。(郵便受けを開けて中を調べる)うーん、ないなぁ。まだかなぁ。

(ロバートが出勤し、ワイリーを見つける)

なんだ、朝っぱらからゴミ拾いのボランティアか。精が出るな。

あっ先生……！ 違いますよ。専門課程の合格通知、今日届くんですよ。ああ、どうしよう。ドキドキが止まらない。

倒れたらすぐに献体として使ってやる。それがお前の医学にできる最大の貢献だ。

(聞いていない)ああ、どうしよう。学資ローンもまだ残っているし、これで通らなかったら……。

ふう、聞いちゃいないな……まったく。いい加減そのぐらいにして、早く来い！ 患者が待っているぞ！

更新における冗長なサブクエリ

（治療室。ヘレンがいる。）

遅いじゃないの。先にはじめてたわよ。

すまんな。こいつが道草を食っていたせいでな。……まったく。上の空だな。早く気持ちを切り替えろ。

すいません。どうも不安で。

ああ、そう言えば今日だったわね。合格通知。なるほど、そりゃ落ち着かないわけね。あなたがこの救命室にきてもう一年か。でも仕事は仕事よ。

はい。すいません。

カルテ1　受発注システムで利用するテーブル「受注明細」（**リスト 10-1**）と「発注明細」（**リスト 10-2**）を考える（**図 10-1**）。受注テーブルには顧客から受けた注文の明細が記録される。これをもとに行われる発注処理が「発注明細」テーブルに記録される。今、「発注明細」テーブルに「受注明細」テーブルから品物と数量をコピーする方法を考える。

リスト 10-1　**受注明細テーブル**

```
CREATE TABLE EntryDetails
( entry_id   CHAR(3) NOT NULL,
  entry_seq  INTEGER NOT NULL,
  item       CHAR(3) ,
  quantity   INTEGER ,
    CONSTRAINT pk_EntryDetails PRIMARY KEY (entry_id, entry_seq));
```

EntryDetails: 受注明細　entry_id: 受注ID　entry_seq: 受注明細連番　item: 品物　quantity: 数量

リスト10-2 発注明細テーブル

```
CREATE TABLE OrderDetails
( order_id    CHAR(3) NOT NULL,
  order_seq   INTEGER NOT NULL,
  entry_id    CHAR(3) NOT NULL,
  entry_seq   INTEGER NOT NULL,
  item        CHAR(3) ,
  quantity    INTEGER ,
    CONSTRAINT pk_OrderDetails PRIMARY KEY (order_id, order_seq));
```

OrderDetails: 発注明細　order_id: 発注ID　order_seq: 発注明細連番　entry_id: 受注ID
entry_seq: 受注明細連番　item: 品物　quantity: 数量

図10-1 受注明細テーブルと発注明細テーブル

受注明細(EntryDetails)

entry_id (受注ID)	entry_seq (受注明細連番)	item (品物)	quantity (数量)
001	1	DK0	1
001	2	CF2	3
001	3	AA9	2
002	1	BF8	10
002	2	CF2	1
003	1	DK0	5

発注明細(OrderDetails)

order_id (発注ID)	order_seq (発注明細連番)	entry_id (受注ID)	entry_seq (受注明細連番)	item (品物)	quantity (数量)
OD1	1	001	1		
OD1	2	001	2		
OD1	3	001	3		
OD2	1	002	1		
OD2	2	002	2		
OD3	1	003	1		

受注明細テーブルと発注明細テーブルはほとんど同じテーブルに見えるが、前者がフロントエンドで注文を受け付け、後者がバックエンドでバッチ的に更新される、というテーブル構成はよく採用される。

代入式への行式の拡張

患者のコードは、機能的には間違いじゃありませんよね(**リスト10-3、図10-2**)。

リスト10-3　**患者のコード：冗長なUPDATE**

```
UPDATE OrderDetails
   SET item     = (SELECT item
                     FROM EntryDetails ED1
                    WHERE OrderDetails.entry_id  = ED1.entry_id
                      AND OrderDetails.entry_seq = ED1.entry_seq),
       quantity = (SELECT quantity
                     FROM EntryDetails ED2
                    WHERE OrderDetails.entry_id  = ED2.entry_id
                      AND OrderDetails.entry_seq = ED2.entry_seq);
```

図10-2　**更新後の発注明細テーブル**

更新後の発注明細

発注 ID (order_id)	発注明細連番 (order_seq)	受注 ID (entry_id)	受注明細連番 (entry_seq)	品物 (item)	数量 (quantity)
OD1	1	001	1	DK0	1
OD1	2	001	2	CF2	3
OD1	3	001	3	AA9	2
OD2	1	002	1	BF8	10
OD2	2	002	2	CF2	1
OD3	1	003	1	DK0	5

受注明細からコピー

間違いじゃないわ。結果は正しく更新されるわ。主キーでバインドした相関サブクエリだから、SET句でも使うことができるわ。

ふむ。とすると問題は……。

これまでの治療で見てきた症状を挙げていってみなさい。

ええっと、最初に見たのが「サブクエリ・パラノイア」。でもこのSQLでサブクエリを使わずに解くのは無理ですよね。次が「冗長性症候群」。……たしかに、このSQLはほとんど同じサブクエリを2回繰り返していますね。

このサブクエリは明らかに冗長だな。まあ、まだ1つのSQLで書いているだけこの患者はましなほうだ。ひどいのになるとSQL自体を分割したりするからな。

でもどうやって直すんですか？

以前（第5章）に勉強したでしょう。行式よ（リスト10-4）。

リスト10-4　ヘレンの解：SET句で行式を使う

```
UPDATE OrderDetails
   SET (item, quantity)
         = (SELECT item, quantity
              FROM EntryDetails ED
             WHERE OrderDetails.entry_id  = ED.entry_id
               AND OrderDetails.entry_seq = ED.entry_seq);
```

へえ！ UPDATE文のSET句でも行式は使えるのですね。

逆に聞くけど、なぜ「使えない」って思った？

いやそれは……。そんないじめないでくださいよ、えへへ。

気色悪い……。

シンプルさは常に良い

ヘレンが示したとおり、行式はUPDATE文のSET句でも使えます。比較式で利用できるのだから、代入式でも利用できるのは考えてみれば当然の拡張なのですが、意外に知られていなかったり忘れられていたりします。

その意味でこの患者のコードは、冗長性症候群とともに時代錯誤症候群も併発しています。SQLにおいて、コードが冗長であったり時代遅れであったりして良いことはまずありません。その証拠に、それぞれの実行計画を見てみましょう(**図10-3**、**図10-4**)。

図10-3 **患者の解の実行計画(Oracle)**

```
--------------------------------------------------------------------------------------------
| Id  | Operation                    | Name         | Rows  | Bytes | Cost (%CPU)| Time     |
--------------------------------------------------------------------------------------------
|   0 | UPDATE STATEMENT             |              |     6 |   126 |     3   (0)| 00:00:01 |
|   1 |  UPDATE                      | ORDERDETAILS |       |       |            |          |
|   2 |   TABLE ACCESS FULL          | ORDERDETAILS |     6 |   126 |     3   (0)| 00:00:01 |
|   3 |   TABLE ACCESS BY INDEX ROWID| ENTRYDETAILS |     1 |    12 |     1   (0)| 00:00:01 |
|*  4 |    INDEX UNIQUE SCAN         | SYS_C004301  |     1 |       |     0   (0)| 00:00:01 |
|   5 |   TABLE ACCESS BY INDEX ROWID| ENTRYDETAILS |     1 |    14 |     1   (0)| 00:00:01 |
|*  6 |    INDEX UNIQUE SCAN         | SYS_C004301  |     1 |       |     0   (0)| 00:00:01 |
--------------------------------------------------------------------------------------------

Predicate Information (identified by operation id):
---------------------------------------------------

   4 - access("ED"."ENTRY_ID"=:B1 AND "ED"."ENTRY_SEQ"=:B2)
   6 - access("ED"."ENTRY_ID"=:B1 AND "ED"."ENTRY_SEQ"=:B2)
```

図10-4 **ヘレンの解の実行計画(Oracle)**

```
--------------------------------------------------------------------------------------------
| Id  | Operation                    | Name         | Rows  | Bytes | Cost (%CPU)| Time     |
--------------------------------------------------------------------------------------------
|   0 | UPDATE STATEMENT             |              |     6 |   216 |     3   (0)| 00:00:01 |
|   1 |  UPDATE                      | ORDERDETAILS |       |       |            |          |
|   2 |   TABLE ACCESS FULL          | ORDERDETAILS |     6 |   216 |     3   (0)| 00:00:01 |
|   3 |   TABLE ACCESS BY INDEX ROWID| ENTRYDETAILS |     1 |    36 |     1   (0)| 00:00:01 |
|*  4 |    INDEX UNIQUE SCAN         | SYS_C004301  |     1 |       |     1   (0)| 00:00:01 |
--------------------------------------------------------------------------------------------

Predicate Information (identified by operation id):
---------------------------------------------------

   4 - access("ED"."ENTRY_ID"=:B1 AND "ED"."ENTRY_SEQ"=:B2)
```

患者の解は、「受注明細」テーブル(EntryDetails)に対して2つのサブクエリを実行しているため、実行計画においても2度のアクセスが発生しています。一方、ヘレンの解では「受注明細」テーブルへのアクセスが1回に減っています。それだけ、パフォーマンスも向上するわけです。コードから冗長性をなくすことには、可読性を上げる以上のメリットが常にあります。第4章で掲げた「KISSの原則」(*Keep It Simple,Stupid.*)を覚えているでしょうか？

なお、このサンプルでは「受注明細」テーブルへのアクセスには同テーブルの主キーのインデックスへのユニークアクセス(INDEX UNIQUE SCAN)が行われているため、サブクエリのアクセスコストはそれほど高くありません。しかし、いつもこのようにうまくインデックスが使えるわけではありません。

残念なお知らせ

この便利な行式ですが、代入において利用できるDBMSは、2024年現在でOracle、Db2、PostgreSQLのみです。MySQLとSQL Serverではエラーになります。標準SQLの機能であるため、気長に待っていればいずれはサポートされていくのでしょうが、サブクエリを代入式の引数に取る場合のパフォーマンスを大きく改善できる機能であるため、早期のサポートが望まれるところです。

SQLでの更新はいろいろ制約が多いと聞きますが、なぜなのでしょう。

まあ難しいところだが、SQLがもともと更新機能をあまり重視していなかったことが影響しているのだろうな。ワイリー、SQLの「Q」はどういう意味だ？

知りません。(キリッ

聞いたワシがバカだった……。

Structured Query Language、Qは「Query」(問い合わせ)の略。つまりSELECT文よ。

なるほど。もともとがSQLはSELECT文中心の言語だったわけですね。でもSQLってけっこう、大量データの更新にも使われますよね。

うむ、最近はバッチ処理などで大量データを一括更新する用途で使われるのはごく普通のことだ。ビッグデータが流行りになってからこちら、大量データの更新は珍しくなくなったな。MERGE文や複数行INSERT文など更新機能も徐々に充実してきているが、まだまだ十分とは言いがたいな。

検索SQLにおいては、極力選択条件でレコードを絞り込むことが常識になっている。だが更新SQLでは、この点が意外に守られていないケースがある。

というと？

SET句の役割を勘違いすることに起因するケースだ。次の患者を見てみよう。

カルテ2 先ほどと同様に「受注明細」テーブルおよび「発注明細」テーブルを考える。ただし、先ほどと異なり、注文取り消しが行われた結果、「受注明細」テーブルから何行か削除されている(**図10-5**)。この状態で、「発注明細」テーブルに「品物」および「数量列」を更新する方法を考える。

図10-5　データに歯抜けのある受注明細

受注明細(EntryDetails)

entry_id (受注ID)	entry_seq (受注明細連番)	item (品物)	quantity (数量)
001	1	DK0	1
001	2	CF2	3
002	1	BF8	10
003	1	DK0	5

発注明細(OrderDetails)

order_id (発注ID)	order_seq (発注明細連番)	entry_id (受注ID)	entry_seq (受注明細連番)	item (品物)	quantity (数量)
OD1	1	001	1		
OD1	2	001	2		
OD1	3	001	3		
OD2	1	002	1		
OD2	2	002	2		
OD3	1	003	1		

更新後の発注明細

order_id (発注ID)	order_seq (発注明細連番)	entry_id (受注ID)	entry_seq (受注明細連番)	item (品物)	quantity (数量)
OD1	1	001	1	DK0	1
OD1	2	001	2	CF2	3
OD1	3	001	3		
OD2	1	002	1	BF8	10
OD2	2	002	2		
OD3	1	003	1	DK0	5

未更新のまま

SET句は更新対象を制限しない

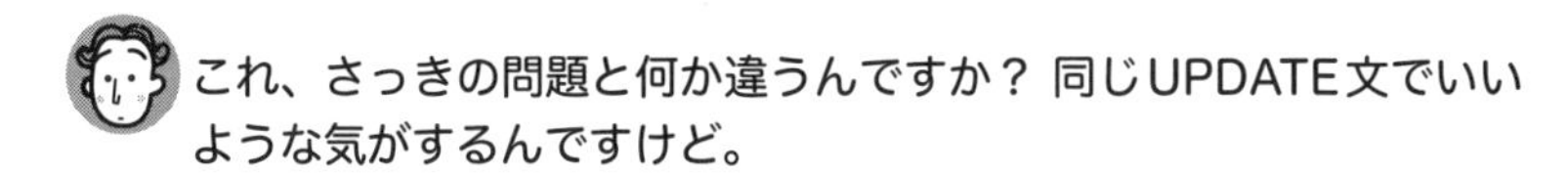

これ、さっきの問題と何か違うんですか？ 同じUPDATE文でいいような気がするんですけど。

更新結果の正しさだけを求めるなら、さっきの解がそのまま使えるわ。問題はパフォーマンスよ。

カルテ1と同様に解くと、このカルテ2では「発注明細」テーブルを何行更新する？

えっと……「発注明細」テーブルで受注明細のレコードと一致するのは4行だから、4行？

ブー。答えは6行。つまり全レコードよ。

このケースにおいては、一見すると更新対象は4行であるように錯覚します。たしかに、SET句の相関サブクエリでマッチングされるレコードが4行なのは事実です。しかし、SET句というのは更新対象を制限しているわけではなく、名前のとおり「SETする」値を決めているだけです。相関サブクエリは、アンマッチな場合にはNULLを返す仕様になっています。そのため、SET句でアンマッチになった「発注明細」テーブルの2レコードには、実はNULLがセットされているのです。変更前も変更後もNULLであるため、一見すると変更されなかったように見えるだけなのです[注1]。

WHERE句で更新対象を制限する

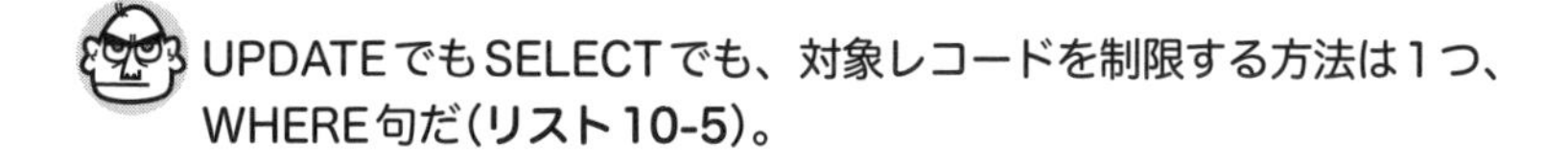

UPDATEでもSELECTでも、対象レコードを制限する方法は1つ、WHERE句だ（リスト10-5）。

注1　そのため、コマンドラインからUPDATE文を実行すると、DBMSによらず「6行が更新されました」という意味のメッセージが出力されます。

リスト10-5　ロバートの解：WHERE句で対象レコードを制限

```
/* インデックス作成 */
CREATE INDEX idx_entry ON OrderDetails (entry_id, entry_seq);

UPDATE OrderDetails
   SET (item, quantity)
         = (SELECT item, quantity
                  FROM EntryDetails ED
                 WHERE OrderDetails.entry_id  = ED.entry_id
                   AND OrderDetails.entry_seq = ED.entry_seq)
WHERE EXISTS (SELECT *
                FROM EntryDetails ED
               WHERE OrderDetails.entry_id  = ED.entry_id
                 AND OrderDetails.entry_seq = ED.entry_seq);
```

まったく同じ条件を、SET句でもWHERE句でも書かなければならないんですね。これはKISSの原則に反していませんか。

同じに見えるのは見た目上だけで、機能がまったく違う。前者はマッチングのため、後者は対象レコードを絞り込むためだ。今回はたまたま両者が一致しただけで、両者は異なる条件になることもある。実行計画を見るとインデックスが使われていることが確認できる(図10-6)。

図10-6　WHERE句で条件を指定した場合の実行計画(Oracle)

```
----------------------------------------------------------------------------------------------------
| Id  | Operation                          | Name           | Rows  | Bytes | Cost (%CPU)| Time     |
----------------------------------------------------------------------------------------------------
|   0 | UPDATE STATEMENT                   |                |     1 |    90 |     5  (20)| 00:00:01 |
|   1 |  UPDATE                            | ORDERDETAILS   |       |       |            |          |
|   2 |   NESTED LOOPS OUTER               |                |     1 |    90 |     5  (20)| 00:00:01 |
|   3 |    NESTED LOOPS                    |                |     1 |    54 |     4  (25)| 00:00:01 |
|   4 |     VIEW                           | VW_SQ_1        |     6 |   108 |     2   (0)| 00:00:01 |
|   5 |      SORT UNIQUE                   |                |     1 |   108 |            |          |
|   6 |       TABLE ACCESS FULL            | ENTRYDETAILS   |     6 |   108 |     2   (0)| 00:00:01 |
|   7 |     TABLE ACCESS BY INDEX ROWID BATCHED| ORDERDETAILS |   1 |    36 |     1   (0)| 00:00:01 |
|*  8 |      INDEX RANGE SCAN              | IDX_ENTRY      |     1 |       |     0   (0)| 00:00:01 |
|   9 |    TABLE ACCESS BY INDEX ROWID     | ENTRYDETAILS   |     1 |    36 |     1   (0)| 00:00:01 |
|* 10 |     INDEX UNIQUE SCAN              | PK_ENTRYDETAILS |    1 |       |     0   (0)| 00:00:01 |
----------------------------------------------------------------------------------------------------

Predicate Information (identified by operation id):
---------------------------------------------------
```

```
 8 - access("ORDERDETAILS"."ENTRY_ID"="ITEM_1" AND "ORDERDETAILS"."ENTRY_SEQ"="ITEM_2")
10 - access("ORDERDETAILS"."ENTRY_ID"="ED"."ENTRY_ID"(+) AND
          "ORDERDETAILS"."ENTRY_SEQ"="ED"."ENTRY_SEQ"(+))
```

たしかにWHERE句の条件でインデックスが効いていますね。ところで更新対象のレコードを制限する理由は、やはり性能ですか？

そうだ。今、WHERE句がない状態では「発注明細」テーブルは常に全件が更新対象になる。これはレコード数が増えれば増えるほど危険だ。更新対象レコードの比率が少ないなら、WHERE句で絞り込むほうが得策だ。

更新におけるウィンドウ関数

カルテ3 ホテルの客室を管理するテーブル「ホテル」を考える(**リスト10-6**)。行儀が良くないことに主キーが設定されておらず、フロアの「階数」(`floor_nbr`)だけが登録されている。現在はNULLになっている「客室番号」(`room_nbr`)を埋めてほしい。なお、客室番号のルールは、フロア番号を百の位とする3桁の連番とする。

リスト10-6 **「ホテル」テーブル**

```
CREATE TABLE Hotel
( floor_nbr INTEGER NOT NULL,
  room_nbr  INTEGER);
```

Hotel:ホテルテーブル floor_nbr:階数 room_nbr:部屋番号

Hotel

floor_nbr（階数）	room_nbr（部屋番号）
1	
1	
1	
2	
2	
3	
3	

目下、SQLで更新を行う際に最大の足枷（あしかせ）とも言える難点を見るとしよう。

そこまで言うとはものものしいですね。

まあ見ればわかる。

ちょっとパズル的な問題ですね[注2]。

主キーがないなど少し設定が作為的だが、今はそこは問題としない。これは、更新におけるウィンドウ関数の利点と制限を学べる格好の例題だ。

SET句でウィンドウ関数を使えるか？

ということはウィンドウ関数を使うんですよね。よーし、これでどうだ(リスト10-7)。

注2　この問題は、J.セルコ著、ミック訳『SQLパズル 第2版』(翔泳社、2007年)の「パズル56 ホテルの部屋番号」の問題を一部アレンジして借りました。

リスト10-7　ワイリーの解：SET句でウィンドウ関数を使う

```
UPDATE Hotel
   SET room_nbr = (floor_nbr * 100)
                  + ROW_NUMBER() OVER (PARTITION BY floor_nbr);
```

いいな。

いいわね。

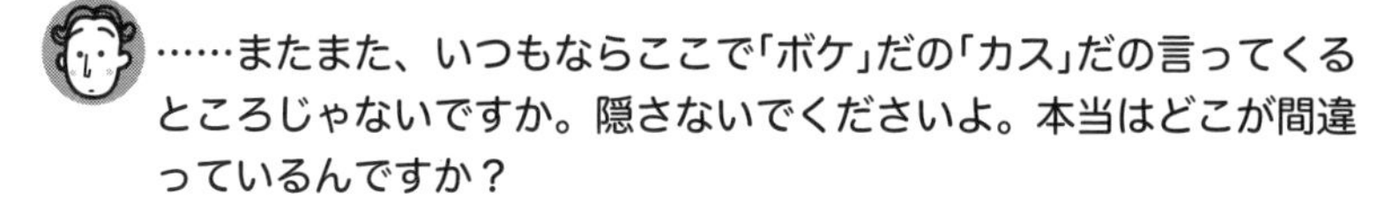
……またまた、いつもならここで「ボケ」だの「カス」だの言ってくるところじゃないですか。隠さないでくださいよ。本当はどこが間違っているんですか？

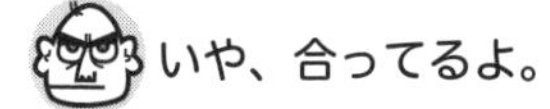
いや、合ってるよ。

合ってるわね。

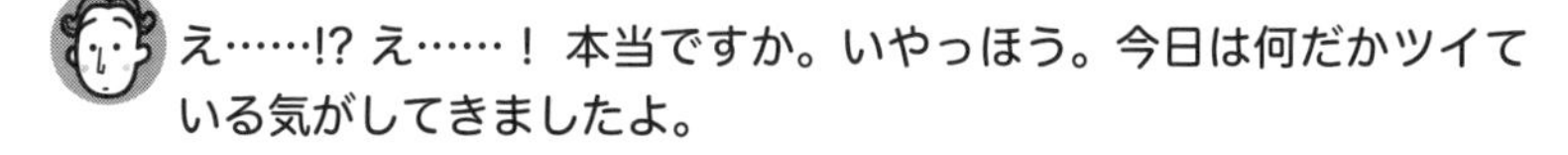
え……!? え……！ 本当ですか。いやっほう。今日は何だかツイている気がしてきましたよ。

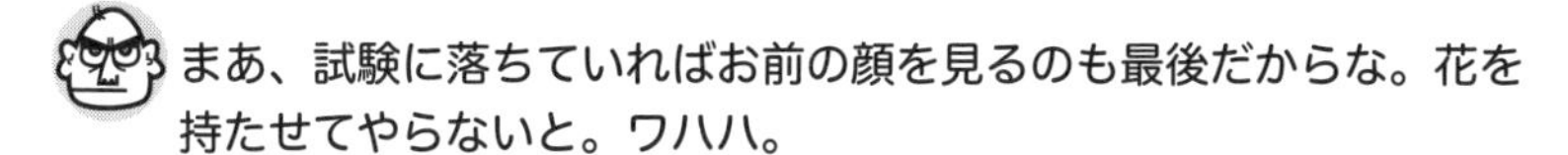
まあ、試験に落ちていればお前の顔を見るのも最後だからな。花を持たせてやらないと。ワハハ。

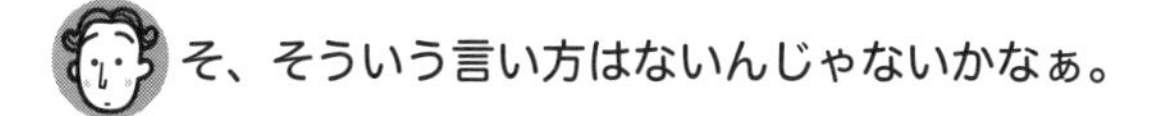
そ、そういう言い方はないんじゃないかなぁ。

SET句でのウィンドウ関数の威力

珍しくワイリーが一発で正答していますが、こんな単純なコードで可能なのか、ということに驚いた方も多いでしょう。

ウィンドウ関数のおさらいになりますが、ROW_NUMBERは1から始まる連番を生成する関数です。PARTITION BYは与えられたキーでテーブルをカットします。ここでは、連番のカウンターを1にリセットする区切りとして働いています（要するにフロアが変わるたびに1にリセットしている）。ウィンドウ関数にORDER BYがないことが気になった人がいるかもしれません。しかし、よく考えてみると今回のケースでは、同じフロア内のレコードであれば、どういう順序で整列してもかまわないので、特に指定する必要はないのです。

残念なお知らせ

　またか、と思うかもしれませんが、上記のコードには制限があります。実は、これが動作するのは現在のところDb2だけ(！)です。ほかのDBMSで実行するうえでの障害点は、SET句に直接ウィンドウ関数を記述できないことです。実は、Db2以外のすべてのDBMSでは、ウィンドウ関数を「裸で」記述することが許されていません。SET句でウィンドウ関数を使うには、一度相関サブクエリを間に挟むことによって記述する必要があります。そのためには更新対象のレコードとサブクエリ内のレコードが一対一に対応するように相関サブクエリを作る必要があるのですが、今回のようなケースではそれが不可能です(更新対象のレコードに一意性がないため)。つまり結論として、ワイリーのエレガントな解答は、どう頑張ってもDb2以外のDBMSには適用できないものなのです。

SET句でウィンドウ関数を使う条件

ワイリーの解は、着眼点は悪くなかったけど、現在のところ実装依存なのが残念ね。

ちぇ、結局ぬかよろこびですよ。

そんな卑下することはないわ。これはむしろ実装の側に責任があるのだから。

SQLがいかに更新機能をないがしろにしているかがよくわかるだろう。さて、それでは汎用的な解法を考えるとしよう。一つトリビアルな解法としては、お前の作ったウィンドウ関数をビューに入れてしまうという簡単なやり方がある(リスト10-8、図10-7)。

リスト10-8　**ワイリーの解：ビュー版（どのDBMSでも動く）**

```
CREATE VIEW Hotel_Room_Num (floor_nbr, room_nbr) AS
(SELECT floor_nbr,
       (floor_nbr * 100)
         + ROW_NUMBER() OVER (PARTITION BY floor_nbr)
  FROM Hotel);
```

図10-7　**ビューの中身**

```
 floor_nbr | room_nbr
-----------+---------
         1 |      101
         1 |      102
         1 |      103
         2 |      201
         2 |      202
         3 |      301
         3 |      302
```

あーなるほどう。参照だけが目的ならこのビューで目的は果たされますね。

うむ。これもコロンブスの卵だろう。だがどうしても元のHotelテーブルを更新したいのだとしたらどうするか？ 実は、このテーブルの形式である限り、SQLのみで解くことはおそらくできまい。かといって即座にループに頼るのも芸がない。そこで出発点とするテーブルを以下のように変更する（**リスト10-9**、**リスト10-10**、**図10-8**）。

リスト10-9　**客室番号に連番が付いたHotel2テーブルを作成**

```
CREATE TABLE Hotel2
( floor_nbr INTEGER NOT NULL,
  room_nbr  INTEGER NOT NULL,
    CONSTRAINT pk_Hotel2 PRIMARY KEY (floor_nbr, room_nbr));
```

リスト10-10　**Oracle、PostgreSQL、SQL Server、Db2でのINSERT文**

```
INSERT INTO Hotel2 VALUES
  (1, (SELECT COALESCE(MAX(room_nbr), 0) +1 FROM Hotel2));
INSERT INTO Hotel2 VALUES
  (1, (SELECT COALESCE(MAX(room_nbr), 0) +1 FROM Hotel2));
INSERT INTO Hotel2 VALUES
  (1, (SELECT COALESCE(MAX(room_nbr), 0) +1 FROM Hotel2));
INSERT INTO Hotel2 VALUES
  (2, (SELECT COALESCE(MAX(room_nbr), 0) +1 FROM Hotel2));
```

```
INSERT INTO Hotel2 VALUES
  (2, (SELECT COALESCE(MAX(room_nbr), 0) +1 FROM Hotel2));
INSERT INTO Hotel2 VALUES
  (3, (SELECT COALESCE(MAX(room_nbr), 0) +1 FROM Hotel2));
INSERT INTO Hotel2 VALUES
  (3, (SELECT COALESCE(MAX(room_nbr), 0) +1 FROM Hotel2));
```

Hotel2:ホテルテーブル2　floor_nbr:階数　room_nbr:部屋番号

図10-8　**Hotel2テーブル**

Hotel2

floor_nbr	room_nbr
1	1
1	2
1	3
2	4
2	5
3	6
3	7

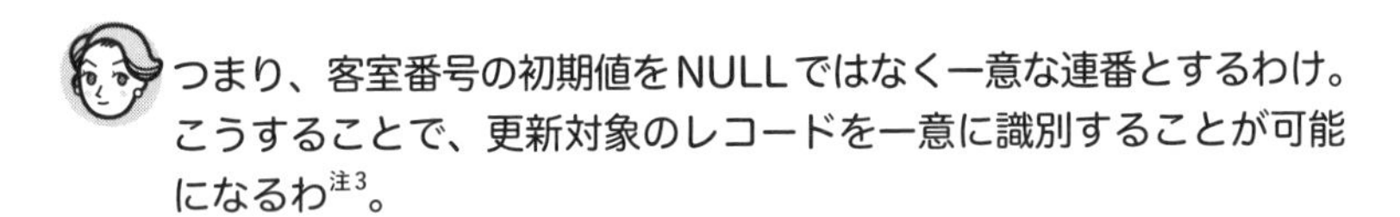

つまり、客室番号の初期値をNULLではなく一意な連番とするわけ。こうすることで、更新対象のレコードを一意に識別することが可能になるわ[注3]。

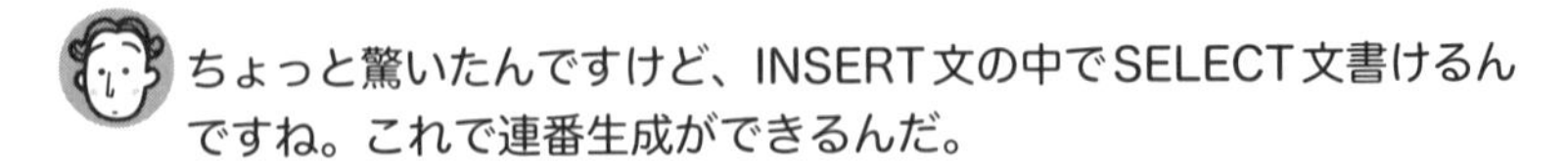

ちょっと驚いたんですけど、INSERT文の中でSELECT文書けるんですね。これで連番生成ができるんだ。

書けるのよねえ、これが。ただMySQLとSnowflakeはこの構文をサポートしていないから、以下のようなやり方をする必要があるわ（リスト10-11、リスト10-12）。

リスト10-11　**MySQLでのINSERT文**

```
BEGIN;
```

注3　レコードの一意識別子としては、Oracleの**ROWID**、PostgreSQLの**OID**のように、テーブルが保持している擬似ID列を利用する方法もあります。しかしこれは実装依存の**ロックイン病**になるため、本書では採用しません。

```
   CREATE TABLE Sequence (id INTEGER NOT NULL);
   INSERT INTO Sequence VALUES (0);
   UPDATE Sequence SET id = LAST_INSERT_ID(id + 1);
   INSERT INTO Hotel2 VALUES(1, (SELECT LAST_INSERT_ID()));
   UPDATE Sequence SET id = LAST_INSERT_ID(id + 1);
   INSERT INTO Hotel2 VALUES(1, (SELECT LAST_INSERT_ID()));
   UPDATE Sequence SET id = LAST_INSERT_ID(id + 1);
   INSERT INTO Hotel2 VALUES(1, (SELECT LAST_INSERT_ID()));
   UPDATE Sequence SET id = LAST_INSERT_ID(id + 1);
   INSERT INTO Hotel2 VALUES(2, (SELECT LAST_INSERT_ID()));
   UPDATE Sequence SET id = LAST_INSERT_ID(id + 1);
   INSERT INTO Hotel2 VALUES(2, (SELECT LAST_INSERT_ID()));
   UPDATE Sequence SET id = LAST_INSERT_ID(id + 1);
   INSERT INTO Hotel2 VALUES(3, (SELECT LAST_INSERT_ID()));
   UPDATE Sequence SET id = LAST_INSERT_ID(id + 1);
   INSERT INTO Hotel2 VALUES(3, (SELECT LAST_INSERT_ID()));
   DROP TABLE Sequence;
COMMIT;
```

リスト10-12　**SnowflakeでのINSERT文**

```
INSERT INTO hotel2 (floor_nbr, room_nbr)
SELECT  1,  MAX(room_nbr) + 1 FROM hotel2;
INSERT INTO hotel2 (floor_nbr, room_nbr)
SELECT  1,  MAX(room_nbr) + 1 FROM hotel2;
INSERT INTO hotel2 (floor_nbr, room_nbr)
SELECT  1,  MAX(room_nbr) + 1 FROM hotel2;
INSERT INTO hotel2 (floor_nbr, room_nbr)
SELECT  2,  MAX(room_nbr) + 1 FROM hotel2;
INSERT INTO hotel2 (floor_nbr, room_nbr)
SELECT  2,  MAX(room_nbr) + 1 FROM hotel2;
INSERT INTO hotel2 (floor_nbr, room_nbr)
SELECT  3,  MAX(room_nbr) + 1 FROM hotel2;
INSERT INTO hotel2 (floor_nbr, room_nbr)
SELECT  3,  MAX(room_nbr) + 1 FROM hotel2;
INSERT INTO hotel2 (floor_nbr, room_nbr)
SELECT  3,  MAX(room_nbr) + 1 FROM hotel2;
```

そうか、これでSET句でウィンドウ関数を使えるようになるのか。これでどうだ！（リスト10-13、図10-9）

リスト10-13　**ワイリーの解：UPDATE文でウィンドウ関数**

```
UPDATE Hotel2
   SET room_nbr
         =  (SELECT nbr
              FROM (SELECT room_nbr,
```

```
                    (floor_nbr * 100) +
                      ROW_NUMBER()
                        OVER(PARTITION BY floor_nbr
                                 ORDER BY room_nbr) AS nbr
                FROM Hotel2) TMP
      WHERE Hotel2.room_nbr = TMP.room_nbr);
```

図10-9　ワイリーの解の結果

```
 floor_nbr | room_nbr
-----------+----------
         1 |      101
         1 |      102
         1 |      103
         2 |      201
         2 |      202
         3 |      301
         3 |      302
```

ほう、今日は冴えているな。連チャンだぞ。カギはHotel2.room_nbr = TMP.room_nbrの条件で更新行を1行に絞ってる点だな。これでSET句の中でウィンドウ関数を使ってもエラーが起きないようになっている[注4]。

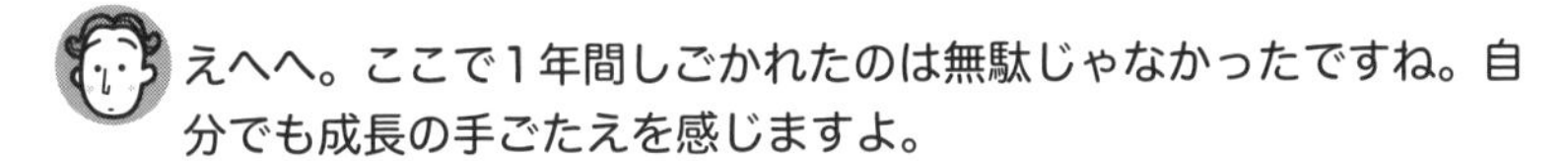
えへへ。ここで1年間しごかれたのは無駄じゃなかったですね。自分でも成長の手ごたえを感じますよ。

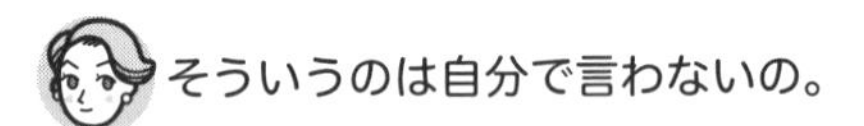
そういうのは自分で言わないの。

自己参照テーブルの削除

（救急隊員が次の患者をベッドに担ぎ上げる。）

次の患者のカルテです。年の瀬で時間がなくて、かなり切羽詰まっているみたいです。

注4　SnowflakeだけはこのUPDATE文はエラーになります。

カルテ4 フルーツの価格を保持するFruitsテーブルがある（**リスト10-14**）。今このテーブルには主キーがなく重複データが含まれている。このテーブルから重複行を削除したい。現在のコード（**リスト10-15**）はOracle依存であることと性能的な問題があるため、汎用的なSQL文に書き直したい。

リスト10-14 **フルーツテーブル**

```
CREATE TABLE Fruits
(name  VARCHAR(32) NOT NULL,
 price INTEGER NOT NULL);
```

Fruits: 果物テーブル name: 名前 price: 価格

Fruits

name（名前）	**price（価格）**
バナナ	100
バナナ	100
バナナ	100
ぶどう	500
みかん	200
みかん	200
すいか	300

リスト10-15 **患者のコード（Oracleでのみ動作）**

```
DELETE FROM Fruits F1
 WHERE rowid < (SELECT MAX(F2.rowid)
                  FROM Fruits F2
                 WHERE F1.name = F2.name
                   AND F1.price = F2.price);
```

患者のコードはOracle実装依存の行識別子rowidを使っているので互換性がないのですね。

うむ。それだけでなく、実行計画もあまり感心せんな。2回のフルスキャンにハッシュ結合だ（**図10-10**）。

図10-10　**患者のコードの実行計画（Oracle）**

```
-----------------------------------------------------------------------------------
| Id  | Operation             | Name     | Rows  | Bytes | Cost (%CPU)| Time     |
-----------------------------------------------------------------------------------
|   0 | DELETE STATEMENT      |          |     1 |    56 |     5  (20)| 00:00:01 |
|   1 |  DELETE               | FRUITS   |       |       |            |          |
|*  2 |   HASH JOIN           |          |     1 |    56 |     5  (20)| 00:00:01 |
|   3 |    VIEW               | VW_SQ_1  |     4 |   172 |     3  (34)| 00:00:01 |
|   4 |     SORT GROUP BY     |          |     4 |    52 |     3  (34)| 00:00:01 |
|   5 |      TABLE ACCESS FULL| FRUITS   |     4 |    52 |     2   (0)| 00:00:01 |
|   6 |    TABLE ACCESS FULL  | FRUITS   |     4 |    52 |     2   (0)| 00:00:01 |
-----------------------------------------------------------------------------------

Predicate Information (identified by operation id):
---------------------------------------------------

   2 - access("F1"."NAME"="ITEM_1" AND "F1"."PRICE"="ITEM_2")
       filter(ROWID<"MAX(F2.ROWID)")
```

ワイリー、あなたならどうする？

果物ごとの一意キーがないことがこの問題の元凶だと思うんですよね。そこで思い切ってそれを連番（row_num）で割り振ったテーブルを作ってしまえば、あとはその連番が1でないレコードを削除してしまえばいいと思うんですよ（**リスト10-16、図10-11**）。

リスト10-16　**ワイリーの解**

```
CREATE TABLE Fruits_Unique AS
SELECT ROW_NUMBER() OVER(PARTITION BY name, price
                              ORDER BY name) AS row_num,
       name, price
  FROM Fruits;


DELETE FROM Fruits_Unique
 WHERE row_num > 1;
```

図10-11　Fruits_Uniqueテーブル

```
 row_num |  name  | price
---------+--------+-------
       1 | すいか |   300
       1 | バナナ |   100
       2 | バナナ |   100   ← 重複行なので削除
       3 | バナナ |   100   ← 重複行なので削除
       1 | ぶどう |   500
       1 | みかん |   200
       2 | みかん |   200   ← 重複行なので削除
```

あらいいじゃない。これならウィンドウ関数のソート1回のみになって、パフォーマンスも良好よ。CTAS(*Create Table AS*)のSELECT文だけ抜き出して実行計画を見てみましょう(**図10-12**、**図10-13**)。

図10-12　ワイリーの解の実行計画(PostgreSQL)

```
                          QUERY PLAN
--------------------------------------------------------------------
 WindowAgg  (cost=1.17..1.33 rows=7 width=22)
   ->  Sort  (cost=1.17..1.19 rows=7 width=14)
         Sort Key: name, price
         ->  Seq Scan on fruits  (cost=0.00..1.07 rows=7 width=14)
```

図10-13　ワイリーの解の実行計画(Oracle)

```
-----------------------------------------------------------------------------
| Id  | Operation           | Name   | Rows  | Bytes | Cost (%CPU)| Time     |
-----------------------------------------------------------------------------
|   0 | SELECT STATEMENT    |        |     7 |    91 |     3  (34)| 00:00:01 |
|   1 |  WINDOW SORT        |        |     7 |    91 |     3  (34)| 00:00:01 |
|   2 |   TABLE ACCESS FULL| FRUITS |     7 |    91 |     2   (0)| 00:00:01 |
-----------------------------------------------------------------------------
```

うむ期待どおりの実行計画になっとるな。悪くないんじゃないか。しいて言えば、SQL ServerではCTASで独自構文を使わねばならないところだな(**リスト10-17**)。

リスト10-17　SQL ServerのCTAS

```
SELECT ROW_NUMBER() OVER(PARTITION BY name, price
                              ORDER BY name) AS row_num,
       name, price
INTO Fruits_Unique
  FROM Fruits;
```

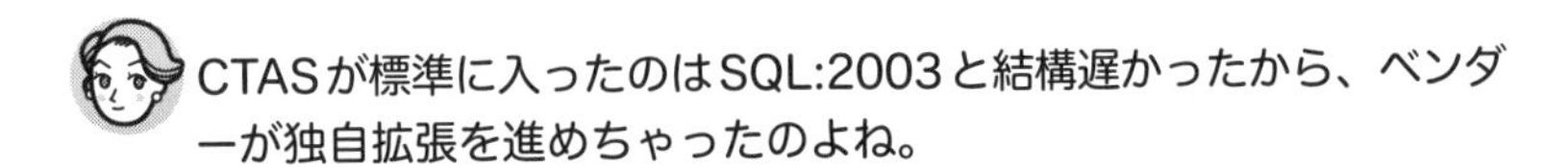

CTASが標準に入ったのはSQL:2003と結構遅かったから、ベンダーが独自拡張を進めちゃったのよね。

いやあ今日はなんかついてるなあ。これなら専門も通ってるなあ、うん。きっとそうだ。

フハハ、運を使い果たしたかもしれんぞ。

じょ、冗談でもそういうこと言わないでほしいなあ。

（17:00、休憩室。仕事を終えた３人がくつろいでいる）

いやー今日もいい仕事しましたねー。

今日「も」？

細かいところにこだわらないでくださいよ。いいじゃないですか、最後くらい。

あら、何かしらこの封筒……あ、これワイリーの……。

え、ちょ、ちょっと見せてください。（慌てて封筒を開ける）……あっ、通っている。救急救命の専門コース、通りましたよ！ 先生！

おめでとう、ワイリー。

やれやれ、これでまたお前の馬鹿面を見なきゃならんわけか。

へへへ、ご迷惑おかけします！（強引にロバートの腕を引っ張りながら）そうだ、今日は一緒に飲みにいきましょうよ、ね！

いいわねえ。もちろんロバートのおごりでね。

わかった、わかったから袖を引っ張るな。うっとうしい！

ひゃっほう。

まとめ

- モダンSQLでは検索に限らず更新においてもSET句でのウィンドウ関数や行式の利用など便利な機能が使えるようになってきた
- ただSQLは更新機能についての標準化が遅れており、便利な機能が実装依存で使えないことがあるので注意が必要
- それでもCTASのように構文が違うだけで同等の機能が実装されていることも多いので、マニュアルをよくチェックすること

SQL七不思議

本書ではこれまでにSQL七不思議を2つ(「COUNT(*)はNULLも数える」「NULLと空文字が混同されがち」)紹介しましたが、残りの5つも紹介しましょう。なお「SQL七不思議」というのは著者が勝手にそう呼んでいるだけで、一般的にこういう分類があるわけではありません。

全称量化子に対応する述語が存在しない

SQLは述語論理における存在量化子(∃)に対応するEXISTS述語は導入しましたが、それと対になる全称量化子(∀)に相当する述語を導入しませんでした。そのためSQLでは「すべての行について〜」という条件を記述するためにわざわざ二重否定「〜でないような行は一行も存在しない」を使って表現しなければなりません(あるいは本文で見たようにHAVING句で代用するかです)。なぜSQLが全称量化子を導入しなかったのかは、今となっては歴史の謎としか言いようがありませんが、おかげでかなり使い勝手が悪くなっています。今からでも遅くないので標準SQLに導入してもらいたいものです。

ORDER BY句における列の位置番号による呼び出しができる

以下のようなSELECT文があるとします。

```
SELECT col_1, col_2, col_3
  FROM SomeTable
 ORDER BY col_1, col_2
```

このSELECT文のORDER BY句は、次のように列の位置番号によって記述することもできます。

```
SELECT col_1, col_2, col_3
  FROM SomeTable
 ORDER BY 1, 2
```

これは一見すると便利な機能に見えるかもしれませんし、実際、使い捨てのクエリで使用する分には害はないのですが、システムの中で長く使用されるクエリでは利用しないのが賢明です。理由は、この構文がすでに標準SQLから削除されているため、今後いつ実装からも削除されるかわからないからです。MySQLのマニュアルより引用します。

> [ORDER BY句における] カラム位置の使用は、この構文がSQL標準から削除されたため非推奨です。
>
> ――「MySQL 8.0 リファレンスマニュアル」「13.2.10 SELECT ステートメント」
> https://dev.mysql.com/doc/refman/8.0/ja/select.html

なぜこの一見すると便利に見える機能が忌避されているかというと、位置による呼び出しというのは抽象度が低く、添え字による配列へのアクセスと同類だと思われているからです。SQLは何にせよこういう可読性を下げる低レベルの表現を嫌います（じゃあ何でこの機能が標準SQLに入ってたんだという話にもなりますが、そこはそれ）。

SELECT文はFROM句から書き始めるべきか

SQLは英語に似せた構文をとっているため、自然に人間が理解しやすいという利点がある反面、そのせいで逆に書きづらいことになっているという批判を繰り返し浴びてきました。特に批判の対象となるのが、SELECT文の構文が必ずしも思考の順序と一致していないという点です。具体的に言うと、一番初めに考えはじめるのはデータのソースを記述するFROM句のはずなのに、構文上SELECT句が最初に来なければならないのは書きにくいのではないかと言われてきました。

この議論はもう何十年にわたって堂々めぐりを繰り返していて、長い「歴史」（？）があります。以下のポストは2011年のものですが、著者はもっと古いソースを見た記憶があります。

- 「Shouldn't FROM come before SELECT in Sql?」
  https://stackoverflow.com/questions/5074044/shouldnt-from-come-before-select-in-sql

この議論には一理あり、著者も複雑なクエリを考える際はまずFROM句から書き始めるようにしています。**SELECT句を考えるのは最後でいい**のです。また、実際にFROM句を最初に持ってくるような構文を持つMicrosoft社のLINQのような言語もあります(**リスト10-a**)。

リスト10-a **LINQではFROM句が最初に記述される**

```
IEnumerable highScoresQuery =
    from score in scores
    where score > 80
    orderby score descending
    select score;
```

※「統合言語クエリ(LINQ) クエリ式の基本」より引用[注a]

このようにこの話題は可燃性が高く定期的に再燃を繰り返すのですが、SQLが今から構文の仕様を変更することは考えづらいので、書く側が「難しいクエリはFROM句から考え始める」というTipsとして覚えておくという対処をするしかありません。

SELECT句で一件もヒットしない場合でも実は空集合が返されている

SELECT文でWHERE句の指定条件を間違えた場合など、一件も結果が返ってこないことがあります(**リスト10-b**)。そういう場合私たちは、「結果が返ってこなかった」と思いがちです。実際、目に見える結果は何も返って来ていないのですから。しかし、実はこの場合でもSELECT文は結果を返しているのです。それは「空集合」(Empty Set)という一件も要素を含まない集合です。実際、MySQLではこういうケースに「空集合が返却された」というメッセージが表示されます(**図10-a**)。

リスト10-b **微妙にWHERE句の条件を間違えたSQL文**

```
SELECT *
  FROM City
 WHERE name = "Tokio";
```

図10-a **実行結果(MySQL)**

```
Empty set
```

この「一行も結果を返さない」ことと「空集合を結果として返す」ことは、同じように見えて実は重大な違いが存在します。それは、後者のほうはいつどんな場合でもSELECT文の結果は集合であることが保証されるため、**閉包性**という性質を持つことができるのです。閉包性とは、演算の結果が

注a https://learn.microsoft.com/ja-jp/dotnet/csharp/linq/get-started/query-expression-basics

ある値の集合に収まることを保証する性質です。たとえば整数の足し算は必ず結果が整数になるため、整数に対して閉包性を持つ演算になっています。反対に、整数の割り算は整数に対する閉包性を持ちません。SQLではこの閉包性のおかげで、サブクエリというSELECT文の結果を別のSELECT文の入力に取る技術が可能になっています(FROM句に記述できるのは、なんらかの集合——関係である必要があります)。一見すると大した違いがないように見えることの間にも、意外に重要な含意があるのです。

なぜGROUP BY句とPARTITION BY句があるのか

集計を行いたいときにGROUP BY句を使うのは皆さんもよくご存じだと思います。また、ウィンドウ関数のなかでテーブルをサブ集合にカットしたいときにPARTITION BY句を使うのだということも、本書を通じて学んできたと思います。

ところで、このPARTITION BY句というのは必要だったのでしょうか。同じような機能なんだからウィンドウ関数の方もGROUP BYと書けばよかったのではないでしょうか。やっていることはほとんど同じなのですから。今さら言っても始まらないと言われればそれまでですが、ときどき疑問に思う人がいるのです。

著者としては、別にそれでも良かったんじゃないかと思っています。ただ、GROUP BY句とPARTITION BY句の間には、微妙ですが**機能に差異がある**ため違うボキャブラリーがあてられたのではないでしょうか。その違いとは、GROUP BY句がレコードを集約するため基本的に結果の行数が減るのに対して、PARTITION BY句にはその機能がないため**結果の行数が減らない**ことです。よく部屋を仕切る簡易的な板のことを「パーティション」と呼びますが、まさにPARTITION BY句は「パーティションでテーブルを区切る」だけの機能しか持っていないのです。GROUPとPARTITIONの英語における微妙なニュアンスの違いは著者にはわかりませんが、違う語彙(ごい)が使われた理由はまあそんなところにあるのではないかと思います。

演習問題

解答407ページ

演習10-1

次のような社員の給料を管理するテーブルSalary(**リスト10-18**)があります。今人事部の意向によって現在の給料が20万以下の社員は1.5倍にアップし、30万以上の社員は0.8倍にダウンさせたいとします。これを実現する更新SQL文を考えてください。

リスト10-18 **給料テーブル**

```
CREATE TABLE Salary
(emp_name  VARCHAR(32) NOT NULL PRIMARY KEY,
 salary    INTEGER NOT NULL);
```

Slary:給料テーブル　emp_name:社員名　salary:給料

Salary

emp_name (社員名)	salary (給料)
トム	200,000
ジョード	150,000
ウルフ	450,000
クロウ	250,000

ヒント:**リスト10-19**のようにUPDATE文を2回実行しても期待する結果にはなりません。トムの給料は30万円にならなければならないのに、1回目のUPDATE文で給料が上がった結果、2回目のUPDATEの対象にもなってしまい、最終的に24万円になってしまうからです。この場合の更新は「一気に」行わなければならないのです。

リスト10-19 **間違った更新**

```
UPDATE Salary
   SET salary = salary * 1.5
 WHERE salary <= 200000;

UPDATE Salary
   SET salary = salary * 0.8
 WHERE salary <= 300000;
```

この問題は拙著『達人に学ぶSQL徹底指南書 第2版』(翔泳社、2018年)第1章「CASE式のススメ」より改変して借りました。

演習10-2

リスト10-20のような社員の欠勤を管理するテーブルAbsenteeismがあります。このテーブルには社員の欠勤日とその理由と重大度(severity_points)が格納されます。ただし、2日以上連続して休んだ場合は、2日目以降は長期病欠扱いとなり理由によらず罰点が付きません。つまり重大度が0になります。しかし実際のデータではこのルールが守られておらず、2日目以降の欠勤日にも1以上の重大度が設定されています。このようなレコードを見つけ出し、重大度を0に、理由を「長期病欠」に更新してください。

リスト10-20 **欠勤テーブル**

```
CREATE TABLE Absenteeism
(emp_id INTEGER NOT NULL ,
 absent_date DATE NOT NULL,
 reason CHAR (40) NOT NULL ,
 severity_points INTEGER NOT NULL CHECK (severity_points BETWEEN 0 AND 4),
   CONSTRAINT pk_Absenteeism PRIMARY KEY (emp_id, absent_date));
```

Absenteeism: 欠勤テーブル emp_id: 社員ID absent_date: 欠勤日 reason: 理由 severity_points: 重大度

Absenteeism

emp_id (社員ID)	absent_date (欠勤日)	reason (理由)	severity_points (重大度)
1	2024-05-01	ずる	4
1	2024-05-02	病気	2
1	2024-05-03	ずる	2
1	2024-05-05	ケガ	1
1	2024-05-06	病気	3
2	2024-05-01	ずる	4
2	2024-05-03	病気	2
2	2024-05-05	サボリ	2
2	2024-05-06	サボリ	2

更新の結果は**図10-14**のようになります。

図10-14 **欠勤テーブルの更新結果**

```
 emp_id | absent_date |     reason     | severity_points
--------+-------------+----------------+-----------------
      1 | 2024-05-01  | ずる           |               4
      1 | 2024-05-02  | 長期病欠       |               0
      1 | 2024-05-03  | 長期病欠       |               0
      1 | 2024-05-05  | ケガ           |               1
      1 | 2024-05-06  | 長期病欠       |               0
      2 | 2024-05-01  | ずる           |               4
      2 | 2024-05-03  | 病気           |               2
      2 | 2024-05-05  | サボリ         |               2
      2 | 2024-05-06  | 長期病欠       |               0
```

この問題はJ.セルコ著、ミック訳『SQLパズル 第2版』(翔泳社、2007年)「パズル2 欠勤」より借りました。

第11章

ライトスタッフ

正しい資質

ロバート、データベースエンジニアについて語る

(20:00、居酒屋。3人が飲んでいる。だいぶ酒がまわっている)

ういー、いい気分ですよ。専門課程は通ったし、酒がうまい。

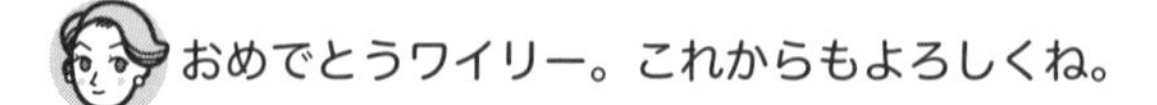
おめでとうワイリー。これからもよろしくね。

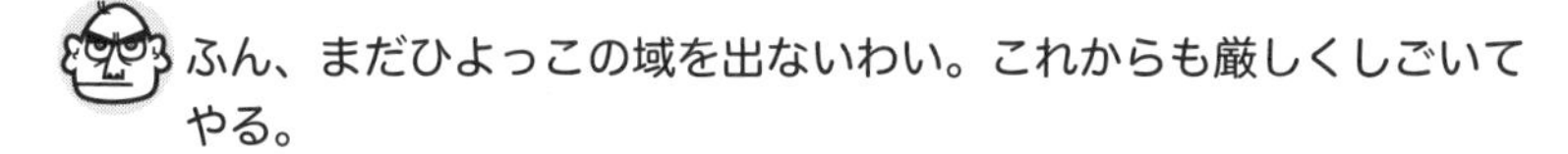
ふん、まだひよっこの域を出ないわい。これからも厳しくしごいてやる。

へへへ、ご指導ご鞭撻のほど。

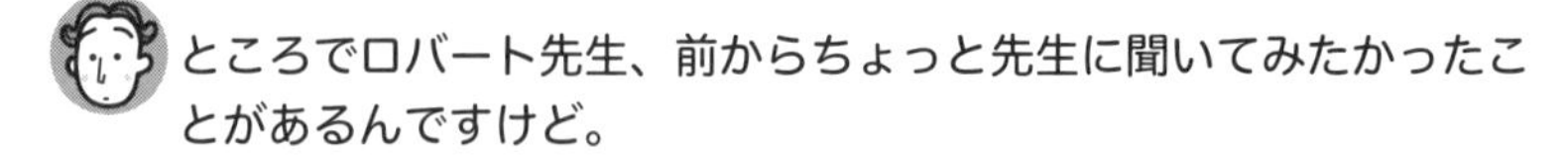
ところでロバート先生、前からちょっと先生に聞いてみたかったことがあるんですけど。

なんだ改まって。

先生はなんで救命医を目指そうと思ったんですか? いや今から目指す僕が言うのも変なもんですけど、仕事は激務だし、重症の患者は多いし、それが次から次にひっきりなしに来るし。あんまりみんな救命医ってやりたがらないじゃないですか。先生ほどの腕があれば外科でも内科でもひっぱりだこでしょうに。

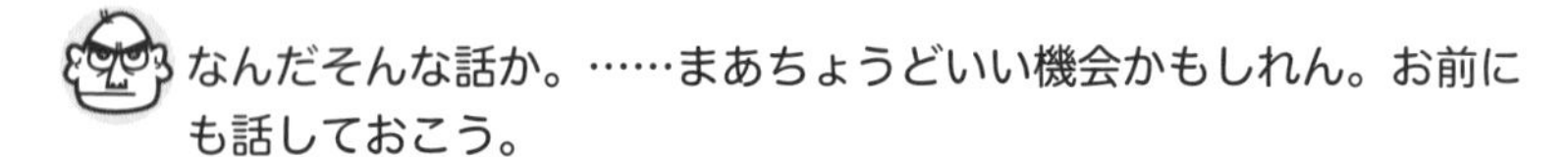
なんだそんな話か。……まあちょうどいい機会かもしれん。お前にも話しておこう。

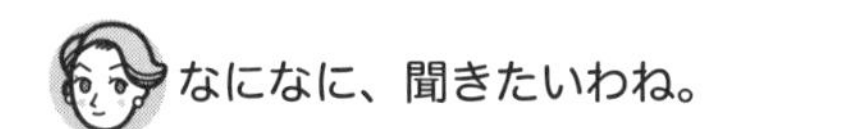
なになに、聞きたいわね。

ワシが救命医をやっているのはな、金のためだ。

へ?

いや、まあその……先生が俗物なのは知ってましたけど、そこまであけすけに言われると、なんというかこう、リアクションに困るというか。

バカ！ そういう意味ではない。はっきり言ってな、救命室に担ぎ込まれる患者の大半は、治療などしなくても金を積んでリソース増強を行えば治ってしまうケースがほとんどなのだ。特にクラウドの隆盛により、データベースのリソース増強を気軽にやれなかった時代と違い、クリック一つでスケールアップやスケールアウトができるようになった。そうすると、人間が頑張ってチューニングするよりリソースを増やして解決しちまったほうが簡単だと考える連中も増えるわけだ。まあいかにもアメリカ万歳って感じのソリューションだよな。細かいこと考えてピーキーなチューニングするよりもジャブジャブのリソースを用意したほうが早いという思想だ。物量作戦だな。そういうやり方を「クラウドネイティブ」っていうんだろ、最近じゃ。ふん。
だがな、ワシはその考え方には賛同できん。理由は、結局そのほうが全体的なコストは高くなってしまうことが多いからだ。クラウドもタダではない。リソースを増やすほどコストは跳ね上がっていく。思考停止の代償は安くない。クラウドベンダーはそのほうが都合がいいだろうが、それが長期的に見て患者のためになるかというと、大いに疑問だ。
エンジニアの中には、金のことなどそっちのけで技術的なことにしか関心を持たなかったり、逆にコスト度外視でとにかく速くなればいいとばかりにジャブジャブにリソースに金をつぎ込んだりする輩もいる。なあワイリー、ワシはそんな連中のまねはしたくないし、お前にもそうはなってほしくないのだ。パフォーマンスというのは金からは遠い領域と思われて軽視されていることもあるが、けっしてそんなことはない。速さとはシステムの価値を最大限に引き出すためのエンジンだ。
ここに来る患者の中には、なけなしの金をはたいて何とかしてほしいと最後の望みを託してくる人々もいる。そういう進退窮まった人々に本当に必要な最適解を見つけてあげられるエンジニアになってほしいのだ。考えた結果、リソース増強が最適というケースもあるだろうよ。緊急避難的にスケールアップ・スケールアウトの必要に迫られるケースもあるだろう。それならそれでかまわんさ。とにかく、安易にたやすき道に流れてほしくないだけだ。ワシが一貫してパフォーマンスにこだわってきたのは、オンプレミスだろうがクラウドだろうが、それが最終的に金に、言い換えればシステムの価値の最大化に直結するからだ。エンジニアにとっての正しい資質は金へのこだわりだというのは、そういう意味だ。

(感心しながら)先生、お酒が入ったほうがまともなこと言うんですね。

(感心しながら)今度からオペのときも飲めば。

ワシの話聞いてたのか、お前ら！

いや、ちゃんと聞いてましたよ。正直、ちょっと感動しちゃいましたもん。とにかくリソースつぎ込んで解決すればいいやって考えてるやつは僕の友人にもいますよ。何かあるとすぐにオンメモリ！ パラレルクエリ！ スケールアウト！ ってのが口癖の奴、クラスに何人かはいるもんですよ。むしろそういうのがイケてるスマートなやり方だと思ってるんです。

お金の問題はエンジニアにとっては必修科目よね。特に最近はクラウド系のデータベースで**従量制**が流行っているから、クエリのコストがそのままダイレクトに費用に跳ね返ってくるようになって、昔よりはるかにSQLの最適化は重要になってきている。クラウドでデータベースのリソースを増やすと非線形にコストが増えていくという例もあるわ[注1]。RedshiftやSnowflakeにBigQueryなどクラウド系データベースは、便利ではあるけど、費用対効果は慎重に検討しなければならないわね。

へー、クラウドって日進月歩でいいことずくめかと思ってました。意外に欠点もあるんですね。

いや、クラウドがダメというわけではない。ただ銀の弾丸はここにもなかったってだけの話さ。IT業界じゃいつものことだ。クラウド

注1　「Snowflakeの意外なデメリット４つと解決方法」
https://cloud.nissho-ele.co.jp/blog/snowflake-vs-databricks/

を使っておけば何でもうまくいくという考えは捨てることだ[注2]。

AI時代のデータベースエンジニア

AIについてはどうお考えですか？ いずれAIがSQLをいい感じに書いてくれるようになるんでしょうか？

その可能性はあるかもな。自然言語からSQL文を生成しようという試みは昔から行われてきたが、正直今まで成果はかんばしくなかった。成功を収めたのは、むしろBIツールでグラフィカルにデータ操作を行うほうだ。TableauやQlikの洗練されたダッシュボードを見ると、1990年代の貧弱なBIツールを知ってるオジサンとしては感心しちまうよ。
だが最近、生成AIの隆盛を受けて事情が変わり始めた。Snowflakeは自然言語クエリジェネレータCopilotを公開したし、Amazonは生成AIをSQLに応用したAmazon Q generative SQLを公表した。Googleも自然言語をクエリに変換するGemini in BigQueryをプレビューにしたところだ[注3]。AIがクエリのリライトを行うという試みまで行われている[注4]。こうした取り組みがうまくいくかどうかでこの先10年の動向が決まるだろうな。AIが複雑な要件についてパ

注2　「楽天やメタで「クラウド離れ」がひそかに進行中！DX強者が気付いた“逆転の発想”とは？」
https://diamond.jp/articles/-/321282

注3　・「AIを活用した画期的なSQLアシスタント」
https://www.snowflake.com/blog/copilot-ai-powered-sql-assistant/?lang=ja
・「Amazon Q の生成系 SQL が Amazon Redshift クエリエディタで利用可能に（プレビュー版）」
https://aws.amazon.com/jp/about-aws/whats-new/2023/11/amazon-redshift-generative-sql-query-editor-preview/
・「Gemini で Google Cloud を強化」
https://cloud.google.com/blog/ja/products/ai-machine-learning/gemini-for-google-cloud-is-here?hl=ja

注4　「LLMでSnowflakeのSQLを最適化、クラウド費用を最大8割削減するEspresso AIが登場——シードで1,100万米ドル調達も」
https://thebridge.jp/2024/05/espresso-ai-emerges-from-stealth-with-11m-to-tackle-the-cloud-cost-crisis

フォーマンスまで考慮したクエリを生成できるようになったら、本当の革命が起きるかもしれん。そうすれば我々のような救命医はみな失業さ。まあそれは全体として見ればいいことなんだがな。(グラスを空けながら)救命医なんて、消防や警察と同じで、必要なければないほうがいい職業なのさ……。

すいません、なんかしんみりしちゃいましたね。

ん？ ワシは別に悲観しているわけではないぞ。そのときにはそのときにふさわしい仕事があるだろうよ。いつまでも人が馬車に乗っておったらタクシードライバーは存在していなかっただろうからな。コンピュータだって登場したころは人間の仕事を奪うと恐れられていたが、結果的にはワシらのようなエンジニア職を大量に創出した。もしAIがSQLを書くようになったら、マーケターやアナリスト、コンサルタントの負担は大きく軽減され、そうした人々の仕事は今とは比べ物にならないくらいハイレベルなものになるだろう。システムなんてな、ユーザーが意識せずに済むならそれにこしたことはないのさ。「フリクションレスなUX」ってやつだ。

SQLにこだわりがあるかと思っていたら、意外に醒めてるのね。

SQLはもちろん愛着のある言語だ。30年近く付き合ってきたわけだからな。ワシより深く知っている者もそうおるまい。だが新しい時代の要求に応えるのもまた、エンジニアとしての正しい資質だろう。SQLもそのようにして劇的に姿を変えることで時代の要求に対応してきたわけだからな。もしかすると、10年後のSQLはワシらが今見ているものとはまったく異なる言語になっているかもしれん。CASE式やウィンドウ関数がSQLを以前とはまったく違う言語に変えてしまったようにな。いや、もはやそのときは人がSQLを操作することもなくなっているかもしれない。母国語を話すようにデータを操るというコッドの夢が、何十年かごしに実現するかもしれん。

そんなときが来たら私は美容外科にでも行こうかしら。子どもも欲しいし、救命室は給料はいいけど忙しいから体力のあるうちじゃないとできないしね。

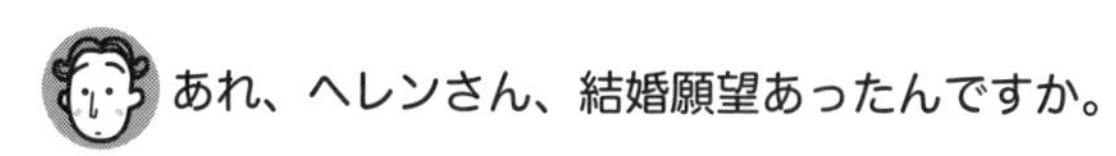

あれ、ヘレンさん、結婚願望あったんですか。

何よ、私が結婚したらいけないわけ？

いやいけないってことはないですけどずっとバリキャリのまま行くのかなって。なんとなくイメージで。

バリキャリだって結婚もすれば子どもも産むわよ。

そ、そうだったのか。初耳だ。

だいたい、今の救命室の体制が逼迫してるのもあなたが誰でも彼でも患者を引き受けるからでしょうが。

そ、それはしかたないだろう。急患を受け入れないわけにはいかない。ほかに行き場のない者たちも多い。

断ればいいじゃない。それこそリソースでも増やしとけって言って。

こ、怖い……

（ヒソヒソ……ヘレンさんって飲むといつもこんな感じなんですか）

（ヒソヒソ……酒が入ると怖くなるんだ。これがなきゃモテるんだがな）

何コソコソ話してるのよっ！

な、何でもありません！

次の店行くわよ！

はい！

（こうしてグダグダになった飲み会は3次会まで続き3人とも翌日寝坊したのであった）

SQL緊急救命室　完

第12章 演習問題の解答

序章

解答0-1

解答は**リスト12-1**のとおりです。

リスト12-1 **Oracle、SQL Server、Db2の解答**

```
UPDATE City
   SET city = CASE WHEN city = 'New York'   THEN 'Los Angels'
                   WHEN city = 'Los Angels' THEN 'New York'
                   ELSE NULL END
 WHERE city IN ('New York', 'Los Angels');
```

本文中の考え方と同じで、city列の値をCASE式でくるっと入れ替えてやることができます。ただし、このクエリはPostgreSQLやMySQLでは動きません。**図12-1**のように主キーの一意制約違反となります。

図12-1 **PostgreSQLのエラー**

```
ERROR:  重複したキー値は一意性制約"city_pkey"違反となります
DETAIL:  キー (city)=(Los Angels) はすでに存在します。
```

UPDATEの実行中に一時的にLos Angelsという値が2つ存在するようになるため、こうしたエラーが発生してしまいます。本来、一意制約は文の終了時に評価されるべきものなので、これは実装のほうが良くないのですが、それを言っても始まりません。

このエラーを回避するには、主キーの一意制約を遅延制約に変えてやることです(**リスト12-2**)。

リスト12-2 **既存の主キーの一意制約を削除し、遅延制約を付加(PostgreSQL)**

```
ALTER TABLE City DROP CONSTRAINT pk_City;
ALTER TABLE City ADD CONSTRAINT pk_City
  UNIQUE (city) DEFERRABLE INITIALLY DEFERRED;
```

これで制約のチェックはトランザクションの終了時点で行われるように変更され、CASE式を用いたUPDATEが動作するようになります。

なお、MySQLは2024年時点で遅延制約をサポートしていないため、現在のところ、

❶一意制約を削除

❷UPDATE文を実行

❸一意制約を付加

という面倒な手段を取るか、退避用の値を用意するしかありません（**リスト12-3**）。

リスト12-3　**MySQLでの解**

```
ALTER TABLE City DROP PRIMARY KEY;  ← 制約の削除
ALTER TABLE City ADD CONSTRAINT pk_City PRIMARY KEY (city);  ← 制約の付加
```

解答0-2

自分より前に何行存在するかを求めるには、COUNT関数をウィンドウ関数として使うことで可能です。あとはその結果をCASE式のWHEN句に入れれば条件分岐の完成です（**リスト12-4**、**図12-2**）。

リスト12-4　**CASE式で3行未満かどうかで条件分岐**

```
SELECT shop_id,
       sale_date,
       sales_amt,
       CASE WHEN COUNT(*) OVER (PARTITION BY shop_id ORDER BY sale_date) < 3
              THEN NULL
            ELSE ROUND(AVG(sales_amt) OVER (PARTITION BY shop_id
                                                ORDER BY sale_date
                                    ROWS BETWEEN 2 PRECEDING AND CURRENT ROW), 0)
        END AS moving_avg
  FROM SalesIcecream;
```

図12-2　**実行結果**

```
 shop_id | sale_date  | sales_amt | moving_avg
---------+------------+-----------+-----------
 A       | 2024-06-01 |     67800 |            ← 1行しかないのでNULL
 A       | 2024-06-02 |     87000 |            ← 2行しかないのでNULL
 A       | 2024-06-05 |     11300 |      55367
 A       | 2024-06-10 |      9800 |      36033
 A       | 2024-06-15 |      9800 |      10300
 B       | 2024-06-02 |    178000 |            ← 1行しかないのでNULL
 B       | 2024-06-15 |     18800 |            ← 2行しかないのでNULL
 B       | 2024-06-17 |     19850 |      72217
 B       | 2024-06-20 |     23800 |      20817
 B       | 2024-06-21 |     18800 |      20817
 C       | 2024-06-01 |     12500 |            ← 1行しかないのでNULL
```

なお、ウィンドウ関数が2つに増えたことによるパフォーマンス劣化を気にする人がいるかもしれませんが、この2つのウィンドウ関数はORDER BY句のキーが同じなので、実行計画上もソートは1回しか実行されません（**図12-3**、

図12-4)。そのためパフォーマンスにも影響しませんのでご安心ください。

図12-3 **実行計画(PostgreSQL)**

```
                     QUERY PLAN
---------------------------------------------------
 WindowAgg  (cost=1.30..1.77 rows=11 width=45)
   ->  WindowAgg  (cost=1.30..1.52 rows=11 width=21)
         ->  Sort  (cost=1.30..1.33 rows=11 width=13)
               Sort Key: shop_id, sale_date
               ->  Seq Scan on salesicecream
                     (cost=0.00..1.11 rows=11 width=13)
```

図12-4 **実行計画(Oracle)**

```
--------------------------------------------------------------------------------
| Id  | Operation          | Name          | Rows  | Bytes | Cost (%CPU)| Time     |
--------------------------------------------------------------------------------
|   0 | SELECT STATEMENT   |               |     8 |   136 |     3  (34)| 00:00:01 |
|   1 |  WINDOW SORT       |               |     8 |   136 |     3  (34)| 00:00:01 |
|   2 |   TABLE ACCESS FULL| SALESICECREAM |     8 |   136 |     2   (0)| 00:00:01 |
--------------------------------------------------------------------------------
```

実行計画も、見てのとおり、いたってシンプルなままです。美しい……。

第1章

解答1-1

ウィンドウ関数でフレーム句が指定されていない場合、暗黙にRANGE UNBOUNDED PRECEDINGが指定されているとみなされます[注1]。これは、カレント行から行数の指定なく前にさかのぼるということです。そのため、フレーム句を明示せずにLAST_VALUE関数を使うと、常に自分より前の行の中で最大の枝番を探すことになるため、結局、カレント行が最大の枝番になってしまうのです。

この問題に対処するには、フレーム句RANGE BETWEEN CURRENT ROW AND UNBOUNDED FOLLOWINGを追加することで、カレント行よりも後ろの行から枝番の最大値を探すことが可能になります(**リスト12-5**、**図12-5**)。

注1 「PostgreSQL 16.0文書 SQLコマンド SELECT」
https://www.postgresql.jp/document/16/html/sql-select.html

リスト12-5　**解答のクエリ**

```
SELECT *
  FROM (SELECT customer_id, seq, price,
               LAST_VALUE(seq)
                 OVER (PARTITION BY customer_id
                           ORDER BY seq
                       RANGE BETWEEN CURRENT ROW
                                     AND UNBOUNDED FOLLOWING) AS max_seq
          FROM Receipts)
 WHERE seq = max_seq;
```

図12-5　**実行結果**

```
 customer_id | seq | price | max_price
-------------+-----+-------+----------
 A           |   3 |   700 |       700
 B           |  12 |  1000 |      1000
 C           |  70 |    50 |        50
 D           |   3 |  2000 |      2000
```

なお、FIRST_VALUEとLAST_VALUEで特にコスト面での違いはないため、簡潔に書けるFIRST_VALUEを使うことで問題ありません。

解答1-2

考え方はROW_NUMBER関数のときとほとんど同じで、顧客IDでパーティションを区切って、seqの昇順に並べたウィンドウに対して**NTH_VALUE**で3番目の値を指定しています(**リスト12-6**)。

リスト12-6　**n番目の一般化：NTH_VALUE関数**

```
SELECT *
  FROM (SELECT customer_id, seq, price,
               NTH_VALUE(seq, 3) OVER (PARTITION BY customer_id
                                           ORDER BY seq) AS seq_3rd
          FROM Receipts) TMP
 WHERE seq = seq_3rd;
```

解答1-3

解答は**リスト12-7**のとおりです。

リスト12-7　**COALESCE関数を利用した解**

```
SELECT COALESCE(E5.color, E4.color, E3.color, E2.color, E1.color) AS color,
       COALESCE(E5.length, E4.length, E3.length, E2.length,E1.length) AS length,
```

```
       COALESCE(E5.width, E4.width, E3.width, E2.width, E1.width) AS width,
       COALESCE(E5.hgt, E4.hgt, E3.hgt, E2.hgt, E1.hgt) AS hgt
  FROM Elements  E1, Elements  E2, Elements E3, Elements E4, Elements E5
 WHERE E1.lvl = 1
   AND E2.lvl = 2
   AND E3.lvl = 3
   AND E4.lvl = 4
   AND E5.lvl = 5;
```

このクエリはJ.セルコによるものです(J.セルコ著、ミック訳『SQLパズル 第2版』「パズル53 テーブルを列ごとに折りたたむ」)。COALESCE関数は引数で与えられた列の中で最初のNULLではない値を返すため、WHERE句で各lvl列の値を取るように条件を縛ってやって、どのレベルの値がゼロでないかをレベル5から1へ順に調べています。

一見すると結合が多くてパフォーマンスが悪いように見えますが、実行計画を見てみると、インデックスユニークスキャンが行われている(WHERE句で1行に絞り込めていることを意味する)ので、パフォーマンスも良好です(**図12-6、図12-7**)。

図12-6 **実行計画(PostgreSQL)**

```
                                QUERY PLAN
------------------------------------------------------------------------
 Nested Loop  (cost=0.75..40.88 rows=1 width=50)
   ->  Nested Loop  (cost=0.60..32.70 rows=1 width=200)
         ->  Nested Loop  (cost=0.45..24.52 rows=1 width=150)
               ->  Nested Loop  (cost=0.30..16.35 rows=1 width=100)
                     ->  Index Scan using elements_pkey on elements e1
                           (cost=0.15..8.17 rows=1 width=50)
                           Index Cond: (lvl = 1)
                     ->  Index Scan using elements_pkey on elements e2
                           (cost=0.15..8.17 rows=1 width=50)
                           Index Cond: (lvl = 2)
               ->  Index Scan using elements_pkey on elements e3
                     (cost=0.15..8.17 rows=1 width=50)
                     Index Cond: (lvl = 3)
         ->  Index Scan using elements_pkey on elements e4
               (cost=0.15..8.17 rows=1 width=50)
               Index Cond: (lvl = 4)
   ->  Index Scan using elements_pkey on elements e5
         (cost=0.15..8.17 rows=1 width=50)
         Index Cond: (lvl = 5)
```

図12-7　実行計画(Oracle)

```
--------------------------------------------------------------------------------------------
| Id  | Operation                    | Name        | Rows  | Bytes | Cost (%CPU)| Time     |
--------------------------------------------------------------------------------------------
|   0 | SELECT STATEMENT             |             |     1 |   295 |     5   (0)| 00:00:01 |
|   1 |  NESTED LOOPS                |             |     1 |   295 |     5   (0)| 00:00:01 |
|   2 |   NESTED LOOPS               |             |     1 |   236 |     4   (0)| 00:00:01 |
|   3 |    NESTED LOOPS              |             |     1 |   177 |     3   (0)| 00:00:01 |
|   4 |     NESTED LOOPS             |             |     1 |   118 |     2   (0)| 00:00:01 |
|   5 |      TABLE ACCESS BY INDEX ROWID| ELEMENTS    |     1 |    59 |     1   (0)| 00:00:01 |
|*  6 |       INDEX UNIQUE SCAN      | PK_ELEMENTS |     1 |       |     1   (0)| 00:00:01 |
|   7 |      TABLE ACCESS BY INDEX ROWID| ELEMENTS    |     1 |    59 |     1   (0)| 00:00:01 |
|*  8 |       INDEX UNIQUE SCAN      | PK_ELEMENTS |     1 |       |     0   (0)| 00:00:01 |
|   9 |     TABLE ACCESS BY INDEX ROWID | ELEMENTS    |     1 |    59 |     1   (0)| 00:00:01 |
|* 10 |      INDEX UNIQUE SCAN       | PK_ELEMENTS |     1 |       |     0   (0)| 00:00:01 |
|  11 |    TABLE ACCESS BY INDEX ROWID  | ELEMENTS    |     1 |    59 |     1   (0)| 00:00:01 |
|* 12 |     INDEX UNIQUE SCAN        | PK_ELEMENTS |     1 |       |     0   (0)| 00:00:01 |
|  13 |   TABLE ACCESS BY INDEX ROWID   | ELEMENTS    |     1 |    59 |     1   (0)| 00:00:01 |
|* 14 |    INDEX UNIQUE SCAN         | PK_ELEMENTS |     1 |       |     0   (0)| 00:00:01 |
--------------------------------------------------------------------------------------------

Predicate Information (identified by operation id):
---------------------------------------------------

   6 - access("E5"."LVL"=5)
   8 - access("E4"."LVL"=4)
  10 - access("E3"."LVL"=3)
  12 - access("E2"."LVL"=2)
  14 - access("E1"."LVL"=1)
```

これもなかなかに見事な解と言うべきでしょう。

第2章

解答2-1

テーブルのマッチング：IN述語の利用

まず考えられるのが、CASE式の中でIN述語を使ってスカラサブクエリを作る方法です。

```
SELECT course_name,
       CASE WHEN course_id IN
                  (SELECT course_id FROM OpenCourses
                    WHERE month = '201806') THEN '○'
```

```
         ELSE '×' END AS "6 月",
     CASE WHEN course_id IN
                  (SELECT course_id FROM OpenCourses
                    WHERE month = '201807') THEN '○'
         ELSE '×' END AS "7 月",
     CASE WHEN course_id IN
                  (SELECT course_id FROM OpenCourses
                    WHERE month = '201808') THEN '○'
         ELSE '×' END AS "8 月"
  FROM CourseMaster;
```

このクエリはサブクエリを使っていますが、相関サブクエリではない単純クエリなので理解しやすくパフォーマンスも悪くないのが利点です。他方、OpenCoursesに3回アクセスせねばならないのが高コストに見えるかもしれませんが、実際にはWHERE句で主キーの一部であるmonth列を使って条件指定しているので、データ量が増えても必ず一意検索になることが期待できるので、パフォーマンスは心配ありません。

このことは、Oracleでの実行計画を見るとはっきりします(**図12-8**)。

図12-8 **IN述語の実行計画(Oracle)**

```
------------------------------------------------------------------------------------
| Id  | Operation         | Name           | Rows  | Bytes | Cost (%CPU)| Time     |
------------------------------------------------------------------------------------
|   0 | SELECT STATEMENT  |                |     4 |    60 |    11   (0)| 00:00:01 |
|*  1 |  INDEX UNIQUE SCAN| PK_OPENCOURSES |     1 |    21 |     1   (0)| 00:00:01 |
|*  2 |  INDEX UNIQUE SCAN| PK_OPENCOURSES |     1 |    21 |     1   (0)| 00:00:01 |
|*  3 |  INDEX UNIQUE SCAN| PK_OPENCOURSES |     1 |    21 |     1   (0)| 00:00:01 |
|   4 |  TABLE ACCESS FULL| COURSEMASTER   |     4 |    60 |     2   (0)| 00:00:01 |
------------------------------------------------------------------------------------

Predicate Information (identified by operation id):
---------------------------------------------------

   1 - access("MONTH"='201806' AND "COURSE_ID"=:B1)
   2 - access("MONTH"='201807' AND "COURSE_ID"=:B1)
   3 - access("MONTH"='201808' AND "COURSE_ID"=:B1)
```

主キーのインデックスを使って1行に絞り込むINDEX UNIQUE SCANが行われていることが確認できます。

テーブルのマッチング:EXISTS述語の利用

IN述語の代わりにEXISTS述語を使って条件を作ることもできます。

```
SELECT CM.course_name,
```

```
      CASE WHEN EXISTS
                (SELECT course_id FROM OpenCourses OC
                  WHERE month = '201806'
                    AND OC.course_id = CM.course_id) THEN '○'
           ELSE '×' END AS "6 月",
      CASE WHEN EXISTS
                (SELECT course_id FROM OpenCourses OC
                  WHERE month = '201807'
                    AND OC.course_id = CM.course_id) THEN '○'
           ELSE '×' END AS "7 月",
      CASE WHEN EXISTS
                (SELECT course_id FROM OpenCourses OC
                  WHERE month = '201808'
                    AND OC.course_id = CM.course_id) THEN '○'
           ELSE '×' END AS "8 月"
  FROM CourseMaster CM;
```

この場合の実行計画は、IN述語を使ったときと同じでINDEX UNIQUE SCANが使われて高速です(**図12-9**)。

図12-9 **EXISTS述語の実行計画**

```
---------------------------------------------------------------------------------
| Id  | Operation          | Name           | Rows  | Bytes | Cost (%CPU)| Time     |
---------------------------------------------------------------------------------
|   0 | SELECT STATEMENT   |                |     4 |    60 |     2   (0)| 00:00:01 |
|*  1 |  INDEX UNIQUE SCAN| PK_OPENCOURSES |     1 |    10 |     0   (0)| 00:00:01 |
|*  2 |  INDEX UNIQUE SCAN| PK_OPENCOURSES |     1 |    10 |     0   (0)| 00:00:01 |
|*  3 |  INDEX UNIQUE SCAN| PK_OPENCOURSES |     1 |    10 |     0   (0)| 00:00:01 |
|   4 |  TABLE ACCESS FULL| COURSEMASTER   |     4 |    60 |     2   (0)| 00:00:01 |
---------------------------------------------------------------------------------

Predicate Information (identified by operation id):
---------------------------------------------------

   1 - access("MONTH"='201806' AND "OC"."COURSE_ID"=:B1)
   2 - access("MONTH"='201807' AND "OC"."COURSE_ID"=:B1)
   3 - access("MONTH"='201808' AND "OC"."COURSE_ID"=:B1)
```

解答2-2

`RacingResults2`テーブルを前提とする場合は、`prize`(着順)の値によって0/1フラグをCASE式で作ってやれば簡単に条件分岐できます。あとはそれをSUM関数で集計するだけです。これが序章でも見た行持ちから列持ちへの変換(ピボット)であることに気付いたでしょうか(**リスト12-8**)。

リスト12-8　CASE式によるピボット

```
SELECT horse_name,
       SUM(CASE WHEN prize = 1 THEN 1 ELSE 0 END) AS prize_1,
       SUM(CASE WHEN prize = 2 THEN 1 ELSE 0 END) AS prize_2,
       SUM(CASE WHEN prize = 3 THEN 1 ELSE 0 END) AS prize_3
  FROM RacingResults2
GROUP BY horse_name;
```

実行計画も簡単明瞭、実にシンプルです（**図12-10**、**図12-11**）。美しい……。

図12-10　CASE式の実行計画（PostgreSQL）

```
                              QUERY PLAN
--------------------------------------------------------------------------
 HashAggregate  (cost=24.02..26.02 rows=200 width=148)
   Group Key: horse_name
   ->  Seq Scan on racingresults2  (cost=0.00..15.10 rows=510 width=128)
```

図12-11　CASE式の実行計画（Oracle）

```
-------------------------------------------------------------------------------
| Id  | Operation          | Name           | Rows  | Bytes | Cost (%CPU)| Time     |
-------------------------------------------------------------------------------
|   0 | SELECT STATEMENT   |                |    11 |   374 |     3  (34)| 00:00:01 |
|   1 |  HASH GROUP BY     |                |    11 |   374 |     3  (34)| 00:00:01 |
|   2 |   TABLE ACCESS FULL| RACINGRESULTS2 |    18 |   612 |     2   (0)| 00:00:01 |
-------------------------------------------------------------------------------
```

第3章

解答3-1

Oracleにおけるサポート状況

Oracleのパラレルクエリは Enterprise Edition で利用可能です（Standard Edition では不可）。データの取得を複数プロセスで並列的に処理する機能で、マルチコアを搭載するサーバでは、複数のCPUコアを使って処理を並列化させます（現在では基本的にサーバのCPUはマルチコアです）。

パラレルクエリを有効化する方法はパラメータをONにしたりセッション単位で変更したりいろいろありますが、一般的なのはヒント句を使ってSQL単位でパラレル化してやる方法です。以下のようなヒント句の構文によって有効化できます。

```
SELECT /*+ PARALLEL(<並列度>) */ <列名> FROM <テーブル名> ... ;
```

参考：VLDBおよびパーティショニング・ガイド
https://docs.oracle.com/cd/F19136_01/vldbg/degree-parallel.html

Standard Editionではパラレルクエリは利用できませんが、DBMS_PARALLEL_EXECUTEパッケージを利用してある程度代替することも可能です。

参考：DBMS_PARALLEL_EXECUTE（マニュアル）
https://docs.oracle.com/en/database/oracle/oracle-database/21/arpls/DBMS_PARALLEL_EXECUTE.html

SQL Serverにおけるサポート状況

max degree of parallelism（MAXDOP）サーバ構成オプションを構成することによってパラレルクエリを使用できます。

参考：max degree of parallelism（サーバー構成オプション）の構成
https://learn.microsoft.com/ja-jp/sql/database-engine/configure-windows/configure-the-max-degree-of-parallelism-server-configuration-option?view=sql-server-ver16

Db2におけるサポート状況

max_querydegreeというパラメータを使って最大並列度を設定します。

参考：max_querydegree - Maximum query degree of parallelism configuration parameter
https://www.ibm.com/docs/en/db2/11.5?topic=parameters-max-querydegree-maximum-query-degree-parallelism

PostgreSQLにおけるサポート状況

max_parallel_workers_per_gatherというパラメータを使って最大並列度を設定します。

参考：PostgreSQL 15.4文書 パート II. SQL言語 第15章 パラレルクエリ
https://www.postgresql.jp/document/15/html/parallel-query.html

MySQLにおけるサポート状況

8.0.14以降で追加されたパラメータ`innodb_parallel_read_threads`で並列度を設定します。2024年時点ではまだごく一部のSQL文のみが並列化の対象となります。

参考：MySQL道普請便り 第192回 MySQLのパラレル操作について
`https://gihyo.jp/article/2023/03/mysql-rcn0192`

パラレルクエリは、リソース(主にCPUコアとストレージの帯域)が潤沢にある環境では簡単にクエリの性能向上を図ることのできる優れたチューニング手段です。あまり難しいことを考えずにクエリのパフォーマンスを改善できます。また、DBMS側の機能であるため、クエリやアプリケーションのコードにほとんど修正が必要ないという利点があります(アプリケーション側でパラレル実行に改修するにはかなり大規模な変更が必要になります)。しかしあまり使いすぎるとリソース限界に突き当たってしまい、逆にデータベース全体の処理遅延を引き起こす**諸刃の剣**であることは忘れないでください。

解答3-2

パーティションは日付や年などデータの値に基づいてデータを物理的に分割することで、SQL文でアクセスするデータ量を減らすというチューニング手段です。これもSQL文やアプリケーションに一切変更を行わずに性能向上を図れる非常に優れたパフォーマンス向上の手段です。ただし、DBMSによっては使えるエディションが限られていたりするので注意が必要です。

パーティションには、以下のような種類があります。

- レンジパーティション
  値の範囲に応じてデータをパーティションに振り分ける。売上月や年度といった順序を持つデータを特定の範囲に分割する。特に時系列の属性をキーにする場合に有効
- リストパーティション
  レンジパーティションと考え方はほぼ同じだが、商品コードや疾病コード、都道府県コードのように、離散的な値に対してデータを特定の範囲に分割する。値が連続的でない場合も設定可能なのが利点
- ハッシュパーティション
  キーとなる列の値に従ってデータを分散配置する。キーの一意性が高ければパーティションサイズがほぼ均等になるというメリットがある(裏を返すと、レンジパーティションやリストパーティションは、パーティションごとにデ

ータの偏りが出る可能性がある)。顧客番号や口座IDのようにカーディナリティ(値の分散度)が高いキーに有効

DBMSごとのパーティションのサポート状況は以下のとおりです。

- Oracle[注2]

  Oracleのパーティションは Enterprise Edition で利用可能。表や索引をキーによって物理的に分割してやる機能で、WHERE句で指定される条件でキー列が使われた場合にストレージへのアクセス量を減らすことができる。値の範囲でデータを分割するレンジ・パーティションや値のリストに基づいてデータを分割するリスト・パーティション、カーディナリティの高い列に設定するハッシュパーティションが利用できる

- SQL Server[注3]

  SQL Serverでもパーティションがサポートされているが、SQL Serverの場合はデータを格納するファイルを分割するというかなり物理レベルに近いところまでユーザーに見せる機能となっている

- Db2[注4]

  Db2のパーティションは使い勝手がOracleと似ていて、CREATE TABLE文のPARTITION BY節で指定されたキーの値に基づいてデータを物理的に分割する

- PostgreSQL[注5]

  PostgreSQLのパーティションも、レンジパーティション、リストパーティション、ハッシュパーティションの3つ。PostgreSQLのパーティション化テーブルの実装方法は独特で、パーティションごとに分割された子テーブルまで作成してやる必要がある。これは少し抽象度の低い実装方法である(昔はテーブルの継承を使って実装されていたが、今ではこれを利用する機会はないと思われる)

注2 参考:「Oracle Partitioning」
https://www.oracle.com/jp/database/technologies/datawarehouse-bigdata/partitioning.html

注3 参考:「パーティション テーブルとパーティション インデックス」
https://learn.microsoft.com/ja-jp/sql/relational-databases/partitions/partitioned-tables-and-indexes

注4 参考:「パーティション表」
https://www.ibm.com/docs/ja/db2/11.5?topic=schemes-partitioned-tables

注5 参考:「PostgreSQL 16.0文書」「第5章 データ定義」「5.11. テーブルのパーティショニング」
https://www.postgresql.jp/document/16/html/ddl-partitioning.html

- MySQL[注6]
  MySQLもレンジ、リスト、ハッシュのパーティショニングが可能

パーティションを使う際の注意点は以下のとおりです。

- WHERE句でパーティションキーを検索条件に指定しないと意味がない
  パーティションは、特定のキーによってデータの物理配置を決める。そのため、WHERE句でパーティションキーが指定されないと結局すべてのデータを読み込む必要があり、パーティションを設定した意味がない（それでクエリが遅くなるということもないが、単に恩恵を受けられない）

- パーティションキーに大きな偏りがないか
  パーティションキーに偏りがあるデータの場合、特定のパーティションにデータが集中することになり、そのパーティションにアクセスする場合だけクエリが遅延することになる。パーティションキーはできるだけ均等にデータを割り振れるものを採用する

- 複数のパーティションを組み合わせることもできる
  「リスト＋レンジ」や「レンジ＋ハッシュ」のような複数の種類のパーティションを組み合わせることもできる。たとえば「レンジ＋ハッシュ」の場合、特定のキーでレンジごとにデータが分割されたあと、さらにハッシュキーでデータが分散される。これを**コンポジット・パーティション**と呼ぶ[注7]。ただしこの機能を利用できるDBMSは2024年現在でOracleとPostgreSQLとMySQLのみ。互換性が気になる場合は利用しないほうがよい

- パーティション数の上限がある
  どのDBMSでもパーティション数に上限が設定されている。たとえばOracleでは100万、SQL Serverでは15,000、MySQLでは8,192、Db2で32,767。PostgreSQLはドキュメントにはっきりした上限数の記述がないが、100程度にとどめることが推奨されている。通常の使い方をしている限り上限にあたる可能性は低いが、もしパーティションキーのカーディナリティが高い場合には注意が必要

注6　参考：「MySQL 8.0 リファレンスマニュアル」「24.1 MySQL のパーティショニングの概要」
https://dev.mysql.com/doc/refman/8.0/ja/partitioning-overview.html

注7　「Oracle Partitioningのメリットを現場エンジニアが解説！～今さら聞けない！？その効果とは～」
https://www.ashisuto.co.jp/db_blog/article/oracle-partitioning.html#oracle-partitioning-3-4

第4章

解答4-1

この部署テーブルの定義では、部署ごとの情報を見ることができません。そこで、**リスト12-9**のようなチェック状態を属性として持つテーブルを作ればよいのです。

リスト12-9　**テーブル定義：部署チェック状態テーブル**

```
CREATE TABLE DptCheck
(department  CHAR(16) NOT NULL,
 check_flag  BOOLEAN      NOT NULL,  /* TRUEならば完了、FALSEなら未完 */
   CONSTRAINT pk_DptCheck PRIMARY KEY (department));
```

最初からこのようなdepartment単位のテーブルが用意されていれば、この問題に頭を悩ませる必要はなかったのです。check_flagの更新は、アプリケーションでもSQLでもできます。HAVING句やウィンドウ関数でこの問題を解くのも華やかで興味深いのですが、モデリングで解決してしまうという根本的な解法もぜひ忘れないでください。

なお、SQL ServerはBOOLEAN型をサポートしていないため、0/1の値を取るBIT型で代用します。またOracle Databaseは23aiで初めて、BOOLEAN型をサポートしたので、今後はBOOLEAN型を使うことができます。それ以前のバージョンではNUMBER(1)にCHECK制約で0か1の値だけを取るようCHECK制約を付与するという方法が取られることが多かったです。

解答4-2

次のようにリージョンテーブルを作成すれば簡単に解けます(**図12-12**)。

```
CREATE TABLE Region
(region_id  INTEGER,
 region     CHAR(32),
   CONSTRAINT pk_Region PRIMARY KEY(region_id));

 CREATE TABLE City
(city   CHAR(32) NOT NULL ,
 population INTEGER NOT NULL,
 region_id INTEGER,
   CONSTRAINT pk_City PRIMARY KEY (city),
   FOREIGN KEY (region_id) REFERENCES Region (region_id));
```

図12-12　都市(City)テーブルに加え地域(Region)テーブルも作る

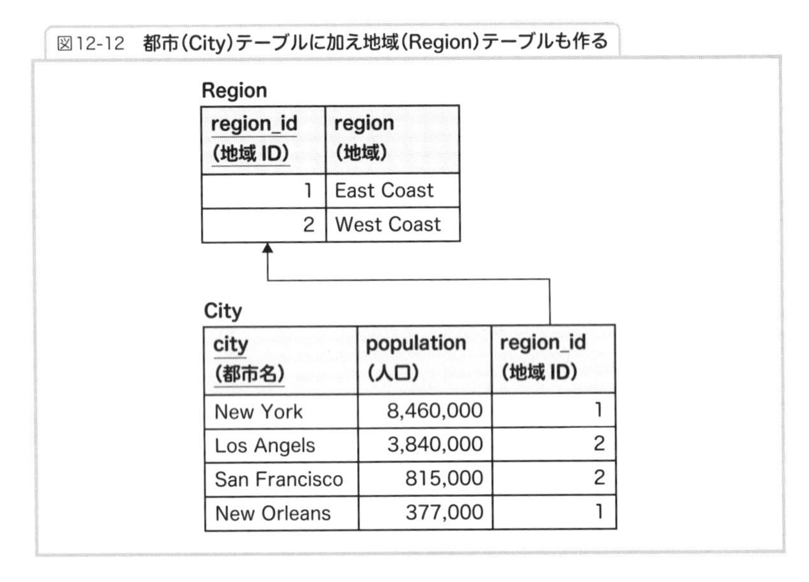

たとえばデータの登録SQL文は以下のようになります。

```
INSERT INTO Region VALUES (1, 'East Coast');
INSERT INTO Region VALUES (2, 'West Coast');

INSERT INTO City VALUES('New York',      8460000,  1);
INSERT INTO City VALUES('Los Angels',    3840000,  2);
INSERT INTO City VALUES('San Francisco',815000,   2);
INSERT INTO City VALUES('New Orleans',  377000,   1);
```

このテーブルを前提とすれば、次のような簡単なクエリで答えを求めることが可能です。region_idでRegionテーブルとCityテーブルを結合する非常にシンプルな解です。

```
SELECT R.region_id, SUM(C.population) AS sum_pop
  FROM Region R INNER JOIN City C
    ON R.region_id = C.region_id
 GROUP BY R.region_id;
```

```
 region_id | sum_pop
-----------+---------
         1 | 8837000
         2 | 4655000
```

もし地域名(region)も結果に含めたければどうすればよいかは、本書をここまで読んだみなさんならすでにご存じと思いますので省略します。

第5章

解答5-1

トリガの主なデメリットは以下のとおりです。

- **ビジネスロジックがアプリケーション側とデータベース側に分断され、可読性が低くなる**
  トリガを使うとアプリケーションエンジニアの知らないところでテーブルに更新が入ることになり、あとあとアプリケーションの仕様書やコードを見ただけではビジネスロジックの全容を見渡すことが難しくなる。知らないうちにテーブルに更新が入っているのを不思議に思って調べてみたら「そこで更新が行われていたのか！」と驚愕することがしばしばある。テストのときにデータフロー全体を追うのも難しくなる

- **構文が実装によってバラバラのためロックイン症候群を引き起こす**
  トリガが標準に入ったのはSQL:1999からだが、それ以前から各DBMSは実装を進めており、構文が統一されていない。そのため互換性もないのが現状。あまりトリガを多用するとマイグレーションのコストが上がることになるので要注意

- **デバッグがしにくい**
  JavaやPythonなど統合開発環境が整備されている言語と違って、トリガの開発環境は非常に貧弱。そのため規模の大きい処理をトリガで実装せねばならない場合などは、コーディングの難易度が非常に高くなる(これはトリガだけでなくストアドプロシージャやストアドファンクション全般に当てはまる)

- **トリガーがエラーになった場合、元のトランザクションもロールバックされる**
  これはトランザクションの一貫性を保つうえではしかたない仕様ではあるが、トリガがエラーになると、発火元となった更新文のトランザクション全体がロールバックされる。しかしこの動作は、発火元のトランザクションのほうは実行に成功しているのにロールバックされているように見えて、混乱の原因となる。また、たかだかロギングに失敗したくらいで業務的に重要なメインの更新のほうまで巻き込んでロールバックされるのは迷惑なケースもある。トリガは特に監査ログや集計列の更新など付随的な機能に使われることが多いため、メインの機能までトリガに引きずられるのは困りもの

トリガに関しては、Oracle社もマニュアルで以下のような注意事項を述べています。データベースベンダーが特定の機能に関してこのようなコメントを行うことは異例ですが、それだけトリガの無秩序な使用による問題が発生しやすいということです。

> トリガーは、データベースのカスタマイズに役立ちますが、必要な場合のみ使用してください。トリガーを過剰に使用すると相互依存関係が複雑になる可能性があり、大規模なアプリケーションでは管理が困難になります。32KBを超えないようにトリガーのサイズを制限します。トリガーが多くのコードの行を必要とする場合、トリガーから起動されるストアド・プロシージャへのビジネス・ロジックの移行を検討してください。
>
> ――「Oracle Database 2日で開発者ガイド 11g リリース1(11.1)」https://docs.oracle.com/cd/E15817_01/appdev.111/e05694/tdddg_triggers.htm

最新版のマニュアルでは該当する記載はありませんが、この警告ともとれる記述は今でも一聴に値します。トリガーの無秩序な使用は厳に慎むべきです。

解答5-2

下記に各DBMSのストアドプロシージャの解説サイトを紹介します。しかし、繰り返しになりますがストアドプロシージャは極力使わないでください。

Oracle

開発者向けのPL/SQL
https://www.oracle.com/jp/database/technologies/appdev/plsql.html

SQL server

Transact-SQL リファレンス (データベース エンジン)
https://learn.microsoft.com/ja-jp/sql/t-sql/language-reference

Db2

ストアード・プロシージャーとしてのアプリケーション・プログラムの使用
https://www.ibm.com/docs/ja/db2-for-zos/12?topic=zos-use-application-program-as-stored-procedure

PostgreSQL

PostgreSQLでストアドプロシージャを使用する
https://www.fujitsu.com/jp/products/software/resources/feature-stories/postgres/article-index/stored-procedure/

MySQL

MySQL 8.0 リファレンスマニュアル「第25章　ストアドオブジェクト」
https://dev.mysql.com/doc/refman/8.0/ja/stored-objects.html

Redshift

Amazon Redshift でのストアドプロシージャの概要
https://docs.aws.amazon.com/ja_jp/redshift/latest/dg/stored-procedure-create.html

BigQuery

SQL ストアド プロシージャを操作する
https://cloud.google.com/bigquery/docs/procedures?hl=ja

どの実装もけっこう真面目にストアドプロシージャをサポートしているのですが、ロバート風に言うなら「どうせ使いどころなどないのにご苦労なことだ」というところです。

第6章

解答6-1

解答はPostgreSQLですが、ほかのDBMSでも結合条件`M2.id > M3.id`を増やす点は同様です（**リスト12-10**）。

リスト12-10　**PostgreSQLでの解**

```
SELECT M1.memo->'name' AS name1,
       M2.memo->'name' AS name2,
       M3.memo->'name' AS name3
  FROM Member M1
    INNER JOIN Member M2
    ON M1.id > M2.id
      INNER JOIN Member M3
      ON M2.id > M3.id
 WHERE M1.memo->>'age' = M2.memo->>'age'
   AND M2.memo->>'age' = M3.memo->>'age';
```

解答6-2

Redshiftでは、配列およびJSONはSUPERというデータ型を使用して格納します。

- SUPER タイプ - Amazon Redshift
  https://docs.aws.amazon.com/ja_jp/redshift/latest/dg/r_SUPER_type.html

JSONに対する関数は以下のようなものが利用可能です。パス要素から参照されるキーと値のペアを値として返すJSON_EXTRACT_PATH_TEXTなどが用意されています。

- JSON関数 - Amazon Redshift
  https://docs.aws.amazon.com/ja_jp/redshift/latest/dg/json-functions.html

BigQueryでは、配列に対してARRAY型を使用できます。

- 配列の操作 - BigQuery
  https://cloud.google.com/bigquery/docs/arrays

配列に対しては長さを調べるARRAY_LENGTH関数や配列の要素を展開するUNNEST関数が用意されています。

BigQueryはJSON型もサポートしています。

- Google SQL での JSONデータの操作
  https://cloud.google.com/bigquery/docs/json-data

解答6-3

現状、OracleとDb2が標準に準拠しているぐらいであとは実装ごとにバラバラです。

OracleとDb2

```
SELECT id,
       LISTAGG(element, ',') WITHIN GROUP (ORDER BY seq) AS csv
  FROM ListElement
 GROUP BY id;
```

MySQL

```
SELECT id,
       GROUP_CONCAT(element ORDER BY seq SEPARATOR ',' ) AS csv
```

```
  FROM ListElement
 GROUP BY id;
```

PostgreSQL

```
SELECT id,
       ARRAY_TO_STRING(ARRAY_AGG(element ORDER BY seq), ',') AS csv
  FROM ListElement
 GROUP BY id;
```

SQL server

```
SELECT id, STRING_AGG(element, ',') WITHIN GROUP (ORDER BY seq) AS
  FROM ListElement
 GROUP BY id;
```

Oracle、MySQL、SQL Serverにはそれぞれ専用の関数が存在しているのでそれを使うだけですが、PostgreSQLにはないので、一度ARRAY_AGG関数で配列を作ってから、ARRAY_TO_STRING関数で配列を文字列型(区切り文字はカンマ)に変換しています。

第7章

解答7-1

開始年度と終了年度によって市町村の有効期間を管理するため、**図12-13**のようなテーブルレイアウトになります。

図12-13 開始終了付き主キー

Municipality

start_year (開始年度)	end_year (終了年度)	muni_code (市町村コード)	muni_name (市町村名)	population (人口)
1990	9999	M000	A市	1,200,000
1990	9999	M001	B市	2,000,000
1990	9999	M002	C町	35,000
1990	9999	M003	D村	2,000

Q市の情報を追加

Municipality

start_year (開始年度)	end_year (終了年度)	muni_code (市町村コード)	muni_name (市町村名)	population (人口)
1990	9999	M000	A市	1,200,000
1990	2024	M001	B市	2,000,000
1990	9999	M002	C町	35,000
1990	9999	M003	D村	2,000
2025	9999	M001	**Q市**	3,000,000

主キーは(開始年度, 市町村コード)で、終了年度を含めていませんが、これは開始年度が決まれば終了年度も決まるため、終了年度をキーに含めるのは冗長だからです。ただ、開始年度と終了年度のペアは検索条件で使う可能性があるので、この2列にインデックスを作っておくのは気が利いているかもしれません。

解答7-2

シーケンスオブジェクトとID列を比較した場合、まず大きな違いが、前者が特定のテーブルに紐付いていないのに対して、後者が特定の一つのテーブルが持つ列として定義されることです。そのため、複数のテーブルで**IDを共有**したい場合には後者は不向きです。また、ID列で払い出された連番は後からUPDATE文によって**更新できない**ケースがあるため(**リスト12-11、リスト12-12、リスト12-13**)[注8]、あとから更新が入る可能性がある場合も、ID列

注8 この動作は正確には実装によって異なり、SQL Serverでは更新不可能ですが、MySQLでは更新可能です。またOracleとPostgreSQL、Db2では、GENERATED **ALWAYS**AS IDENTITYオプションで作成されたID列は更新不可能ですが、GENERATED BY **DEFAULT**AS IDENTITYオプションを指定した場合には更新可能な列となります。このあたりは少し実装ごとに揺らぎがあり複雑な事情になっています。この統一感のなさの原因は、根本的にはID列やシーケンスオブジェクトの標準化がSQL:2003と遅かったからです。

を使うのはリスクがあります。総じて、シーケンスオブジェクトのほうが柔軟性に優れると言ってよいでしょう。シーケンスオブジェクトで採番された数値は、いったんテーブルに格納されてしまえばただの数値として扱うことができます。またシーケンスオブジェクトは、採番の間隔、開始値、最大値、キャッシュの有無、サイクリックに循環するかどうかなど、細かいオプションを指定することもできます。

リスト12-11　**更新不可のID列の定義(Oracle／PostgreSQL／Db2)**

```
CREATE TABLE ID_Table
(key_col INTEGER NOT NULL,
 id_col  INTEGER GENERATED ALWAYS AS IDENTITY);

INSERT INTO ID_Table (key_col) VALUES(1);
INSERT INTO ID_Table (key_col) VALUES(2);
INSERT INTO ID_Table (key_col) VALUES(3);

-- エラーになる
UPDATE ID_Table
   SET id_col = 4
 WHERE id_col = 3;
```

リスト12-12　**更新可能なID列の定義(MySQL)**

```
CREATE TABLE ID_Table
(key_col INTEGER AUTO_INCREMENT PRIMARY KEY);

INSERT INTO ID_Table VALUES();
INSERT INTO ID_Table VALUES();
INSERT INTO ID_Table VALUES();


-- key_col列を3から4に変更する更新文（エラーにならない）
UPDATE ID_Table
   SET key_col = 4
 WHERE key_col = 3;
```

リスト12-13　**更新不可能なID列の定義(SQL Server)**

```
CREATE TABLE ID_Table
(key_col INTEGER IDENTITY PRIMARY KEY,
 col_1   INTEGER NOT NULL);

INSERT INTO ID_Table (col_1) VALUES(1);
INSERT INTO ID_Table (col_1) VALUES(2);
INSERT INTO ID_Table (col_1) VALUES(3);
```

```
-- key_col列を3から4に変更する更新文（エラーになる）
UPDATE ID_Table
   SET key_col = 4
 WHERE key_col = 3;
```

なお、こうした連番機能を使うことによるロックイン症候群を心配した人もいるかもしれません。2024年現在では、主要なDBMSはシーケンスオブジェクトとID列をサポートしているのでそれほど移植性を気にする必要はないのですが(構文上の違いは若干ありますが、それほど多用する機能でもないので改修コストは低いでしょう)、MySQLがシーケンスオブジェクトをサポートしていないのが残念なところです。早期のサポートが望まれます。

また、シーケンスオブジェクトやID列がなかった時代には、**採番テーブル**というものを作ってアプリケーションで連番の払い出しを行っていたのですが、排他制御が難しく重複値を生み出したりI/O競合による性能劣化の原因になったりするので、現在ではこの選択肢はまず採用する局面はありません。結論としては、サロゲートキーとして連番を払い出したいケースにおいては、まずシーケンスオブジェクトが第一選択肢となるでしょう。

解答7-3

データマートは、BI/DWH系のデータベースには必ずと言ってよいほど作られているメジャーなテーブルです。ER上必要な存在ではないためこれを忌避する理論家もいますが、パフォーマンス上の利点が大きいため現実には多くの開発現場で採用されています。

これを実現する手段のうち、一番単純なのは通常のテーブルとして持つ方法です。これのメリットは、実装が簡単なことです。特にエディションやバージョン、実装の違いを意識することなく実現できます。一方、デメリットは実データを持つためストレージ容量を消費すること、更新のための処理を実装する必要があることです。

一方、ビューであれば、実際にはデータを持たないためストレージの消費はゼロです。ただし、データを持たないということはデータマートにアクセスするたびに元のデータテーブルへの複雑なクエリが実行されるため、レポーティングの速度が遅くなります。これではデータマートを作る意義が薄れてしまいます。

マテリアライズド・ビューは、両者の中間のような存在で、ビューとして定義するのですが実際のデータを保持するというテーブルの性格も持っています。リフレッシュコマンドで任意のタイミングでデータマートのデータを最新化することもできます。テーブルとほぼ同様の性格を持つため、主キーやインデックスを設定できるなど、パフォーマンスに配慮した機能を持っています。一方、マテリアライズド・ビューのデメリットは、実装ごとにサポート状況が異なることです。Oracle、SQL Server、Db2、PostgreSQL、Redshift、BigQueryはサポートしていますが、MySQLは2024年時点でサポートしていません。また、更新された一部分のみをリフレッシュする差分リフレッシュ（高速リフレッシュ）の機能は、Oracleはサポートしていますが、ほかのDBMSは2024年時点でまだ実装していません。

解答7-4

リーフノードは部下を持たないノードということですから、それは「名前がboss列に1回も登場しない」という条件として記述できます。すると**リスト12-14**のようなNOT EXISTS述語を使って書くことができます（**図12-14**）。

リスト12-14　**NOT EXISTS述語を使った解答**

```
SELECT emp
  FROM OrgChart O1
 WHERE NOT EXISTS
       (SELECT *
          FROM OrgChart O2
         WHERE O1.emp = O2.boss);
```

図12-14　**実行結果**

```
emp
------
猪狩
加藤
木島
大神
```

解答としてはこれでよいのですが、中にはNOT IN述語を使って**リスト12-15**のように書いた人もいるかもしれません。

リスト12-15　**NOT IN述語による解答（間違い）**

```
SELECT emp
  FROM OrgChart
 WHERE emp NOT IN (SELECT boss FROM OrgChart);
```

このクエリは正しいように見えるのに、結果を1行も返しません。空っぽです。なぜこんなことが起きるのでしょうか？ それは社長である足立氏のboss

列がNULLだからです。NOT IN述語は引数となる集合の中にNULLが一つでも入っていた場合、問答無用で結果が空になるのです。なぜこんな不整合が発生するのかという理由はかなり入り組んでいるので説明は省略しますが、一言でいうとSQLが3値論理を採用してしたことによる代償です。もし興味ある方がいたら拙著『達人に学ぶ SQL徹底指南書 第2版』(翔泳社、2018年)第4章「3値論理とNULL」を読んでみてください。そこまで気にならないという方は、とりあえず、NULLに関わるとロクなことにならないという教訓だけ覚えておいてください。**NULLはSQLの火薬庫**みたいなものなので、不用意に触るとケガをします。

解答7-5

解答は**リスト12-16**のとおりです(**図12-15**)。

リスト12-16 **Oracle以外の答え**

```
WITH RECURSIVE NumberGenerate (num) AS
(SELECT 1 AS num /* 開始点となるクエリ */
 UNION ALL
 SELECT num + 1 AS num /* 再帰的に繰り返されるクエリ */
   FROM NumberGenerate
  WHERE num <= 99)
SELECT num
  FROM NumberGenerate;
```

※OracleとSQL Serverでは1行目のキーワードRECURSIVEを削除してください。

図12-15 **クエリの結果**

```
num
----
  1
  2
  3
  .
  .
  .
  100
```

1を開始点として、再帰的にnum + 1の式を99まで繰り返します。WHERE num <= 99の条件がないと無限ループに陥るので実行時は注意してください。このクエリは、スキーマにまったくテーブルを用意することなく連番を生成できるので便利です。

フィボナッチ数列は**リスト12-17**のような再帰共通表式で生成できます(**図12-16**)。

リスト12-17　**99までのフィボナッチ数列の生成(PostgreSQL、MySQL)**

```
WITH RECURSIVE Fib (a, b) AS
(SELECT 0 AS a, 1 AS b /* 開始点となるクエリ */
 UNION ALL
 SELECT b, a + b /* 再帰的に繰り返されるクエリ */
   FROM Fib
  WHERE b <= 99)
 SELECT a
   FROM Fib;
```

図12-16　**フィボナッチ数列**

```
 a
----
  0
  1
  1
  2
  3
  5
  8
 13
 21
 34
 55
 89
```

例によって、PostgreSQLとMySQL以外で実行する場合はRECURSIVEを削除してください。Oracleではなぜかこのクエリはエラーになって動きません(ORA-32044というエラーが発生します)。

なお、自然数と同じ考え方で連続する日付を生成することもできます(**リスト12-18**)。

リスト12-18　**再帰共通表式で連続する日付を求める(PostgreSQL)**

```
WITH RECURSIVE DateGenerate (cur_date, depth) AS
(SELECT CURRENT_DATE AS cur_date, 1 AS depth /* 開始点となるクエリ */
 UNION ALL
 SELECT cur_date + 1 AS cur_date, depth + 1 AS depth  /* 再帰的に繰り返されるクエリ */
   FROM DateGenerate
  WHERE depth <= 10)
SELECT cur_date
  FROM DateGenerate;
```

現在の日付が2024年1月27日だとすると、**図12-17**のような結果が得られます。きちんと月も切り替わっています。

図12-17 **実行結果**

```
cur_date
-----------
2024-01-27
2024-01-28
2024-01-29
2024-01-30
2024-01-31
2024-02-01
2024-02-02
2024-02-03
2024-02-04
2024-02-05
2024-02-06
```

現在日付を取得する関数や日付の計算を行う関数は実装ごとに微妙に違うので、それぞれの実装ごとにクエリが少し異なります(**リスト12-19**、**リスト12-20**)。

リスト12-19 **再帰共通表式で連続する日付を求める(Oracle)**

```
WITH DateGenerate (cur_date, depth) AS
(SELECT CURRENT_DATE AS cur_date, 1 AS depth /* 開始点となるクエリ */
   FROM DUAL
 UNION ALL
 SELECT cur_date + 1 AS cur_date, depth + 1 AS depth  /* 再帰的に繰り返されるク
エリ */
   FROM DateGenerate
  WHERE depth <= 10)
SELECT cur_date
  FROM DateGenerate;
```

※Oracleではテーブルを必要としない場合も疑似表DUALを使う必要がありましたが、23ai以降は不要となりました。

リスト12-20 **再帰共通表式で連続する日付を求める(MySQL)**

```
WITH RECURSIVE DateGenerate (cur_date, depth) AS
(SELECT CURRENT_DATE AS cur_date, 1 AS depth /* 開始点となるクエリ */
 UNION ALL
 SELECT DATE_ADD(cur_date, INTERVAL 1 DAY) AS cur_date, depth + 1 AS depth  /*
再帰的に繰り返されるクエリ */
   FROM DateGenerate
  WHERE depth <= 10)
SELECT cur_date
```

```
FROM DateGenerate;
```

第8章

解答8-1

解答は**リスト12-21**のとおりです(**図12-18**)。

リスト12-21 **HAVING句による別解**

```
SELECT family_id
  FROM Addresses
 GROUP BY family_id
HAVING COUNT(DISTINCT address) > 1;
```

図12-18 **実行結果**

```
 family_id
-----------
       100
       500
```

DISTINCTで住所の重複をなくしてもなお1よりも大きいということは、家族内で住所が異なるということです。こちらのほうがオーソドックスな考え方だと感じる方もいるかもしれません。著者の周囲では半々という印象です。実行計画は**図12-19**、**図12-20**のとおりで、本文の実行計画とほぼ同じになります。

図12-19 **HAVING句の別解の実行計画(PostgreSQL)**

```
                              QUERY PLAN
-----------------------------------------------------------------------
 GroupAggregate  (cost=1.23..1.36 rows=2 width=4)
   Group Key: family_id
   Filter: (count(DISTINCT address) > 1)
   ->  Sort  (cost=1.23..1.26 rows=9 width=36)
         Sort Key: family_id, address
         ->  Seq Scan on addresses  (cost=0.00..1.09 rows=9 width=36)
```

図12-20 **HAVING句の別解の実行計画(Oracle)**

```
-------------------------------------------------------------------------------
| Id  | Operation          | Name     | Rows  | Bytes | Cost (%CPU)| Time     |
-------------------------------------------------------------------------------
|   0 | SELECT STATEMENT   |          |     9 |   423 |     3  (34)| 00:00:01 |
```

```
|* 1 |  HASH GROUP BY       |           |     9 |   423 |     3  (34)| 00:00:01 |
|   2 |   VIEW              | VM_NWVW_1 |     9 |   423 |     3  (34)| 00:00:01 |
|   3 |    HASH GROUP BY    |           |     9 |   423 |     3  (34)| 00:00:01 |
|   4 |     TABLE ACCESS FULL| ADDRESSES |     9 |   423 |     2   (0)| 00:00:01 |
---------------------------------------------------------------------------------

Predicate Information (identified by operation id):
---------------------------------------------------

   1 - filter(COUNT("$vm_col_1")>1)
```

解答8-2

解答は**リスト12-22**のとおりです(**図12-21**)。

リスト12-22　**NOT EXISTS述語を使った解**

```
SELECT DISTINCT department
  FROM Departments D1
 WHERE NOT EXISTS
        (SELECT *
           FROM Departments D2
          WHERE D1.department = D2.department
            AND D2.check_flag = '未完');
```

図12-21　**実行結果**

```
     department        |       division
-----------------------+-----------------------
 研究開発部            | 基礎理論課
 研究開発部            | 応用技術課
 総務部                | 一課
```

EXISTS述語はSQLの中で唯一、行集合を引数に取る二階の述語です。ウィンドウ関数やHAVING句による解法が一般的になるまでは、SQLで「すべての」を表すためによく用いられていたのですが、そのやり方が少し特殊です。このケースだと「すべての課が完了している」を「終わっていない課が一つもない」という**二重否定**に読み替えているのです。この読み替えがわかりにくいため、ウィンドウ関数が登場して以来、あまり使われなくなりました。しかし、もしかすると昔のコードを改修するときに目にする機会があるかもしれないので、ここで取り上げたしだいです。

なお、NOT EXISTSが相関サブクエリを引数にとっていることでパフォーマンスを不安に思った人もいるかもしれませんが、データ量が増えても`D1.department = D2.department`で主キーのインデックスを利用できるので、結合をしている割にはそれほどパフォーマンスも悪くありません。また、ウィンドウ関数と同じく結果を集約せずヒラで取得できるのも利点です。

EXISTS述語についてもっと深く学んでみたいと思った方は、拙著『達人に学ぶ SQL徹底指南書 第2版』(翔泳社、2018年)第5章「EXISTS述語の使い方」を参照してください。

第9章

解答9-1

求める条件は「連続した3つの座席が**すべて**空席であること」です。SQLにおいて「すべての」を表現するには、少し工夫がいるのでした。覚えているでしょうか？

まず古典的なやり方は、NOT EXISTS述語を使って「連続した3つの座席のうち一つも空席ではない座席は存在しない」という**二重否定**に読み替えてやることです(**リスト12-23**)。

リスト12-23 **人数分の空席を探す：リレーショナル原理主義的な解法**

```
SELECT S1.seat AS start_seat, '～' , S2.seat AS end_seat
  FROM Seats S1, Seats S2
 WHERE S2.seat = S1.seat + (:head_cnt -1) --始点と終点を決める
   AND NOT EXISTS
        (SELECT *
           FROM Seats S3
          WHERE S3.seat BETWEEN S1.seat AND S2.seat
            AND S3.status <> 'E' );
```

:head_cntは座りたい人数を表すホスト言語から渡されるパラメータです。今回は3を代入することになります。

さて、これで求める結果は得られるのですが、問題はパフォーマンスです。Seatsテーブルを3つも使っていることからお察しのとおり、このクエリのパフォーマンスはお世辞にも良いとは言えません。実行計画を見てみましょう(**図12-22、図12-23**)。

図12-22 **リレーショナル原理主義の実行計画(PostgreSQL)**

```
                          QUERY PLAN
--------------------------------------------------------------------------
Nested Loop Anti Join  (cost=1.34..4.94 rows=13 width=40)
  Join Filter: ((s3.seat >= s1.seat) AND (s3.seat <= s2.seat))
  ->  Hash Join  (cost=1.34..2.54 rows=15 width=8)
```

```
         Hash Cond: ((s1.seat + 2) = s2.seat)
         ->  Seq Scan on seats s1  (cost=0.00..1.15 rows=15 width=4)
         ->  Hash  (cost=1.15..1.15 rows=15 width=4)
               ->  Seq Scan on seats s2  (cost=0.00..1.15 rows=15 width=4)
   ->  Materialize  (cost=0.00..1.21 rows=5 width=4)
         ->  Seq Scan on seats s3  (cost=0.00..1.19 rows=5 width=4)
               Filter: (status <> 'E'::bpchar)
```

図12-23　**リレーショナル原理主義の実行計画(Oracle)**

```
------------------------------------------------------------------------------
| Id  | Operation           | Name     | Rows  | Bytes | Cost (%CPU)| Time     |
------------------------------------------------------------------------------
|   0 | SELECT STATEMENT    |          |     1 |    11 |     6  (34)| 00:00:01 |
|   1 |  MERGE JOIN ANTI    |          |     1 |    11 |     6  (34)| 00:00:01 |
|   2 |   SORT JOIN         |          |    15 |    90 |     3  (34)| 00:00:01 |
|   3 |    NESTED LOOPS     |          |    15 |    90 |     2   (0)| 00:00:01 |
|   4 |     TABLE ACCESS FULL| SEATS    |    15 |    45 |     2   (0)| 00:00:01 |
|*  5 |     INDEX UNIQUE SCAN| PK_SALES |     1 |     3 |     0   (0)| 00:00:01 |
|*  6 |   FILTER            |          |       |       |            |          |
|*  7 |    SORT JOIN        |          |     1 |     5 |     3  (34)| 00:00:01 |
|*  8 |     TABLE ACCESS FULL| SEATS    |     1 |     5 |     2   (0)| 00:00:01 |
------------------------------------------------------------------------------

Predicate Information (identified by operation id):
---------------------------------------------------

   5 - access("S2"."SEAT"="S1"."SEAT"+2)
   6 - filter("S3"."SEAT"<="S2"."SEAT")
   7 - access("S3"."SEAT">="S1"."SEAT")
       filter("S3"."SEAT">="S1"."SEAT")
   8 - filter("S3"."STATUS"<>'E')
```

Seatsテーブルへの3回のアクセスに加えて結合も発生しています（Oracleはうまくインデックスを使っているのでフルアクセスは2回です）。どちらのDBMSにおいても、Seatsテーブルのデータ量が増えたときには重量級のクエリになるでしょう。

一方、モダンSQLで解くと**リスト12-24**のようなクエリになります。

リスト12-24　**人数分の空席を探す：モダンSQLの解法**

```
SELECT seat, '～', seat + (:head_cnt -1)
  FROM (SELECT seat,
               LEAD(seat, (:head_cnt -1)) OVER(ORDER BY seat) AS end_seat
          FROM Seats
         WHERE status = 'E') TMP
 WHERE end_seat - seat = (:head_cnt -1);
```

状態が空席のシートだけに着目すると、もしシート群が長さ3のシーケンスを構成するとすれば、そのシーケンスの始点と終点の間には「終点 - 始点 = 2」という関係が成り立つはずです。これが1以下でも4以上でもダメです。そうすると、LEAD関数で2行前に進めた座席番号と比較すればよいのです。それがWHERE句の`end_seat - seat = (:head_cnt -1)`の条件です。

それでは実行計画を見てみましょう（**図12-24**、**図12-25**）。

図12-24 **モダンSQLの実行計画（PostgreSQL）**

```
                              QUERY PLAN
-------------------------------------------------------------------------
 Subquery Scan on tmp  (cost=1.35..1.68 rows=1 width=40)
   Filter: ((tmp.end_seat - tmp.seat) = 2)
   ->  WindowAgg  (cost=1.35..1.53 rows=10 width=8)
         ->  Sort  (cost=1.35..1.38 rows=10 width=4)
               Sort Key: seats.seat
               ->  Seq Scan on seats  (cost=0.00..1.19 rows=10 width=4)
                     Filter: (status = 'E'::bpchar)
```

図12-25 **モダンSQLの実行計画（Oracle）**

```
-------------------------------------------------------------------------------
| Id  | Operation          | Name  | Rows  | Bytes | Cost (%CPU)| Time     |
-------------------------------------------------------------------------------
|   0 | SELECT STATEMENT   |       |     1 |    26 |     3  (34)| 00:00:01 |
|*  1 |  VIEW              |       |     1 |    26 |     3  (34)| 00:00:01 |
|   2 |   WINDOW SORT      |       |     1 |     5 |     3  (34)| 00:00:01 |
|*  3 |    TABLE ACCESS FULL| SEATS |     1 |     5 |     2   (0)| 00:00:01 |
-------------------------------------------------------------------------------

Predicate Information (identified by operation id):
---------------------------------------------------

   1 - filter("END_SEAT"-"SEAT"=2)
   3 - filter("STATUS"='E')
```

どちらの実行計画でも、テーブルスキャンが1回、ソートが1回と非常にシンプルで高速なものになったことがわかります。

解答9-2

伝統的な`NOT EXISTS`を使った解法では、ラインIDが同じという条件を裏返してやればOKです（**リスト12-25**）。

リスト12-25 **人数分の空席を探す：行の折り返しも考慮する――リレーショナル原理主義の解法**

```
SELECT S1.seat AS start_seat, '～' , S2.seat AS end_seat
  FROM Seats2 S1, Seats2 S2
 WHERE S2.seat = S1.seat + (:head_cnt -1) --始点と終点を決める
   AND NOT EXISTS
        (SELECT *
           FROM Seats2 S3
          WHERE S3.seat BETWEEN S1.seat AND S2.seat
            AND ( S3.status <> 'E' OR S3.line_id <> S1.line_id));
```

ウィンドウ関数を用いる解では、行の折り返しをPARTITION BY句で表現できるので先のクエリからの修正も非常に軽微です（**リスト12-26**）。

リスト12-26 **人数分の空席を探す：行の折り返しも考慮する――モダンSQLの解法**

```
SELECT seat, '～', seat + (:head_cnt -1)
  FROM (SELECT seat,
               LEAD(seat, (:head_cnt -1))
                 OVER(PARTITION BY line_id
                          ORDER BY seat) AS end_seat
          FROM Seats2
         WHERE status = 'E') TMP
 WHERE end_seat - seat = (:head_cnt -1);
```

実行計画はどちらも「解答9-1」とほとんど変わらないため省略します。一つ言えることは、この場合の可読性とパフォーマンスもウィンドウ関数を使うモダンSQLのほうが圧倒的に有利だということです。

解答9-3

解答は**リスト12-27**のとおりです。

リスト12-27 **LAG関数で1行前の値と比較する**

```
WITH VIEW_LAG (keycol, seq, pre_val)
AS (SELECT keycol, seq,
           LAG(val, 1) OVER(PARTITION BY keycol
                                ORDER BY seq)
      FROM OmitTbl)
UPDATE OmitTbl
   SET val = CASE WHEN (SELECT pre_val
                          FROM VIEW_LAG
                         WHERE VIEW_LAG.keycol = OmitTbl.keycol
                           AND VIEW_LAG.seq = OmitTbl.seq) = val
                  THEN NULL
                  ELSE val END;
```

1行前のval列の値を持ってくるので、LAG関数を使っているのがポイントです。この解は共通表式を使っているのでOracleでは動きませんが、ビューにするだけなので、各自やってみてください。サブクエリを丸ごとCASE式の条件の中に入れて相関サブクエリっぽく使うテクニックも、UPDATE文を使う際に非常に重要なテクニックなので覚えておいてください。

第10章

解答10-1

条件分岐した更新を一気に行う手段は、序章で出てきました。そう、CASE式を使うのです。覚えていたでしょうか(**リスト12-28**、**図12-26**)。

リスト12-28 **CASE式で一気に更新する**

```
UPDATE Salary
   SET salary = CASE WHEN salary <= 200000
                       THEN salary * 1.5
                     WHEN salary >= 300000
                       THEN salary * 0.8
                     ELSE salary END;
```

図12-26 **更新後の結果**

```
 emp_name | salary
----------+--------
 トム      | 300000
 ジョード  | 225000
 ウルフ    | 360000
 クロウ    | 250000
```

なお、最後のELSE salaryは、どの条件にも合致しなかった社員の給料はそのまま据え置きにするための措置です。このサンプルデータではクロウがこのタイプの社員です。この句がないとクロウの給料をNULLで更新しにいってしまいエラーになります。

解答10-2

1日前も欠勤していたかどうかを相関サブクエリでチェックすればよいので、基本は**リスト12-29**のようなUPDATE文が答えとなります。相関サブクエリの中で更新対象のテーブルに相関名を付けていないのは、SQL Serverの独自仕様に対応するためです(第1章を参照)。

リスト12-29 **UPDATE(Oracle、PostgreSQL)**

```
UPDATE Absenteeism
   SET severity_points = 0,
       reason = '長期病欠'
 WHERE EXISTS
   (SELECT *
      FROM Absenteeism A2
     WHERE Absenteeism.emp_id = A2.emp_id
       AND Absenteeism.absent_date =
           (A2.absent_date + INTERVAL '1' DAY));
```

SQL ServerとSnowflakeはINTERVAL型をサポートしていないので、DATEADD関数で代用する必要があります(**リスト12-30**)。

リスト12-30 **UPDATE文(SQL ServerとSnowflake)**

```
UPDATE Absenteeism
   SET severity_points = 0,
       reason = '長期病欠'
 WHERE EXISTS
   (SELECT *
      FROM Absenteeism A2
     WHERE Absenteeism.emp_id = A2.emp_id
       AND DATEADD(DAY, -1, Absenteeism.absent_date) = A2.absent_date);
```

MySQLはUPDATE文での相関サブクエリを認めていないという謎仕様があるので、共通表式を使う必要があります(**リスト12-31**)。

リスト12-31 **UPDATE文(MySQL)**

```
WITH A2 AS (SELECT * FROM Absenteeism)
UPDATE Absenteeism
   SET severity_points = 0,
       reason = '長期病欠'
 WHERE EXISTS
   (SELECT *
      FROM A2
     WHERE Absenteeism.emp_id = A2.emp_id
       AND Absenteeism.absent_date =
           (A2.absent_date + INTERVAL '1' DAY));
```

あとがき

さて、いかがだったでしょう。3人組の物語は楽しんでいただけたでしょうか。本書で紹介した数々のテクニックがみなさんの日々の業務の中で助けになれば幸いですし、それにも増して、「SQLっておもしろい言語だな。もっと勉強してみよう」と思っていただけたなら本書の目的は達成されたことになります。そのような知的好奇心こそが、テクニックよりもみなさんの重要な財産となるはずです。それをみなさんの頭の中にインストールすることが、本書の隠れたミッションでした。ちなみにロバートのしゃべっているセリフは、著者がむかしSQLチューニングに明け暮れていたころに言っていたことと同じです(著者はかつてパフォーマンス専門チームに所属していて、毎日毎日本書に出てくるようなクエリを相手にしていました)。お客様相手の仕事だったので、あんなに口汚くはなかったですが。

この先、もっとレベルアップを図りたいと思った読者のために、いくつか読書案内をします。まず、本格的なSQL中級者向けの書籍としては、拙著で恐縮ですが以下の2冊が助けになるでしょう。

ミック著『達人に学ぶ SQL徹底指南書 第2版』翔泳社、2018年

CASE式、ウィンドウ関数、HAVING句といった本書でも大活躍した機能に始まり、本書ではあまり取り上げられなかったEXISTS述語や自己結合、3値論理とNULLのやっかいな関係などSQL中級者が押さえておくべきポイントを網羅した本です。

ミック著『SQL実践入門』技術評論社、2015年

この本のテーマはズバリ「実行計画を読んでパフォーマンスチューニング」です。結合や集約においてSQLの裏側ではどんな実行計画が立てられているのか、パフォーマンスの良いSQLを書くにはどうすればよいのかを実行計画を読みながら考えていく内容となっています。本書では踏み込まなかった結合アルゴリズムの実行計画(Nested Loops、Hash、Sort Merge)やインデックスの使い方にも触れています。もし本書を読んで実行計画の読み方に興味を持ったら手に取ってみてください。

SQLにとどまらずデータベースの設計について学びたいという方には、以下の書籍がお勧めです。

Bill Karwin著、和田卓人／和田省二監訳、児島修訳
『SQLアンチパターン』オライリー・ジャパン、2013年

本書でも何度か言及したバッドノウハウ集です。タイトルはSQLとなっていますが、テーブル設計にも踏み込んでさまざまなアンチパターン（やってはいけない設計パターン）を紹介しています。ある程度実務で論理設計を行うようになったころに読むと「あるある」とうなずくサンプルが多数紹介されています。この書籍では、ツリー構造の扱いについて閉包テーブルを推奨しているのですが、本書では再帰共通表式のサポートが進んだことで隣接リストモデルを再評価しています。このあたり、出版から10年以上経過していることもあり、やや内容に古さがあるので、第2版が待たれる一冊です。

上原誠、志村誠、下佐粉昭、関山宜孝著
『AWSではじめるデータレイク』テッキーメディア、2020年

近年注目を集めているデータ分析基盤であるデータレイクの設計とアーキテクチャについては、インフラがAWS限定となってしまいますが、こちらの書籍が非常に網羅的な入門書です。

ミック著『達人に学ぶ DB設計徹底指南書 第2版』翔泳社、2024年

拙著ばかり紹介して恐縮ですが、DB設計全般についての本も紹介します。本書では触れられなかった正規化と非正規化のせめぎ合いやデータベースのファイルやストレージレベルでの物理設計、クラウドのデータベースサービス（DBaaS）、ER図の書き方、バックアップ＆リカバリなどデータベース設計全般のテーマについて幅広く取り上げています。データベース設計について知りたければとりあえずこれを読んでおけば大丈夫という決定版です。

さて、それでは著者から本書で最後の課題を出します。

卒業問題

ワイリー、ロバート、ヘレンのモデルとなった人物を特定せよ。

ヒントは、米国のテレビドラマ『ER 緊急救命室』を見るとわかります（ワイリーのモデルは第1話から出てきますが、ロバートとヘレンのモデルは少しシーズンが進まないと出てきません）。

- NHKアーカイブス ER緊急救命室
  https://www2.nhk.or.jp/archives/articles/?id=C0010354

掛け値なしの名作ドラマなので、未視聴の方はこの機会にぜひご覧ください。

それではまたどこかの物語でお会いしましょう。

索引

●著者プロフィール

ミック

DBエンジニアとして20年のキャリアを持ち、主にDWH/BIなど大量データを分析するシステムの構築に携わってきた。リレーショナル・データベースやSQLについての技術書を数多く執筆。代表作に『達人に学ぶSQL徹底指南書』『SQL実践入門』『SQLゼロからはじめるデータベース操作』など。2018年から米国シリコンバレーにて技術調査と事業開発に従事。

カバー・本文デザイン／西岡 裕二　レイアウト／酒徳 葉子　本文図版／有限会社スタジオ・キャロット
イラスト／岩井 栄子　編集アシスタント／北川 香織、小川 里子　編集／池田 大樹

WEB+DB PRESS plus（ウェブディービー プレス プラス）シリーズ

SQL（エスキューエル）緊急救命室（きんきゅうきゅうめいしつ）
非効率（ひこうりつ）なコードを改善（かいぜん）せよ！

2024年9月26日　初版　第1刷発行

著者…………ミック
発行者…………片岡 巌
発行所…………株式会社技術評論社
東京都新宿区市谷左内町21-13
電話　03-3513-6150　販売促進部
　　　03-3513-6177　第5編集部
印刷／製本…………日経印刷株式会社

- 定価はカバーに表示してあります。
- 本書の一部または全部を著作権法の定める範囲を超え、無断で複写、複製、転載、あるいはファイルに落とすことを禁じます。
- 造本には細心の注意を払っておりますが、万一、乱丁（ページの乱れ）や落丁（ページの抜け）がございましたら、小社販売促進部までお送りください。送料小社負担にてお取り替えいたします。

ISBN 978-4-297-14405-0 C3055
Printed in Japan

●お問い合わせ

本書に関するご質問は記載内容についてのみとさせていただきます。本書の内容以外のご質問には一切応じられませんので、あらかじめご了承ください。なお、お電話でのご質問は受け付けておりませんので、書面または小社Webサイトのお問い合わせフォームをご利用ください。

〒162-0846
東京都新宿区市谷左内町21-13
株式会社技術評論社
『SQL緊急救命室』係
URL https://gihyo.jp/（技術評論社Webサイト）

ご質問の際に記載いただいた個人情報は回答以外の目的に使用することはありません。使用後は速やかに個人情報を廃棄します。